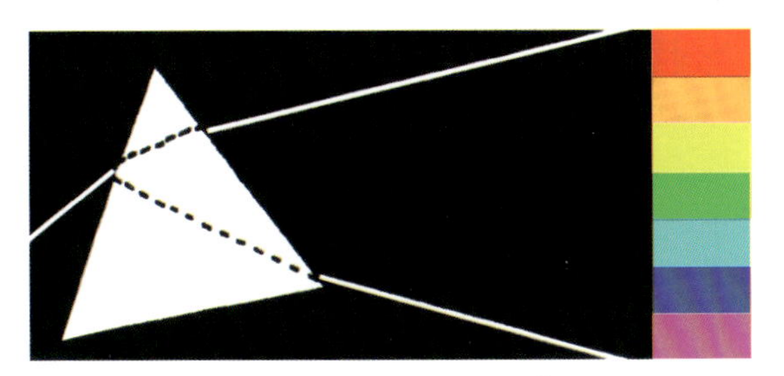

彩图 1-1　色光产生规律

彩图 1-2　孟塞尔色立体

彩图 1-3　十二色相环

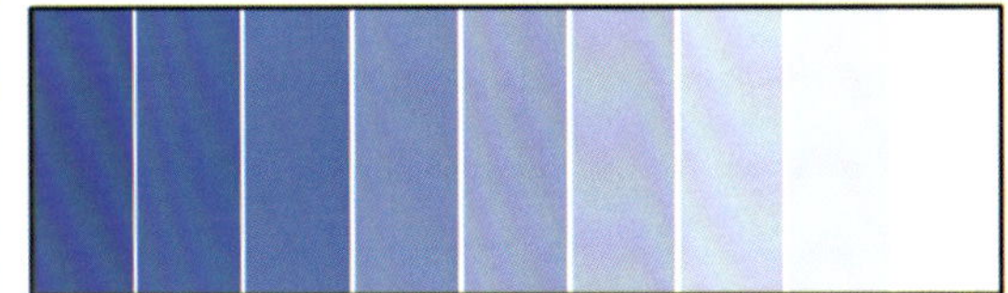

彩图 1-4　明度渐变图例

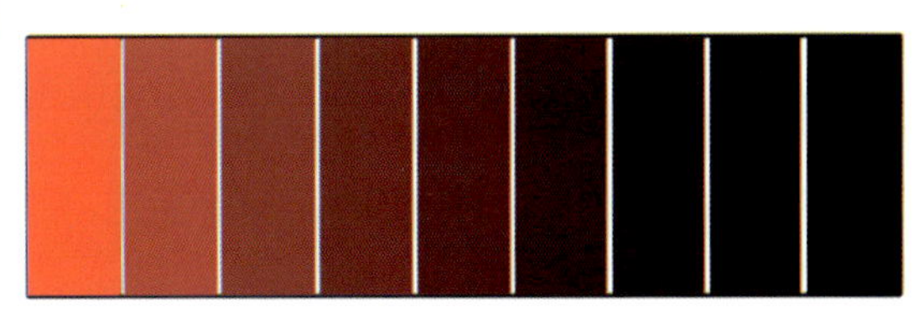

彩图 1-5　纯度渐变图例

彩图 1-6　色的胀缩感

彩图 1-7　色彩的距离感

（a）室内色彩近似协调

（b）室内色彩对比协调

彩图 1-8　室内色彩协调

彩图 1-9　室内色彩纯度协调

彩图 1-10　室内色彩明度协调

彩图 1-11　沉着稳重的老年卧室

彩图 1-12　青春时尚的青年卧室

彩图 1-13　活泼可爱的儿童卧室

彩图 1-14 温　私密的卧室空间

彩图 1-15 安静柔和的办公空间

彩图 1-16　家具为协调色

彩图 1-17　家具为主体色

彩图 1-18　家具为对比色

彩图 2-63　水粉画写生工具

彩图 2-64　干画法

彩图 2-65　湿画法

彩图 2-66　干湿结合画法

(*a*) 构图起稿

(*b*) 铺大色调

(*c*) 深入刻画

(*d*) 调整画面

彩图 2-67　水粉写生步骤

彩图 2-68　水粉静物（一）

彩图 2-69　水粉静物（二）

彩图 2-70　水粉静物（三）

彩图 2-71　水彩绘画工具

彩图 2-72　水彩调色方法

彩图 2-73　干画法

彩图 2-74　湿画法

彩图 2-75　干湿结合画法

彩图 2-76　水彩特殊技法

(*a*) 起稿　　(*b*) 铺第一遍色

(*c*) 深入刻画

(*d*) 加工调整

彩图 2-77　水彩画写生步骤

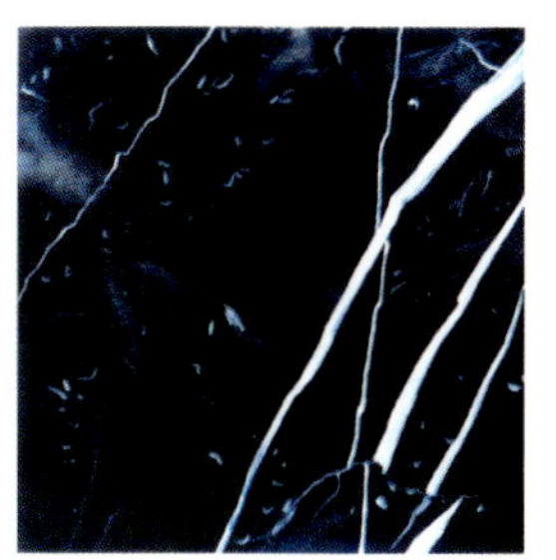

彩图 3-12　大理石表现技法（一）

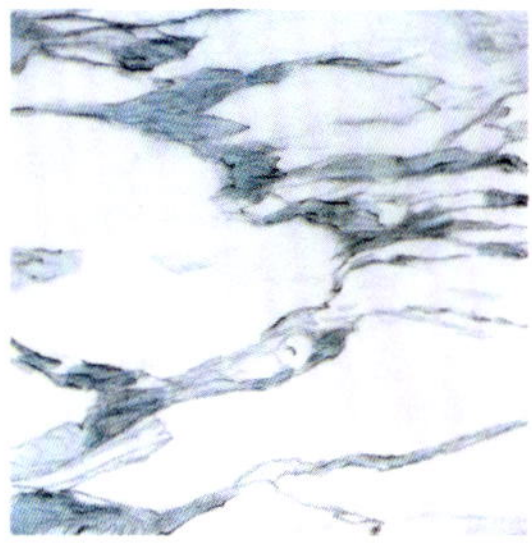

彩图 3-13　大理石表现技法（二）

彩图 3-14　大理石表现技法（三）

彩图 3-15　大理石表现技法（四）

彩图 3-16　石材的表现技法（一）

彩图 3-17　石材的表现技法（二）

彩图 3-18　石材的表现技法（三）

彩图 3-19　木材的表现技法（四）

彩图 3-20　木材的表现技法（五）

彩图 3-21 金属的表现技法（一）

彩图 3-22 金属的表现技法（二）

彩图 3-23 金属的表现技法（三）

彩图 3-24 金属的表现技法（四）

彩图 3-25 玻璃的表现技法（一）

彩图 3-26 玻璃的表现技法（二）

彩图 3-27 玻璃的表现技法（三）

彩图 3-28 玻璃的表现技法（四）

彩图 3-29　玻璃的表现技法（五）

彩图 3-30　织物的表现技法（一）

彩图 3-32　织物的表现技法（三）

彩图 3-31　织物的表现技法（二）

彩图 3-33　织物的表现技法（四）

彩图 3-34　织物的表现技法（五）

彩图 3-35　织物的表现技法（六）

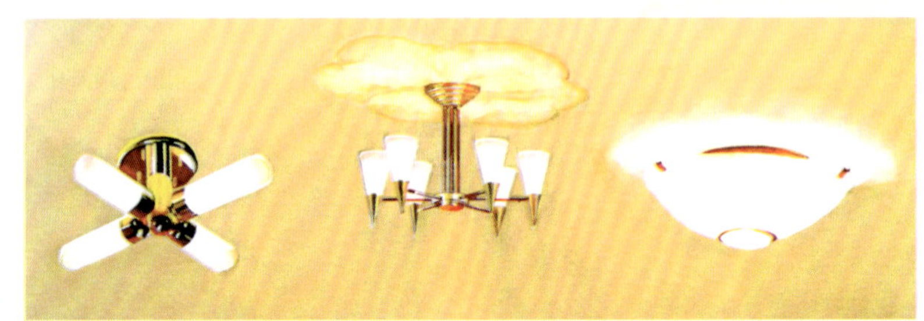

彩图 3-36　灯具与光影（一）

彩图 3-37　灯具与光影（二）

彩图 3-38　灯具与光影（三）

彩图 3-39　灯具与光影（四）

彩图 3-40　室内绿化（一）

彩图 3-41　室内绿化（二）

彩图 3-42　室内绿化（三）

彩图 3-43　室内绿化（四）

彩图 3-44　室内绿化（五）

彩图 3-45　室内陈设（一）

彩图 3-46　室内陈设（二）

彩图 3-47　室内陈设（三）

彩图 3-48　室内陈设（四）

彩图 3-49　室内陈设（五）

彩图 3-50　室内陈设（六）

彩图 3-51　室内陈设（七）

彩图 3-52　人物（一）

彩图 3-53　人物（二）

彩图 3-54　人物（三）

彩图 3-55　人物（四）

彩图 3-56　人物（五）

彩图 3-57　交通工具（一）

彩图 3-58　交通工具（二）

彩图 3-59　交通工具（三）

彩图 3-60　交通工具（四）

彩图 3-61　水面喷泉（一）

彩图 3-62　水面喷泉（二）

彩图 3-63　水面喷泉（三）

彩图 3-64　水面喷泉（四）

彩图 3-65　西餐厅雅间（步骤图）

第一步：完成铅笔透视稿，注意选好角度（一般定位在入口处偏一侧）；

彩图 3-66　西餐厅雅间（一）

第二步：铺大底子，室内界面一次完成，明度及冷暖稍有变化；

彩图 3-67　西餐厅雅间（二）

第三步：深入刻画，画出家具及装饰带的质感；

彩图 3-68　西餐厅雅间（三）

第四步：细部刻画，完成家具、植物、装饰陈设品、灯具及光影的表现，用亮线和暗线画出界面转折。

彩图 3-69　喷笔表现技法

彩图 3-70　喷笔表现技法（一）

彩图 3-71　喷笔表现技法（二）

彩图 3-72　喷笔表现技法（三）

彩图 3-73　水粉表现技法（一）

彩图 3-74　水粉表现技法（二）

彩图 3-75　水粉表现技法（三）

彩图 3-76　水粉表现技法（四）

彩图 3-77　水粉表现技法（五）

彩图 3-78　水粉表现技法（六）

彩图 3-79　水粉表现技法（七）

彩图 3-80　水粉表现技法（八）

彩图 3-81　水粉表现技法（九）

彩图 3-82　水粉表现技法（十）

彩图 3-83　水粉表现技法（十一）

彩图 3-84　水粉表现技法（十二）

全国高等职业教育技能型紧缺人才培养培训推荐教材

建筑装饰图

（建筑装饰工程技术专业）

本教材编审委员会组织编写
主编　高　远
主审　钟　建

中国建筑工业出版社

图书在版编目（CIP）数据

建筑装饰图/高远主编．—北京：中国建筑工业出版社，2007

全国高等职业教育技能型紧缺人才培养培训推荐教材．建筑装饰工程技术专业

ISBN 978-7-112-07178-4

Ⅰ．建… Ⅱ．高… Ⅲ．建筑装饰-建筑制图-高等学校：技术学校-教材 Ⅳ．TU238

中国版本图书馆 CIP 数据核字（2007）第 018934 号

全国高等职业教育技能型紧缺人才培养培训推荐教材

建筑装饰图

（建筑装饰工程技术专业）

本教材编审委员会组织编写

主编 高 远

主审 钟 建

*

中国建筑工业出版社出版、发行（北京西郊百万庄）

各地新华书店、建筑书店经销

北京嘉泰利德公司制版

北京云浩印刷有限责任公司印刷

*

开本：787×1092 毫米 1/16 印张：11½ 插页：8 字数：300 千字

2007 年 7 月第一版 2007 年 7 月第一次印刷

印数：1—2500 册 定价：**28.00** 元

ISBN 978-7-112-07178-4

（13132）

本书是技能型紧缺人才高等职业院校建筑装饰工程技术专业（二年制）的教学用书，根据该专业人才培养与培训方案中的教学和实训项目要求进行编写。本书整合了建筑装饰工程技术专业与“图”相关的知识和技能要求，包括美术绘画与色彩基本知识、室内装饰设计原理与制图、透视作图、装饰施工图的识读与绘制等内容。每单元配有复习思考题（包括各类作图题、识读题、设计题等）。

本教材适于高等职业院校建筑装饰工程技术专业的教师和学生，也可供其他层次相关人员作为教学、培训和自学用书。

* * *

责任编辑：朱首明　陈　桦
责任设计：郑秋菊
责任校对：陈晶晶　王　爽

序

改革开放以来，我国建筑业蓬勃发展，已成为国民经济的支柱产业。随着城市化进程的加快、建筑领域的科技进步、市场竞争的日趋激烈，急需大批建筑技术人才。人才紧缺已成为制约建筑业全面协调可持续发展的严重障碍。

面对我国建筑业发展的新形势，为深入贯彻落实《中共中央、国务院关于进一步加强人才工作的决定》精神，2004年10月，教育部、建设部联合印发了《关于实施职业院校建设行业技能型紧缺人才培养培训工程的通知》，确定在建筑施工、建筑装饰、建筑设备和建筑智能化等四个专业领域实施技能型紧缺人才培养培训工程，全国有71所高等职业技术学院、94所中等职业学校、702个主要合作企业被列为示范性培养培训基地，通过构建校企合作培养培训人才的机制，优化教学与实训过程，探索新的办学模式。这项培养培训工程的实施，充分体现了教育部、建设部大力推进职业教育改革和发展的办学理论，有利于职业院校从建设行业人才市场的实际需要出发，以素质为基础，以能力为本位，以就业为导向，加快培养建设行业一线迫切需要的高技能人才。

为配合技能型紧缺人才培养培训工程的实施，满足教学急需，中国建筑工业出版社在跟踪"高等职业教育建设行业技能型紧缺人才培养培训指导方案"编审过程中，广泛征求有关专家对配套教材建设的意见，组织了一大批具有丰富实践经验和教学经验的专家和骨干教师，编写了高等职业教育技能型紧缺人才培养培训"建筑工程技术"、"建筑装饰工程技术"、"建筑设备工程技术"、"楼宇智能化工程技术"4个专业的系列教材。我们希望这4个专业的系列教材对有关院校实施技能型紧缺人才的培养培训具有一定的指导作用。同时，也希望各院校在实施技能型紧缺人才培养培训工作中，有何意见及建议及时反馈给我们。

建设部人事教育司

2005年5月30日

前　言

本书是全国高等职业教育技能型紧缺人才培养培训系列教材之一，适合于建筑装饰工程技术专业（二年制）教学使用。本书整合了与建筑装饰工程图样有关的实用知识和基本技能，体现了学以致用的原则。

本书在总体结构和内容安排上，体现高职建筑装饰工程技术专业在学习后续专业课中对“图”的要求，内容包括美术基础知识、绘画和色彩、透视作图和效果图技法、建筑装饰装修设计原理及其施工图读绘、室内设备施工图基本知识等内容。

按照二年制建筑装饰工程技术专业的专门化核心教学与训练项目大纲的要求，对理论性强且与专业技能和应用关系不大的内容进行删减整合，使本书的内容紧跟建筑装饰技术的实际应用和发展，结合当前实施和应用的新规范、新构造及各种设计理念，结合建筑装饰施工图的识读、绘制等内容，旨在培养和提高学生应用图形表达和分析的能力、具有正确表达建筑装饰形体、表现装饰色彩、控制风格与造型、正确读绘装饰施工图等的能力，为将来从事装饰技术工作打好基础。

本书在编写中，注意总结教学和实际应用中的经验和做法，遵循教学规律。在图样选用、文字处理上注重简明形象、直观通俗，有很强的专业针对性，内容循序渐进、由浅入深、图文并茂、易于自学。

本书作为高等职业院校建筑装饰工程技术专业相应课程的教材使用，也可供其他层次相关人员作为教学、培训和自学用书。

本书由四川建筑职业技术学院钟建副教授主审。

参加本书编写的有：山西建筑职业技术学院的高远（单元2的透视图轴测图、单元4和单元6）、山西建筑职业技术学院的张耀华（单元1和单元2的绘画基础知识）、太原理工大学的罗艳霞（单元5）和天津建筑职工大学的赵茵（单元3）。

本书由高远任主编。由于业务水平及教学经验有限，书中难免有缺点和疏漏，恳请各位读者提出批评和改进意见。

目　录

绪 论

建筑装饰是完善建筑使用功能、美化和提高环境质量的一种建筑修饰。换句话说，建筑是创造空间，而建筑装饰是空间的再创造。建筑装饰是一个古老而又新兴的行业，随着社会的发展，装饰的内容和服务的对象越来越广，涉及的行业和技术领域也更为广泛。

一、学习建筑装饰图课程的意义

为了准确表达建筑装饰工程的设计构思和内容，研究工程中所涉及到的各种图样的表达规律和方法，绘制出符合室内外建筑环境所要求的、同时满足人们各种使用要求的、便于施工的各类装饰图，是开展装饰技术工作的首要任务。作为建筑装饰领域的工程技术人员，更是以识读和应用装饰图、贯彻设计意图、落实构造做法作为工作的主要内容，所以学好建筑装饰图是从业人员的必修课，同时也是学好后续专业课的基础性课程。

二、建筑装饰图课程的学习内容与任务

建筑装饰图是指具有逼真立体感和色彩感的效果图和以效果图为依据，结合功能要求、工程做法、规范要求等而画出的装饰工程施工图的总称。由于建筑装饰是艺术和技术的结合，具有一定的绘画艺术知识以及相应的鉴赏力是学习建筑装饰图所必需的，所以本书的前面章节将介绍绘画、色彩等美术基础知识，接着介绍建筑装饰施工图的识读和绘制知识，在本书的后半部分将着重阐述各类建筑室内设计的基本知识，并介绍室内设备工程图的基本知识及其施工图的识读方法。

学习本课程应明确有以下几项任务：

(1) 明确色彩在建筑装饰中的作用；掌握色彩的原理与色彩配色和调和的方法。

(2) 熟悉素描、水粉等绘画基本技法。

(3) 熟悉建筑效果图的透视画法和常用表现技法（铅笔淡彩、水粉、马克笔表现技法等）。

(4) 掌握装饰工程施工图的图示原理、表达规律、识读方法，会识读和绘制一般常见的装饰工程施工图。培养和提高识图能力及空间想像力，提高图示表达能力和绘图能力。

(5) 明确居住及公共建筑装饰的基本原理与内容、构造特点和方法。

(6) 了解室内设备施工图的识读方法，了解室内采暖空调、室内照明等布置原理与组成。

三、建筑装饰图课程的学习方法

建筑装饰图课程是整合了传统教学法中若干课程后的一门新型课程，其中包括有素描、色彩、装饰表现技法、建筑装饰制图与识图、建筑装饰设计和建筑设备等基本知识。旨在通过整合，将装饰图表达中的理论知识和实际应用紧密结合起来，做到学以致用。通过学习建筑装饰图，学会控制装饰设计风格与造型，具有相应的建筑空间感、色彩应用和

鉴赏能力、图示表达能力和读图能力。学好本课程也与学好其他课程一样，要注意以下学习方法的应用：

（1）学习中要做到理论联系实际。色彩知识、绘画能力都是在应用和动手中不断提高的。识图部分的投影内容要结合理论知识，多看图、多画图、多分析，提高专业制图和识图能力。

（2）对常用装饰构造知识的学习，应多与自己周边的房屋建筑装饰装修相结合，注意装饰装修风格、色彩应用、材料选择、构造形式。

（3）紧密联系生产实际，多到施工现场参观，在实践中印证学过的内容，对未学过的内容也能建立感性认识，加深印象、巩固知识，为学习后续专业课打好基础。

（4）重视绘画、设计和绘图技能的训练，认真完成每一次作业，不断提高自己的综合表达能力。

总之，以认真刻苦的态度对待学习，同时注重理论与实际的结合，多看、多练、勤实践，必将学好本课程。

单元1　美术基础知识

知 识 点： 中外美术史、美术在装饰中的作用、色彩基本知识、色彩的对比和调和、色彩的调节和配色。

教学目标： 通过美术训练培养设计的造型能力、空间想象能力和审美能力。了解色彩的基本知识，掌握色彩的应用方法。

美术是艺术中的一个门类，包括绘画、雕塑、工艺美术、书法、建筑艺术等。它的特点是通过线条、色彩、可视的形象创造作品，反映社会生活，表现思想感情。同其他艺术一样，美术是现实生活的反映，是现实生活在人们头脑中反映的产物。但是，正像艺术是通过艺术形象来对现实生活进行审美反映那样，美术反映现实的特点在于，它是以特有的视觉可以感受的艺术形象对现实生活中进行审美反映的，同时，美术也是以其特有的艺术美发挥它对人们的审美教育作用的。

美术在我国建筑教育中所起到的作用是人所共识的，美术的学习训练不仅培养了未来建筑装饰设计师坚实的造型能力，同时也开拓了他们的空间想像能力和审美能力。

课题1　美术的作用

1.1　美术史简介

美术史是人类历史中不可分割的一部分，研究美术史的目的在于探讨每个时代所遗留下来的美术作品之所以产生的背景（包括历史、文化、地理等方面）与其创作作者，进而研究每个时代的艺术家所采用的创作方式，美术作品的特征、功能等问题。

美术有几万年的历史，它渗透到人类生活的各个领域，为人类留下丰富的遗产。在历史长河中，现在所知世界上最早的美术作品产生于法国西部，距今约有两万年，即旧石器时代的绘画遗迹拉斯柯的岩洞壁画和旧石器时代晚期绘制的西班牙北部阿尔塔米拉山的洞窟壁画。原始人用最简单的材料描绘了他们的狩猎活动，用烧鹿脂的灯油作画，然后用朱红的矿物颜料来上色。这些古代壁画也证明装饰艺术伴随着人类历史的成长。随着生产力的发展，人们的生活水平和审美能力的提高，建筑装饰从不自觉发展到有目的进行着，西方可追溯到古希腊和古罗马，我国渊源于春秋战国。西方到了洛可可时期，中国发展到清末，建筑装饰达到登峰造极的地步。

1.2　美术在建筑装饰装修中的作用

所谓建筑装饰装修是指以美化建筑和建筑空间为目的而设置的一种建筑环境艺术。建筑装饰本身强调的是生活环境的实用性、艺术性和个别性。它具有物质和精神的两大功能，而美术的综合训练学习是物质与精神功能得以实现的基本手段，通过对美术的基础造型训练、色彩知识的学习、装饰材料、图案等建筑装饰语言的运用，使实际目的的建筑物成为艺术品，具有审美、观赏的价值。

学习美术不是单纯的绘画练习，而是一种艺术的理论活动与实践活动，对建筑装饰装修起到如下作用：

（1）培养学生的审美能力和情趣

让学生能在日常中发现美、表现美、创造美。审美能力的培养是美术学习的重要内容，提高自己的审美能力，驾驭自身的审美修养，是学习美术的一项基本要求。

（2）培养学生的观察能力

建筑装饰通过深化建筑造型，使建筑装饰与装修具有整体的审美协调，如果没有敏锐深入的观察，就不能抓住建筑装饰的本质和规律，也就无法表现建筑。

学会正确的观察方法，由表及里，抓住事物的本质，才能正确地表现对象，只有通过大量的美术实践，掌握绘画语言，才能够真正培养出敏锐深刻的观察能力。

（3）培养学生的艺术创造能力

美术学习不是消极、被动地描绘客观对像，而是要有想像力地创造性地感知、理解、表现美。美术学习过程，也是开发个人潜能，创造个性美的过程，只有这样才能设计出个性十足、富有艺术表现力的建筑装饰。

课题 2　色彩的基本知识

2.1　色彩和装饰装修设计

在建筑装饰装修中，色彩比其他构成要素更具有独特的装饰作用和效果。色彩与形状相比较，人们对色彩的注意力更为持久和集中，在常态下，人们观察物体时，首先引起视觉反映的就是色彩。因此，色彩学是装饰装修的一个重要组成部分。色彩直接诉诸人的情感体验。它是一种情感语言，它所表达的是一种人类内在生命中某些极为复杂的感受。梵高说："没有不好的颜色，只有不好的搭配。"而在最能体现人敏感、多情的特性并与人的生活息息相关的室内设计中，色彩几乎可被称作是其"灵魂"。由于现代色彩学的发展，人们对色彩的认识不断深入，对色彩功能的了解日益加深，使色彩在室内设计中处于举足轻重的地位。有经验的设计师十分注重色彩在室内设计的作用，重视色彩对人的物理、心理和生理的作用。他们利用人们对色彩的视觉感受，来创造富有个性、层次、秩序与情调的环境，从而达到事半功倍的效果。色彩是室内设计中最为生动、最为活跃的因素。

2.2　色彩的本质

色彩作为人的视觉感受之一，有其客观存在的基本条件和表现的基本特征。色彩是由光刺激视觉神经传到大脑的视觉中枢而引起的感觉，没有光线，就不能辨认形体与色彩。光是客观物质存在的形式，牛顿用三棱镜将日光分解成红、橙、黄、绿、青、蓝、紫七色光谱，就证明了光与色的关系，揭示了色彩产生的本质。色彩是设计中最具表现力和感染力的因素，它通过人们的视觉感受产生一系列的生理、心理和类似物理的效应，形成丰富的联想、深刻的寓意和象征。在室内环境中色彩应主要应满足其功能和精神要求，目的在于使人们感到舒适。色彩本身具有一些特性，在室内设计中充分发挥和利用这些特性，将会赋予设计感人的魅力，并使室内空间大放异彩，如彩图 1-1 所示。

2.3 色彩体系

色彩可分为三个体系：一是用于绘画写生的色彩体系，目的在于认识和发现色彩的客观规律，从而真实地再现自然界的色彩；二是实用的色彩体系，即从实用的机能出发，侧重于研究色彩的生理效果，以便于更好地服务于实用目的；最后是审美的色彩体系，它主要服务于人类的精神生活，着重研究色彩的心理效果，以求创造出和谐的色彩环境。任何造型艺术都离不开色彩体系，我们称它为装饰的色彩体系。

色彩体系也有不同的流派和理论，在国际上，主要的色彩体系有德国的色彩学家奥斯特瓦德·M·翁格尔斯（Oswald Mathias Ungers）于 1941 年创立的圆锥形色立体，还有美国的色彩学家孟塞尔于 1929 年创立的科学的色立体，为现代色彩学发展作出了重大贡献。色立体是依据色彩的色相、明度、纯度变化关系，借助三维空间，用旋围直角坐标的方法，组成一个类似球体的立体模型。它的结构为地球仪的形状，北极为白色，南极为黑色，连接南北两极贯穿中心的轴为明度标轴，北半球是明色系，南半球是深色系。色相环的位置则在赤道线上，球面一点到中心轴的垂直线，表示纯度系列标准，越近中心，纯度越低，球中心为正灰。

现代国际上流行的主要是孟塞尔的色彩体系。目前，我国建筑色彩也沿用这一体系——孟塞尔色彩体系，如彩图 1-2 所示为孟塞尔色立体。

2.4 色彩的三属性

自然界中的色彩不下数百种，为了便于研究，把色彩归纳为三个要素：色相、明度、纯度。它们是鉴别、分析、比较色彩的标准和尺度，也称为色彩的三属性。

（1）色相

所谓色相是指色彩的相貌、名称，如红、绿、蓝、黄、黑、白等。色相是色彩最根本的和最主要的属性。

色相，主要用来区分各种不同的色彩，培养人们对色彩具有的敏锐、准确的辨别能力。太阳光的六标准色是六种色相的区别，在六标准色之间可以定出六个中间色，合称十二色相环。大致相当于十二色相的颜色如下：

红——大红；橙——橘红；黄——淡黄；绿——中绿加少量黄；青——天蓝；紫——鲜紫（紫罗兰）；红橙——朱红；黄橙——橘黄；黄绿——中绿加黄；青绿——钴绿；青紫——群青加少量红；红紫——紫红。

熟悉了各种颜色的色相，就能正确地认识和使用颜色，如彩图 1-3 所示。

（2）明度

所谓明度，又称光度，指各种颜色的明暗程度。

明度有两种含义：一是同一色相受光后由于物体受光的强弱不一，产生了不同的明暗层次。如室内四个墙面和顶棚，同样为白色，但由于光的照射强度不同，产生了不同的灰色。

二是指各颜色之间的明度的不同。如六标准色明度排列次序是：黄、橙、红、绿、青、紫。

所谓色彩的明暗仅是一种大体的划分，在实际运用中和在具体环境中，色彩的明暗并非固定不变，而是由色彩的排列组合产生的对比所决定的。如两个明色相比，较暗的明色便成了暗色；两个暗色相比，较明的暗色便成了明色。

色彩的明度，是通过黑、白显示出来的，黑、白效果也必然在一定程度上体现出不同的色彩感觉。因此，明度对于体现物体的光感和质感具有很大意义，如彩图 1-4 所示。

(3) 纯度

纯度亦称彩度，又称饱和度、色度，指颜色的饱和和纯粹程度。

从科学的角度看，一种颜色的鲜艳度取决于这一色相发射光的单一程度。人眼能辨别的有单色光特征的色，都具有一定的鲜艳度。不同的色相不仅明度不同，纯度也不相同。

当一个颜色的色素包含量达到极限强度时，这个颜色就达到了饱和程度。如果掺入灰色或其他颜色，其色彩就变灰，纯度就会变低。

每一种颜料刚从锡管挤出的时候，其颜色的纯度是它的最高值，但各色纯度是不同的，如橄榄绿没有淡绿纯度高；淡黄比中黄纯度高等。作画时，过多地使用白粉或水，都会使颜色纯度不足而造成色泽灰暗，贫乏无力。相反，过多地使用纯度较高的颜色，不注意色彩的协调和纯度的变化，也会造成色调过分刺激而杂乱。所以，色彩的纯度运用恰当会增强感染力，使画面鲜明、生动。

在日常的视觉范围内，眼睛看到的色彩大多数是含灰的色，也就是不饱和的色。有了纯度的变化，才使世界上有如此丰富的色彩。同一色相即使纯度发生了细微的变化，也会带来色彩性格的变化。

色彩的三属性虽然独立地相互区别，而实际上在运用时又总是互相依存，互相制约的。每个色彩，都具有形成色彩个性特征的某些要素。如何巧妙地在调色板上调配出丰富复杂的色彩，达到色彩表现的预期效果，这需要画家对色彩的各种要素有所了解和研究，如彩图 1-5 所示。

2.5 色彩的感知觉

所谓色彩的知觉，即色彩打动人的知觉的程度，也叫色彩的易见度。就色彩之间比较而论，它的知觉度是由颜色的色相、明度、纯度三个方面决定的。色彩的明度、纯度高的色比明度、纯度低的色知觉高；暖色系的色比冷色系的色知觉高；原色比间色知觉高。但往往色彩不是独立存在的。当光源色和形的条件完全相同时，色彩的知觉度则决定于形、色与背景在明度、色相、纯度的强弱对比上。

实验结果证明的知觉度高的纯色组合和知觉度低的纯色组合是很明显有着区别的，见表 1-1 及表 1-2。

知觉度高的配色　　表 1-1

顺 序	1	2	3	4	5	6	7	8	9
底 色	黑	黄	黑	紫	紫	蓝	绿	黄	黄
形的色	黄	黑	白	蓝	白	白	白	绿	蓝

知觉度低的配色　　表 1-2

顺 序	1	2	3	4	5	6	7	8	9
底 色	黄	白	红	红	黑	紫	灰	红	黑
形的色	白	黄	绿	蓝	紫	黑	绿	紫	蓝

2.6 色彩的感情效果

色彩本身是没有表情，也没有感情的，但由于人们的实践经验，常把色彩给人的生理、心理感觉加以联想，从而形成不同的感情效果。色彩的直接心理效应来自色彩的物理光刺激，对人的生理发生直接的影响。心理学家发现，在红色环境中，人的脉搏会加快，血压有所升高，情绪有所升高。而处在蓝色环境中，脉搏会减缓，情绪也较沉静。有的科学家发现，颜色能影响脑电波，对红色的反应是警觉，对蓝色的反应是放松。色彩本身没有灵魂，它是一种物理现象，但人们却能感受到色彩的情感，这是因为人们积累了许多视觉经验，一旦知觉经验与外来的色彩刺激发生一定的呼应时，就会在人的心理上引出某种情绪。

无论有色彩的色还是无色彩的色，都有自己的表情特征。每一种色相，当它的纯度或明度发生变化，或者处于不同的搭配时，颜色的表情也就随之改变了。如红色是热烈冲动的色彩，在蓝色底上像燃烧的火焰，在橙色底上却暗淡了；橙色象征着秋天，是一种富足、快乐而幸福的颜色；黄色有金色的光芒，象征着权力与财富，黄色最不能掺人黑色与白色，它的光辉会消失；绿色优雅而美丽，无论掺人黄色还是蓝色仍旧很好看；黄色绿单纯年轻；蓝色绿清秀豁达；含灰的绿宁静而平和；蓝色是永恒的象征；紫色给人以神秘感等等。

那么，创造什么样的色彩才能表达所需要的感情，完全依赖于自己的感觉、经验和想象力，没有什么固定模式，一般有以下三种感觉。

2.6.1 色彩的冷暖感

色彩的冷暖通常称为“色性”。在绘画上这是一个十分重要的概念。色性主要是人们的一种心理感受，不是色彩本身的物理属性。它是人们在生活的经验中积累的对色彩产生的一种联想造成的。例如，红、橙使人联想到太阳、火光而感到温暖，所以叫红、橙一类色彩为暖色；蓝、紫使人联想到海水、冰雪而想到寒冷，所以将蓝、紫一类色彩叫冷色。

色彩在具体环境中，冷暖并非绝对不变的。两色之间的比较常常是决定其冷暖的主要依据。例如，黄色与青色相比是暖色，而与红色或橙色相比，它又偏冷色了；群青一般被列为冷色，而它与普蓝并列时则为暖色。在自然中，暖色与冷色是相互对立又相互依存的客观现象。例如，近景偏暖，远景偏冷；物体受光面偏暖，背光面偏冷。

冷色与暖色是依据心理错觉对色彩的物理性分类，对于颜色的物质性印象，大致由冷暖两个色系产生。红橙黄色的光本身有暖和感，照射到任何色都会有暖和感。紫蓝绿色光有寒冷的感觉，夏日我们关掉白炽灯，打开荧光灯，就会有一种凉爽的感觉。颜料也是如此，如在冷饮的包装上使用冷色调，视觉上会引起人们对这些食物冰冷的感觉；冬日把窗帘换成暖色，就会增加室内的暖和感。以上的冷暖感觉并非来自物理上的真实温度，而是与我们的视觉经验与心理联想有关。冷色与暖色还会带来一些其他感受，如重量感、湿度感等，比方说，暖色偏重，冷色偏轻；暖色有密度的感觉，冷色有稀薄的感觉；两者相比，冷色有透明感，暖色透明感较弱；冷色显得湿润，暖色显得干燥；冷色有退远的感觉，暖色有迫切感，这些感觉是受我们心理作用而产生的主观印象，属于一种心理错觉。

2.6.2 色彩的胀缩感

色彩的胀缩感与色彩冷暖感受有一定的关系。例如，把同样大小而色性不同的两个物体放在同一距离进行比较，就会看到暖色物体显得大一些。

色彩胀缩感的产生与我们视觉生理有关。光度不同的色反射到我们眼中的光引起视觉器官不同程度的兴奋，造成了视觉的不同扩张与收缩，便产生了色彩的胀缩现象。

冷色——阴影、透明、冷静、镇静、稀薄、流动、远、轻、湿、退、缩小……

暖色——阳光、不透明、热烈、刺激、浓厚、固定、近、重、干、进、扩大……如彩图1-6所示。

2.6.3 色彩的距离感

在同一视觉下的不同色彩，会产生进退、凹凸、远近不等的感觉。明度高的色彩易产生近感，明度低的色彩易产生远感。一般暖色系和明度高的色彩具有前进、凸出、接近的效果，而冷色系和明度较低的色彩则具有后退、凹进、远离的效果。纯度高的色彩比纯度低的色彩的距离感近，如彩图1-7所示。

在绘画作品的平面上，可以充分利用色彩的距离感创造画面的深度与空间。

室内设计中常利用色彩的这些特点去改变空间的大小和高低。例如居室空间过高时，可用浅色，减弱空旷感，提高亲切感；墙面过大时，宜采用深色；柱子过细时，宜用浅色；柱子过粗时，宜用深色，减弱笨粗之感。

课题3 色彩的对比和调和

3.1 概　　述

对比与调和也称变化与统一，这是绘画中获得美的色彩效果的一条重要原则。如果画面色彩对比杂乱，失去调和统一的关系，在视觉上会产生失去稳定的不安定感，使人烦躁不安；相反，缺乏对比因素的调和，也会使人觉得单调乏味，不能发挥色彩的感染力。对比与调和，是色彩运用中非常普遍而重要的原则。要掌握对比与调和的色彩规律，首先应了解对比与调和的概念和含义、对比或调和的表现方式和规律。

3.2 色彩的对比

对比意味着色彩的差别，差别越大，对比越强，相反就越弱。所以在色彩关系上，有强对比与弱对比的区分。如红与绿、蓝与橙、黄与紫三组补色，是最强的对比色。在它们之中，逐步调入等量的白色，那就会在提高它们明度的同时，减弱其纯度，成为带粉的红绿、黄紫、橙蓝，形成弱对比。如加入等量的黑色，也就会减弱其明度和纯度，形成弱对比。在对比中，减弱一个色的纯度或明度，使它失去原来色相的个性，两色对比程度会减弱，以致趋于调和状态。色彩的对比因素，主要有下述几个方面。

3.2.1 色相对比

从色环中的各色之间，可以有相邻色、类似色、对比色、互补色等多种关系。在色环中180°角的两个色为互补色，是对比最强的色彩（色环中大于120°角的两色都属对比色）。色环中成90°角的两色为中强度对比（如红与黄、红与蓝、橙与黄绿等）。色彩中还有类似色（如深红、大红、玫瑰红等）和相邻色（如红与红橙、红与红紫、黄与黄绿等）对比。它们包含的类似色素占优势，色相、色性、明度十分近似，对比因素不明显，有微弱的区别，属调和的色彩关系。

3.2.2　明度对比

即色彩的深浅对比，色彩的深浅关系就是素描关系。我们从颜料管中挤出来的每一种颜色，都已具有自己的明度。颜色与颜色之间有明度的差别，如从深到浅来排列，可以得到以下的顺序：黑、蓝、青紫、墨绿、黑棕、翠绿、深红、大红、赭、草绿、钴蓝、朱、橘黄、土黄、中黄、柠檬黄、白。如果每个颜料调入黑或白，就会产生同一色性质的明度差别；如调入比这一颜色深或浅的其他色，就会产生不同色个性的明度差别。由此可见，色彩的明度对比，包含着相当丰富复杂的因素。辨别单色明度和明度对比比较容易，如果要正确辨别包含色彩纯度、冷暖等因素的明度对比，则并不容易。根据色彩的明度变化，可以形成各种等级，大致可分成高明度色，中明度色和低明度色三类。在绘画中，不同等级的明度，可以产生不同类别的色调、即亮调、暗调、中间调。

明度表示颜色的明暗特征，明度在色彩三要素中可以不依赖于其他性质而单独存在，任何色彩都可以还原成明度关系来考虑。例如黑白摄影及素描都体现的是明度关系，明度适于表现物体的立体感和空间感。黑白之间可以形成许多明度台阶，人的最大明度层次辨别能力可达200个台阶左右，普通使用的明度标准大都为9级左右。

3.2.3　纯度对比

色彩的效果，是从相互对比中显示出来的。纯度对比，是指色彩的鲜明与混浊的对比。运用不鲜明的低纯度色彩来作衬托色，鲜明色就会显得更加强烈夺目。如果将纯度相同，色面积也差不多的红绿两对比色并列在一起，不但不能加强其色彩效果，反而会互相减弱。如将绿色调入灰色来减弱纯度，红色才会在灰绿的衬托对比中更加鲜明。我们在雨天街头观察行人使用的五颜六色的雨披和雨伞，那鲜艳纯净的色彩异常醒目、美丽，其原因就是受周围环境沉暗的冷灰色调对比衬托的缘故。高纯度的色彩，有向前突出的视觉特性，低纯度的色彩则相反。相同的颜色，在不同的空间距离中，可以产生纯度的差异与对比。如观察处在近、中、远不同距离的三面红旗，近处的红旗是鲜明的；中景位置的红旗与近景中的红旗相比，则呈含灰的紫色；远景中的红旗，在相比之下，纯度更差，呈灰色。这是色彩因空间关系的变化，反映出色彩纯度变化而产生空间距离感。一个画面中，以纯度的弱对比为主的色调是幽雅的，所表达的感情效果基本上是宁静的；相反，纯度的强对比，则具有振奋、活跃的感情效果。

3.2.4　冷暖对比

色彩的冷暖感，是来自人的生理和心理感受的生活经历。由此，色彩要素中的冷暖对比，特别能发挥色彩的感染力。色彩冷暖倾向是相对的，要在两个色彩相对比的情况下显示出来。在色彩写生过程中，认识色彩冷暖对比变化，主要是依靠互相比较的方法。一个物体受阳光直射，受光面偏暖，背光面偏冷，受光部强光部分又偏冷，背光面受蓝天光线反射的部分，显得更冷，而背光受地面阳光反射部分，却罩上一层暖调色。从色光的自然规律理解，可以通过观察，认识到色彩冷暖对比的规律，这在色彩学习中十分重要；如果不能认识并表现出这种冷暖色彩的对比关系，画面色彩就可能趋于单调。冷暖对比，可以有各种形式。如用暖调的背景环境，衬托冷调的主体物；或以冷调的背景环境，衬托暖调的主体物；或以冷暖色调的交替，使画面色彩起伏具有节奏感。

3.2.5 面积对比

色彩的面积对比是美术设计中的构成或绘画中布局结构相关联的因素之一。所谓色彩的面积，在设计或装饰绘画中，一般比较明确，因为大多是采用色相单纯的平面色块，结合色块的形状，通过安排上的穿插，形成强弱、起伏的节奏效果。色面积的大小与形成色调有关，在艺术表现中的作用是通过对比来获得色彩效果的。譬如风景画中的一片天色，一座建筑物，一片田野，一棵树，都具有它的色面积、形状和位置。“万绿丛中一点红”，不但具有色相的补色对比，也有色面积的强对比效果。“丛”与“点”是形状和面积的对比。

3.3 色彩的调和

3.3.1 调和

色彩调和，就是色彩性质的近似，是指有差别的、对比的、以致不协调的色彩关系，经过调配整理、组合、安排，使画面中产生整体的和谐、稳定和统一。获得调和的基本方法，主要是减弱色彩诸要素的对比强度，使色彩关系趋向近似，而产生调和效果。对比与调和，是互为依存的、矛盾统一的两个方面，都是获得色彩美感和表达主题思想与感情的重要手段。

3.3.2 同种色调和

是指任何一个基本色，逐渐调入白色或黑色，可以产生单纯的明度变化的系列色相。这种趋向明亮或深暗的不同层次的颜色，可称为同种色或同次色，有极度调和的性质。如果一组对比色，双方同时混入白色或黑色，纯度都会降低，色相个性会削弱，加强了调和感。

3.3.3 相邻色、类似色的调和

是在色彩中包含的类同色占优势，色相、纯度、明度等色彩因素十分近似，对比特征不明显，属于调和的色彩关系。如相邻色红与红橙、红与红紫、黄与黄绿；类似色如深红、大红、玫瑰红、朱红等。类似色的色对比稍强于相邻色。无论什么颜色，与非彩色的黑、白、灰配置在一起时，都可以产生调和效果。

3.3.4 对比色的调和

对比两色中，如混入同一复色，即含灰的色彩，那么对比各色就会向混入的复色靠拢，色相、明度、纯度、冷暖都趋向接近，对比的刺激因素因而减弱或消失。调和效果的加强与混入色量成正比。对比色双方，如一方混入对方的色彩，或双方都混入对方的色彩，可缩小减弱、差别，趋向调和。

色彩的对比与调和原则，在色彩实践中是一个重要而值得探讨研究的问题。有关色彩各种形式的对比与各种方法的调和，是异常复杂的，它们表达的主题与感情也是十分广泛的。我们只有不断地在色彩实践中举一反三，逐步深入领会色彩的对比、协调规律，才能充分发挥色彩的表现力与感染力。

课题 4　色彩的调节和配色

4.1　色彩的调节

色彩的调节在于如何才能表现出对象的色彩关系、色调和色彩美感，关键在于是否能正确地掌握色彩观察方法。

色彩观察有两种不同的方法：一是孤立起来看局部的错误方法；二是从整体比较着色区相互的关系中，认识色彩个性与倾向的正确方法。前者观察的效果，会使有区别的同类色画得完全相同，失去色彩变化与丰富的美感。所以在色彩训练的过程中，培养整体观察的习惯是首要任务，整体观察的方法，也即通过比较去认识色彩倾向的方法。比较，即比色彩与色彩之间色相、色性、色度、冷暖的区别。孤立起来观察色彩还有另一种不良后果，如观察一块白色衬布的色彩，盯住看局部，白色衬布可在你视觉中显现出蓝、黄、紫、绿等多种色彩因素，通过调配，这个复色肯定是灰暗不堪的脏色。在室内画静物的暗部或物体的底面，许多地方都十分深暗；如果只从素描的观点去认识，只能表现出浓淡的关系；如果联系起来整体去观察比较，这些暗部仍然存在色彩冷暖的各种变化，不致画成相同的暗色。当然，比较色彩的关系，认识了它们的区别，也可能在表现时，夸张了区别的因素，使色彩失去协调统一感，这并不要紧，只要对调色进行适当的控制，就可以逐渐得到解决的。

4.2　色彩的配色

色彩是物体固有的一种特质，如人们认识概念中的红花、绿叶、青山、蓝天、绿树等。在色彩调色中，准确调配出各种不同纯度的色相，是掌握色彩变化规律的一个重要的基本功。

色彩有以下几种性质。

原色：根据太阳光谱绘成的颜料色环，其中红、黄、蓝称为三原色。原色是指这一颜料中的色彩，已不能再进行分解。也可以说，红、黄、蓝这三个基本色，不可能用其他颜色调配出来。三原色是色彩中最纯正、鲜明、强烈的基本色，但三原色可以调配出其他各种色相的色彩。

间色：由两个原色相混合的色彩称为间色，即红调黄得橙、黄调青得绿、红调青得紫。

复色：如果将两个间色（橙与绿或绿与紫，紫与橙相混合）或一个原色和相对应的间色（如红与绿、黄与紫、青与橙）混合都可得复色。由此可见，复色包含了三原色的成分，成为色纯度较低的含灰色彩。

补色：在色环中，一个原色与相对应的间色（如红与绿、黄与紫、蓝与橙）互称为补色。补色对比，是最强烈鲜明的对比。在对色彩观察与感受中，补色对比的情况是普遍存在的，每一个颜色都有其相应的补色。

人们的生活环境和大自然的色彩现象，是由光源色、固有色、环境色所综合而成的。由于日光在晴、阴、雨、雪不同的气候和早、中、晚不同时间的情况下，光源色也会产生变化。另外，光的强弱，光的投射角度和物体质地的不同等等条件的差别，物体的色彩也会产生复杂变化，这产生变化的色彩也称“条件色”。色彩写生中的色彩配色，是直接依据条件的变化规律来表现色彩的。

关于颜色调配的认识，是要通过写生实践而逐渐获得经验的。认识了色彩现象，并不一定就能调配出来，通过多次的调配试验，才能逐步达到目的。如果不能正确认识色彩，就绝不可能产生正确的色彩关系的。

4.3 室内色彩协调

色彩协调的基本概念是由白光光谱的颜色，按其波长从紫到红排列的，这些纯色彼此协调，在纯色中加进等量的黑或白所区分出的颜色也是协调的，但不等量时就不协调。例如米色和绿色、红色与棕色不协调，海绿和黄接近纯色是协调的。在色环上处于相对地位并形成一对补色的那些色相是协调的，将色环三等分，造成一种特别和谐的组合。色彩的近似协调和对比协调在室内色彩设计中都是需要的，近似协调固然能给人以统一和谐的平静感觉，但对比协调在色彩之间的对立、冲突所构成的和谐和关系却更能动人心魄，关键在于正确处理和运用色彩的统一与变化规律。室内色彩设计的根本问题是配色问题，这是室内色彩效果优劣的关键，孤立的颜色无所谓美或不美，如彩图 1-8 所示。

色彩效果取决于不同颜色之间的相互关系，同一颜色在不同的背景条件下，其色彩效果可以迥然不同，这是色彩所特有的敏感性和依存性，因此如何处理好色彩之间的协调关系，就成为配色的关键问题。

4.4 室内色彩设计

4.4.1 室内色彩设计的空间功能

在进行室内色彩设计时，应首先了解和色彩有密切联系的以下问题：

1）空间的使用目的。不同的使用目的，如会议室、病房、起居室，显然在考虑色彩的要求、性格的体现、气氛的形成各不相同。

2）空间的大小、形式。色彩可以按不同空间大小、形式来进一步强调或削弱。

3）空间的方位。不同方位在自然光线作用下的色彩是不同的，冷暖感也有差别，因此，可利用色彩来进行调整。

4）使用空间的人的类别。老人、小孩、男、女，对色彩的要求有很大的区别，色彩应适合居住者的爱好。

5）使用者在空间内的活动及使用时间的长短。学习的教室，工业生产车间，不同的活动与工作内容，要求不同的视线条件，才能提高效率、安全和达到舒适的目的。长时间使用的房间的色彩对视觉的作用，应比短时间使用的房间强得多。

6）该空间所处的周围情况。色彩和环境有密切联系，尤其在室内，色彩的反射可以影响其他颜色。同时，不同的环境，通过室外的自然景物也能反射到室内来，色彩还应与周围环境取得协调。

7）使用者对于色彩的偏爱。一般说来，在符合原则的前提下，应该合理地满足不同使用者的爱好和个性，才能符合使用者心理要求。

4.4.2 室内色彩构图设计

在符合色彩的功能要求原则下，可以充分发挥色彩在构图中的作用。

(1) 背景色

如墙面、地面、顶棚，它占有极大面积并起到衬托室内一切物件的作用。因此，背景色是室内色彩设计中首要考虑和选择的问题。不同色彩在不同的空间背景上所处的位置，对房间的性质、对心理知觉和感情反应可以造成很大的不同，一种特殊的色相虽然完全适用于地面，但当它用于顶棚上时，则可能产生完全不同的效果。现将不同色相用于顶棚、墙面、地面时，作分析对比如下：

1) 红色顶棚：干扰，重；墙面：进犯的，向前的；地面：留意的，警觉的。纯红除了当作强调色外，实际上是很少用的，用得过分会增加空间复杂性，应对其限制更为适合。

2) 粉红色顶棚：精致的，愉悦舒适的，或过分甜蜜，决定于个人爱好；墙面：软弱，如不是灰调则太甜；地面：或许过于精致，较少采用。

3) 褐色顶棚：沉闷压抑和重；墙面：如为木质是稳妥的；地面：稳定沉着的。褐色在某些情况下，会唤起糟粕的联想，设计者需慎用。

4) 橙色顶棚：发亮，兴奋；墙面：暖和与发亮的；地面：活跃，明快。橙色比红色更柔和，有更可相处的魅力，反射在皮肤上可以加强皮肤的色调。

5) 黄色顶棚：发亮，兴奋；墙面：暖，如果彩度高引起不舒服；地面：上升、有趣的。因黄色的高度可见度，常用于有安全需要之处，黄比白更亮，常用于光线暗淡的空间。

6) 绿色顶棚：保险的，但反射在皮肤上不美；墙面：冷，安静的，可靠的，如果是眩光引起不舒服；地面：自然的，柔软，轻松，冷。绿色与蓝绿色系，为沉思和要求高度集中注意的工作提供了一个良好的环境。

7) 蓝色顶棚：如天空，冷、重和沉闷；墙面：冷和远，促进加深空间；地面：引起容易运动的感觉，结实。蓝色趋向于冷、荒凉和悲凉。如果用于大面积，淡浅蓝色由于受人眼晶体强力的折射，因此使环境中的目的物和细部受到变模糊的弯曲。

8) 紫色顶棚：除了非主要的面积，很少用于室内，在大空间里，紫色扰乱眼睛的焦点，在心理上它表现为不安和抑制。

9) 灰色顶棚：暗的；墙面：令人讨厌的中性色调；地面：中性的。像所有中性色彩一样，灰色没有多少精神治疗作用。

10) 白色顶棚：空虚的；墙面：空，枯燥无味，没有活力；地面：似告诉人们，禁止接触。

11) 黑色顶棚：空虚沉闷得难以忍受；墙面：不祥的，像地牢；地面；奇特的，难于理解的。运用黑色要注意面积一般不宜太大，如某些天然的黑色花岗石、大理石，是一种稳重的高档材料，作为背景或局部地方的处理，如使用得当，能起到其他色彩无法代替的效果。

(2) 装修色彩

如门、窗、通风孔、博古架、墙裙、壁柜等，它们常和背景色彩有紧密的联系。

(3) 家具色彩

各类不同品种、规格、形式、材料的各式家具，如橱柜、梳妆台、床、桌、椅、沙发等，它们是室内陈设的主体，是表现室内风格、个性的重要因素，它们和背景色彩有着密切关系，常成为控制室内总体效果的主体色彩。

（4）织物色彩

包括窗帘、帷幔、床罩、台布、地毯、沙发、坐椅等蒙面织物。室内织物的材料、质感、色彩、图案五光十色，千姿百态，和人的关系更为密切，在室内色彩中起着举足轻重的作用，如不注意可能成为干扰因素。织物也可用于背景，也可用于重点装饰。

（5）陈设色彩

灯具、电视机、电冰箱、热水瓶、烟灰缸、日用器皿、工艺品、绘画雕塑，它们体积虽小，却可起到画龙点睛的作用。在室内色彩中，常作为重点色彩或点缀色彩。

（6）绿化色彩

盆景、花篮、吊篮、插花、不同花卉、植物，有不同的姿态色彩、情调和含义，和其他色彩容易协调，它对丰富空间环境，创造空间意境，加强生活气息，软化空间肌体，有着特殊的作用。

4.5 室内色彩设计原则

色彩的设计在室内设计中起着改变或者创造某种格调的作用，会给人带来某种视觉上的差异和艺术上的享受。人进入某个空间最初几秒钟内得到的印象75%是对色彩的感觉，然后才会去理解形体。所以，色彩对人们产生的第一印象是室内装饰设计不能忽视的重要因素。

在室内环境中的色彩设计要遵循一些基本的原则，这些原则可以更好地使色彩服务于整体的空间设计，从而达到最好的境界。

（1）整体统一的原则

在室内设计中色彩的和谐性就如同音乐的节奏与和声。在室内环境中，各种色彩相互作用于空间中，和谐与对比是最根本的关系，如何恰如其分地处理这种关系是创造室内空间气氛的关键。色彩的协调意味着色彩三要素——色相、明度和纯度之间的靠近，从而产生一种统一感，但要避免过于平淡、沉闷与单调。因此，色彩的和谐应表现为对比中的和谐、对比中的衬托（其中包括冷暖对比、明暗对比、纯度对比）。缤纷的色彩给室内设计增添了各种气氛，和谐是控制、完善与加强这种气氛的基本手段，一定要认真分析和谐与对比的关系，才能使室内色彩更富于诗般的意境与气氛，如彩图1-9及彩图1-10所示。

（2）色彩对人的感情影响

不同的色彩会给人心理带来不同的感觉，所以在确定居室与饰物的色彩时，要考虑人们的感情色彩。比如黑色一般只用来作点缀色，试想，如果房间大面积运用黑色，人们在感情上恐怕难以接受，居住在这样的环境里，人的感觉也不舒服。又如老年人适合具有稳定感的色系，沉稳的色彩也有利于老年人身心健康；青年人适合对比度较大的色系，让人感觉到时代的气息与生活节奏的快捷；儿童适合纯度较高的浅蓝、浅粉色系；运动员适合浅蓝、浅绿等颜色，以解除兴奋与疲劳；军人可用鲜艳色彩调剂军营的单调色彩；体弱者可用橘黄、暖绿色，使其心情轻松愉快等，如彩图1-11～彩图1-13所示。

（3）室内空间的功能需求原则

不同的空间有着不同的使用功能，色彩的设计也要随之功能的差异而做相应变化。室内空间可以利用色彩的明暗度来创造气氛。使用高明度色彩可获得光彩夺目的室内空间气氛；使用低明度的色彩和较暗的灯光来装饰，则给予人一种“隐私性”和温馨之感。室内空间对人们的生活而言，往往具有一个长久性的概念，如办公、居室等这些空间的色彩在某些方面直接影响人的生活，因此使用纯度较低的各种灰色可以获得一种安静、柔和、舒适的空间气氛。纯度较高鲜艳的色彩则可获得一种欢快、活泼与愉快的空间气氛，如彩图1-14及彩图 1-15 所示。

(4) 室内空间构图需求原则

室内色彩配置必须符合空间构图的需要，充分发挥室内色彩对空间的美化作用，正确处理协调和对比、统一与变化、主体与背景的关系。在进行室内色彩设计时，首先要定好空间色彩的主色调。色彩的主色调在室内气氛中起主导、陪衬、烘托的作用。形成室内色彩主色调的因素很多，主要有室内色彩的明度、色度、纯度和对比度，其次要处理好统一与变化的关系，要求在统一的基础上求变化，这样容易取得良好的效果。为了取得统一又有变化的效果，大面积的色块不宜采用过分鲜艳的颜色，小面积的色块可适当提高色彩的明度和纯度。此外，室内色彩设计要体现稳定感、韵律感和节奏感。为了达到空间色彩的稳定感，常采用上轻下重的色彩关系。室内色彩的起伏变化，应形成一定的韵律和节奏感，注重色彩的规律性，否则就会使空间变得杂乱无章。

根据上述的规律，常把室内色彩概括为三大部分：

1) 作为大面积色彩协调的空间，室内家具起衬托作用的协调色；

2) 在背景色的衬托下，以在室内占有统治地位的家具为主体色；

3) 家具作为重点装饰和点缀的色彩，要用突出的对比色。

如彩图 1-16～彩图 1-18 所示。

以什么为背景、主体和重点，是色彩设计首先应考虑的问题。同时，也应考虑不同色彩物体之间的相互关系形成的多层次的背景关系。另外，在许多设计中，如墙面、地面，也不一定只是一种色彩，可能会交叉使用多种色彩，图形色和背景色也会相互转化，必须予以重视。

(5) 色彩的统一与变化

色彩的统一与变化是色彩构图的基本原则。所采取的一切方法，均为达到此目的而做出选择的决定，应着重考虑以下问题。

1) 主调。室内色彩应有主调或基调，冷暖、性格、气氛都通过主调来体现。主调的选择是一个决定性的步骤，因此必须和要求反应空间的主题十分贴切。即希望通过色彩达到怎样的感受，是典雅还是华丽，安静还是活跃，纯朴还是奢华。用色彩语言来表达不是很容易的，要在许多色彩方案中，认真仔细地去鉴别和挑选。

2) 大部位色彩的统一协调。主调确定以后，就应考虑色彩的施色部位及其比例分配。作为主色调，一般应占有较大比例，而次色调作为非主调色，只占小的比例。例如在室内家具较少时或周边布置家具的地面，常成为视觉的焦点，而予以重点装饰。因此，可以根据设计构思，采取不同的色彩层次或缩小层次的变化，选择和确定图底关系，突出视觉中心，例如：

①用统一顶棚、地面色彩来突出墙面和家具；

②用统一墙面、地面来突出顶棚、家具；

③用统一顶棚、墙面来突出地面、家具；

④用统一顶棚、地面、墙面来突出家具。

3）加强色彩的魅力。背景色、主体色、强调色三者之间的色彩关系绝不是孤立的、固定的，如果机械地理解和处理，必然千篇一律，变得单调。既要有明确的图底关系、层次关系和视觉中心，但又不刻板、僵化，才能达到丰富多彩。这就需要用下列三个办法。

①色彩的重复或呼应。即将同一色彩用到关键性的几个部位上去，从而使其成为控制整个室内的关键色。例如用相同色彩于家具、窗帘、地毯，使其他色彩居于次要的、不明显的地位。同时，也能使色彩之间相互联系，形成一个多样统一的整体，色彩上取得彼此呼应的关系，才能取得视觉上的联系和唤起视觉的运动。

②布置成有节奏的连续。色彩的有规律布置，容易引起视觉上的运动，或称色彩的韵律感。色彩韵律感不一定用于大面积，也可用于位置接近的物体上。墙上的组画、椅子的座垫、瓶中的花等等均可作为布置韵律的地方。

③用强烈对比。色彩由于相互对比而得到加强，一经发现室内存在对比色，也就是其他色彩退居次要地位，视觉很快集中于对比色。通过对比，各自的色彩更加鲜明，从而加强了色彩的表现力。不论采取何种加强色彩的力量和方法，其目的都是为了达到室内的统一和协调，加强色彩的孤立。

室内色彩可以统一划分成许多层次，色彩关系随着层次的增加而复杂，随着层次的减少而简化，不同层次之间的关系可以分别考虑为背景色和重点色。背景色常作为大面积的色彩宜用灰调，重点色常作为小面积的色彩，在彩度、明度上比背景色要高。通过色彩的重复、呼应可以加强色彩的韵律感和丰富感，使室内色彩达到多样统一，统一中有变化，不单调、不杂乱，色彩之间有主有从有中心，形成一个完整和谐的整体。

思考题与习题

1. 美术在装饰装修中有哪些作用？
2. 色彩产生的规律和性质有哪些？
3. 色彩在室内设计中如何应用？
4. 十二色相环练习

要求：（1）用水粉完成色相环，色相明确，色彩明快。

（2）尺寸 20cm×20cm，卡纸完成。

5. 色彩对比练习

要求：（1）选任意图形，作明度对比、色相对比、纯度对比、冷暖对比、面积对比练习。

（2）色彩对比明确，图形有一定的创意，尺寸 20cm×20cm，卡纸完成。

单元2　绘画的基本知识

知 识 点：

1. 透视图的分类、透视图的绘图原理、一点和两点透视的画法（视线法、全线相交法、量点法）、圆的各种透视图画法、透视图的简化画法和应用。轴测图的形成和分类、各种常用轴测图的画法等。

2. 素描的意义、素描的写生方法；钢笔画与速写，水粉的写生方法，水彩的写生方法。

教学目标：

1. 明确透视图、轴测图的绘图原理。熟练掌握建筑形体的一点和两点透视的画法。熟练掌握正等测图的画法。

2. 掌握绘画的基本技能，熟悉各种绘画的写生方法与步骤，能熟练应用绘画方法，透视图和轴测图画法，为学习装饰表现图打好扎实的基本功。

课题1　透视图与轴测图

简单地说，透视图就是观察者透过透明的玻璃看物体，将看到的影像画在玻璃上的图样。透视图具有很好的立体感、空间感，在装饰设计中常用于绘制效果图，以展现装饰的空间效果，如图 2-1 所示。透视图属于中心投影，故也称透视投影。

图 2-1　建筑物的透视图

图 2-2 所示为轴测图，也是一种具有空间感的立体图，轴测图属于平行投影，所以也称轴测投影，绘制较透视图简单。轴测图用在施工图中作辅助图样，有时也用于绘制效果图，有关轴测图的内容在 2.2 中介绍。

1.1　透视图的分类

一条直线无限远点的透视称为灭点，根据物体在透视图上灭点的多少分为以下三类。

(1) 一点透视

在一幅透视图中所构成的主向灭点只有一个的透视投影，称为一点透视。如图 2-3 所

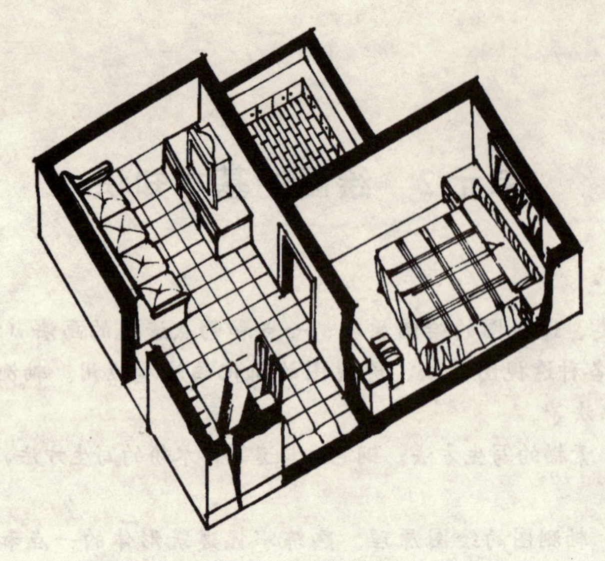

图 2-2　室内的轴测图

示，只有前后这一主方向的轮廓线垂直于画面，所以图中只有一个灭点 s'。由于这类图中伴随有一个方向的立面平行于画面，故也称平行透视。

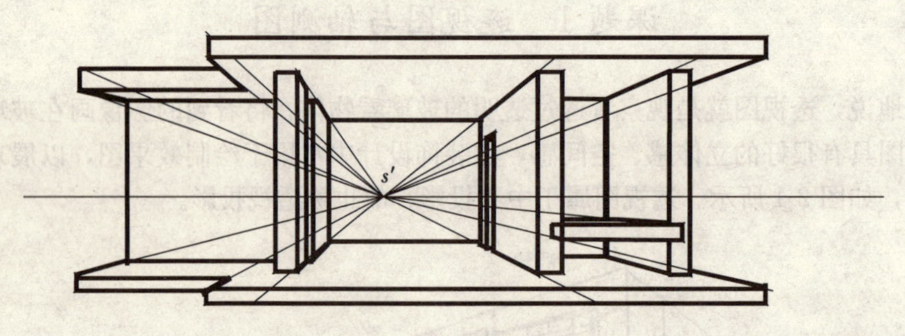

图 2-3　一点透视

（2）两点透视

如图 2-4 所示，透视物体在长、宽两方向均有灭点的透视图称为两点透视。这种透视图，物体的两个方向与画面成一定的夹角，所以也称成角透视。

（3）三点透视

有些建筑物或室内比较高大，当我们在近处要看它的全貌时，必须仰起头。这时，建筑物的长宽高三个主要方向轮廓线实际上均与画面成一定的角度（也就是画面倾斜于地面），因此在画面上就出现三个灭点，如图 2-5 所示。由于画面倾斜于地面，这种透视又称作倾斜透视。

1.2　透视图的画法

1.2.1　透视图中的名词术语

在形成透视过程中的一些名词术语，如图 2-6 所示。

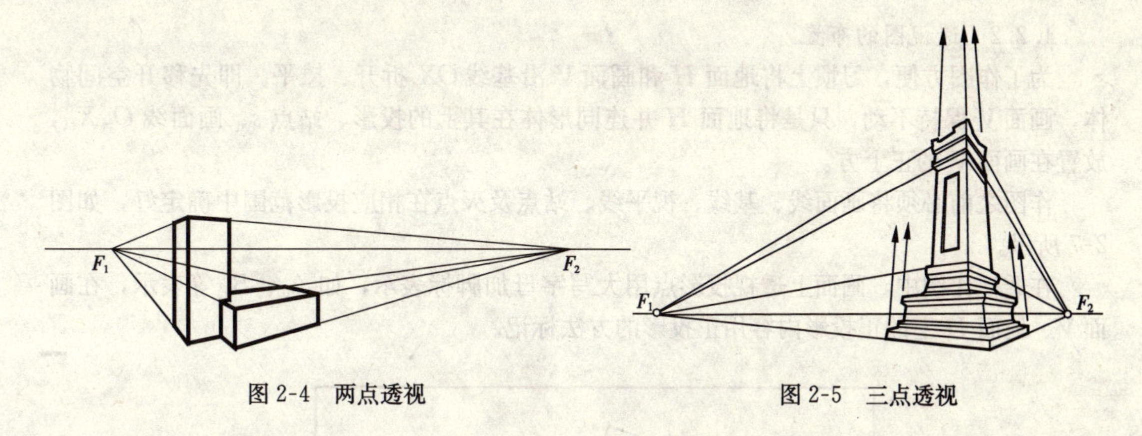

图 2-4　两点透视　　　　图 2-5　三点透视

地面——放置建筑物的水平面，用字母 H 表示，也称基面。

画面——透视图所在的平面，用字母 V 表示。画一点和两点透视时画面和地面垂直。画三点透视时，画面与地面倾斜。

基线——按照正投影方法，地面在画面上的积聚投影，用字母 OX 表示。

画面线——按照正投影方法，画面在地面上的积聚投影，用字母 $O_H X_H$ 表示。

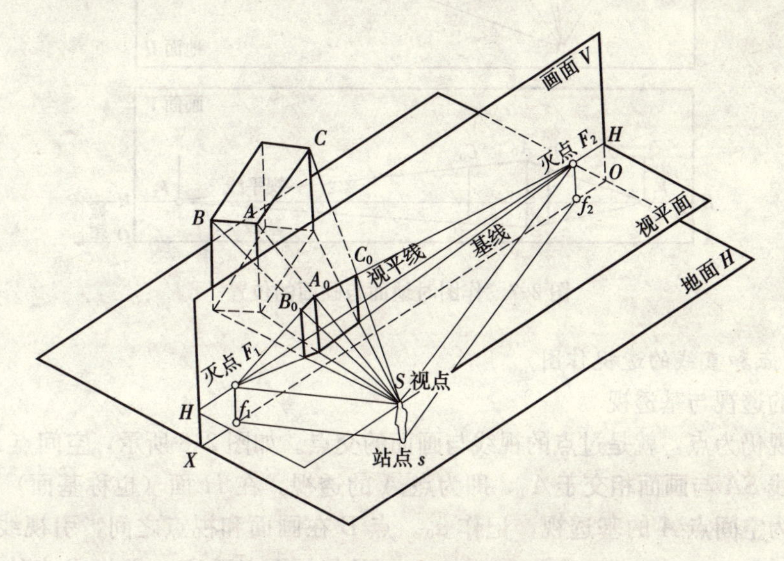

图 2-6　透视图中的名词术语

视点——相当于观察者眼睛所在的位置，即投影中心，用大写字母 S 表示。

站点——视点在地面（H 面）上的正投影，用小写字母 s 表示。

视平面——过视点的水平面。所有水平视线均在视平面上。

视平线——视平面与画面（V 面）的交线，用字母 HH 表示。

视高——视点 S 距地面的高度，即 Ss。

视距——视点距画面 V 的垂直距离。

灭点——与画面相交的直线上无限远点的透视，用字母 F 表示。

1.2.2 透视图的布置

为了作图方便，习惯上将地面 H 和画面 V 沿基线 OX 拆开、摊平。即先移开空间物体，画面 V 保持不动，只是将地面 H 并连同形体在其上的投影、站点 s、画面线 $O_H X_H$，放置在画面 V 的正上方。

作图之前必须将画面线、基线、视平线、站点及灭点在相应投影范围中确定好，如图 2-7 所示。

在透视作图中，画面上透视投影点用大写字母加脚标表示，如 A_0、B_0 等表示，在画面 V、地面 H 上的正投影内容用正投影的方法标记。

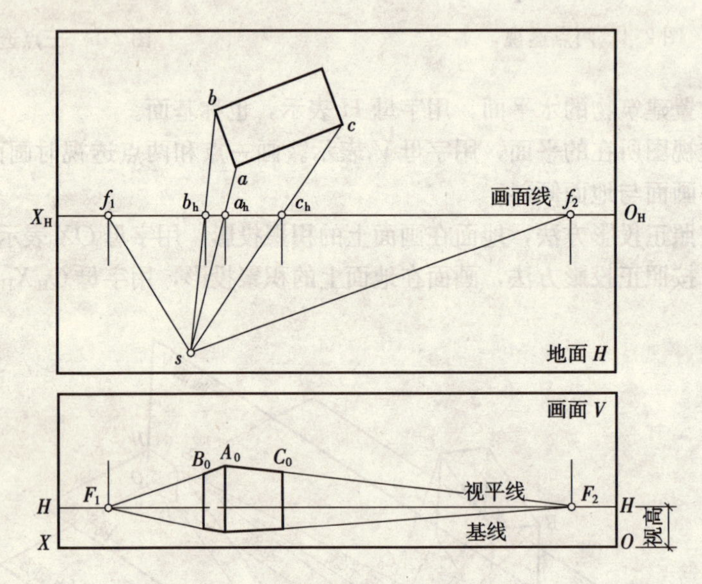

图 2-7 作图时地面与画面的位置

1.2.3 点和直线的透视作图

(1) 点的透视与基透视

点的透视仍为点，就是过点的视线与画面的交点。如图 2-8 所示，空间点 A 在画面 V 之后，引视线 SA 与画面相交于 A_0，即为点 A 的透视。在 H 面（也称基面）上投影点 a 的透视，称为空间点 A 的基透视，记作 a_0。点 B 在画面和视点之间，引视线 SB，延长 SB 与画面交于 B_0，即为 B 点的透视。点 C 在画面上，透视即为其本身。

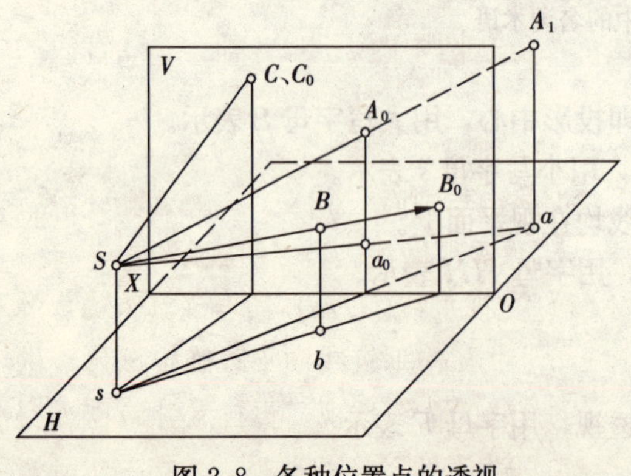

图 2-8 各种位置点的透视

如图 2-9 所示，设空间点 A 在 H、V 面上的正投影为 a 及 a'，视点 S 在 H 面与 V 面的投影为 s 和 s'。连接 sa，视线穿交画面得 a_h，a_h 为该点透视的 H 投影，只反映透视点的左右位置。连接 $s'a'$ 为视线 SA 在 V 面上的投影，自 a_h 连垂线向上，交 $s'a'$ 得 A_0，A_0 即所求。连接 $s'a_x$，再自 A_0 向下引垂线交得 a_0，而 a_0 点为空间点 A 的基透视。

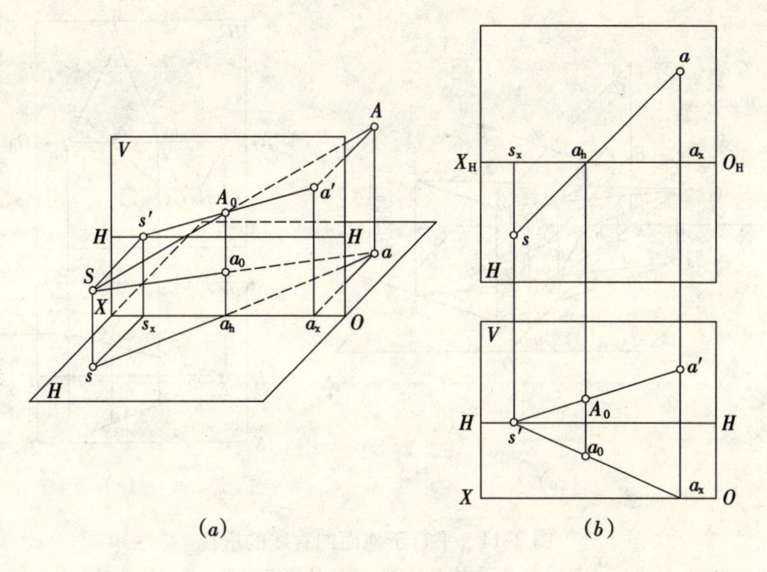

(a)　　(b)

图 2-9　点的透视

(a) 直观图；(b) 透视图

(2) 直线的透视直线

直线的透视，一般情况下仍为直线。只有当直线通过视点时，其透视为一点，当直线在画面上时，其透视即为其本身。如图 2-10 所示，直线 AB 的透视，为过直线 AB 的视平面与画面 V 的交线 A_0B_0。直线 CD 通过视点 S，其透视为一点 $D_0(C_0)$。直线 EF 在画面上，透视 E_0F_0 与 EF 重合。

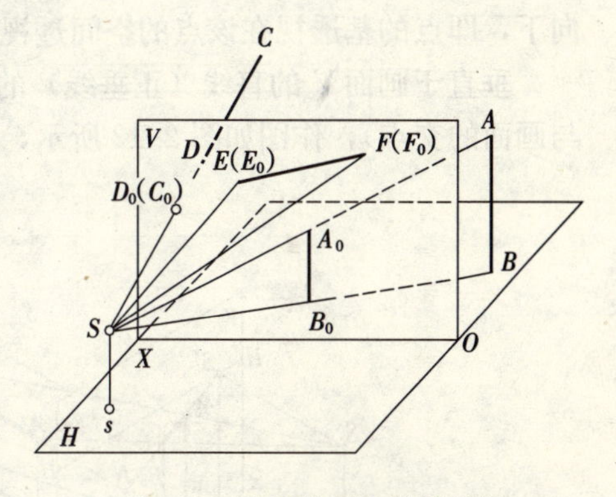

图 2-10　各种位置直线的透视

直线与画面相交，交点称为画面迹点（简称迹点，如图 2-11 (a) 中的 N 点）。直线无限远点的透视称为灭点。直线的画面迹点和灭点的连线，称为该直线的全线透视，如图中的 NF 直线。空间平行的直线具有相同的灭点。如图 2-11 所示，当水平视线 SF 与水平直线 AB 平行时，两者必有同一个灭点 F（水平线的灭点必在视平线上），而用平行于 AB 的视线 SF 去观察直线 AB 的无限远点时与画面的交点（图中的 F 点），即为 AB 直线的灭点。

(3) 平行于地面直线的透视

平行于地面的直线有水平线和正垂线两种，它们必定与画面 V 相交。与画面相交的直线有灭点，否则无灭点。图 2-11 (b) 是水平线 AB 的透视做法。自 s 引视线 sf 平行于 ab，与画面线 O_HX_H 交于 f 点，过 f 引向下的垂线，交视平线 HH 于 F 点（其为 AB 的灭点）。接着将 ba 延长交于迹点（与画面的交点）n，过 n 连垂直线向下，确定该迹点的高度 Nn_X（即水平线 AB 的直线高），连 NF 得 AB 直线的全线透视。再自 s 引 sa、sb 交 HH 于 a_h、b_h，由两交点引垂线交全线透视于 A_0B_0 即为直线 AB 的透视。连接 n_XF，过

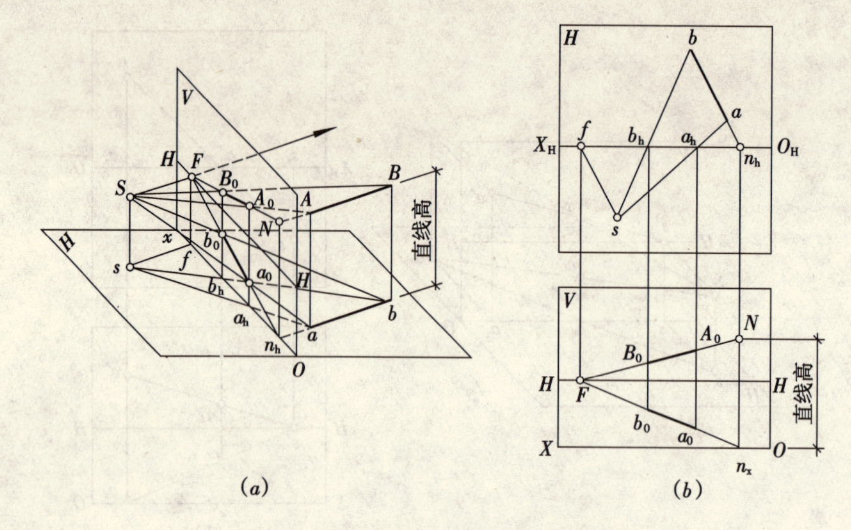

图 2-11 平行于地面的直线的透视

(*a*) 立体图；(*b*) 直线的透视作图

A_0B_0 继续引向下的垂线，交点 a_0、b_0 即为 AB 直线的基透视。从中可见 a_0 点在 A_0 的正向下，即点的基透视在该点的空间透视的正下方。

垂直于画面 V 的直线（正垂线）的灭点是心点 s'（即通过视点引垂直于画面 V 的视线与画面的交点），作图如图 2-12 所示，正垂线 AB 的透视 A_0B_0 经过 s' 点。

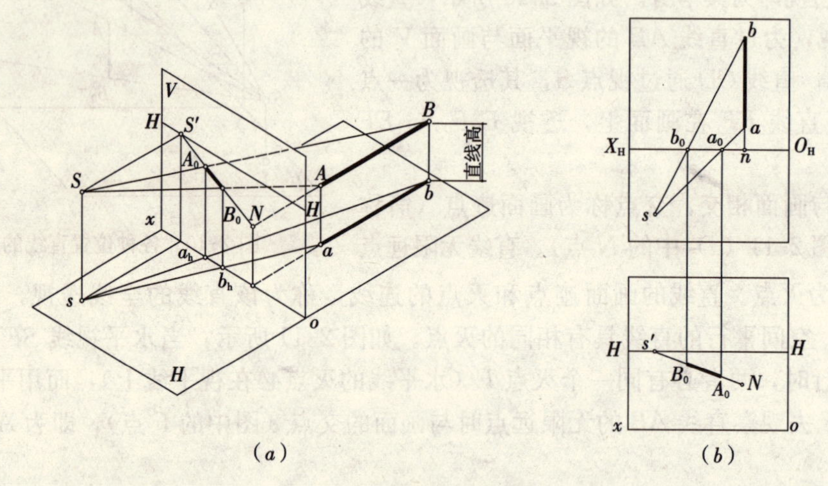

图 2-12 画面垂直线的透视

(*a*) 直观图；(*b*) 透视图

(4) 垂直于地面的直线的透视

地面的垂直线就是铅垂线。由于该线与画面 V 平行（不与画面相交）故无灭点，其透视仍为铅垂线段，作图如图 2-13 所示。当铅垂直线在画面上时，铅垂线的透视即为本身，此时其透视高度即为铅垂线高度，称为真高线。

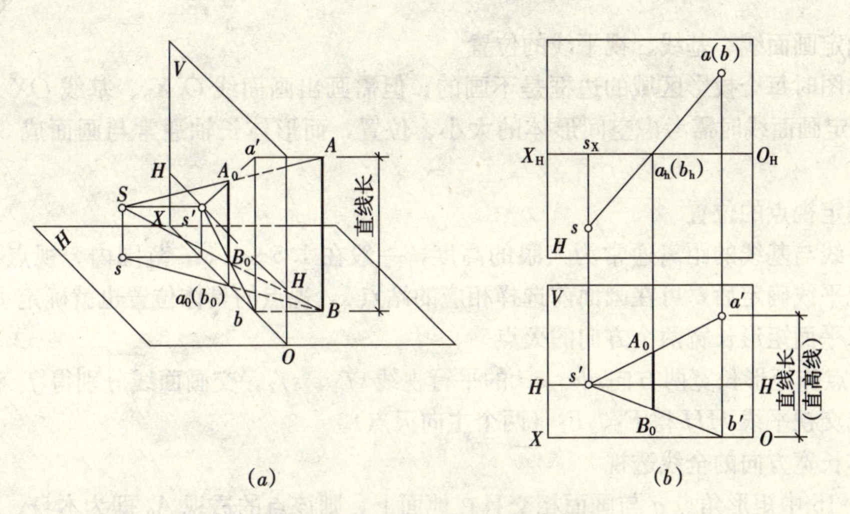

图 2-13　垂直于地面的直线的透视

(*a*) 直观图；(*b*) 透视图

(5) 既平行于地面又平行于画面的直线的透视

既平行于地面又平行于画面的直线（即侧垂线），必平行于 *OX* 轴，其透视与视平线平行。作图如图 2-14 所示。

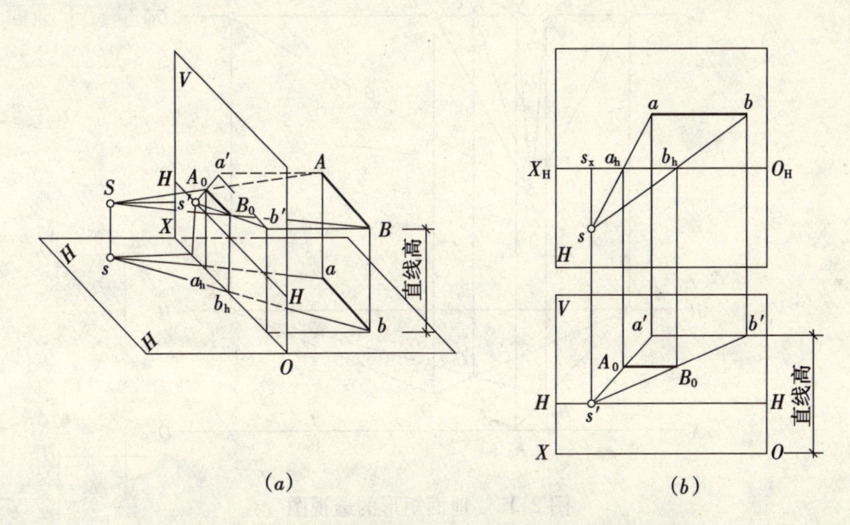

图 2-14　即平行于画面又平行于地面的直线的透视

(*a*) 直观图；(*b*) 透视图

1.2.4　两点透视的画法

(1) 视线法作透视图

以上有关点、直线透视的画法，是利用视线在地面 *H* 上的水平投影作为辅助线来绘制透视图的，这种方法称为视线法。下面结合例题介绍视线法的应用。

1) 地面上矩形的透视图

地面 *H* 上的矩形可以理解为在地面上的长方体的正投影，图 2-15 为地面矩形 *ABCD* 的透视。在地面上的物体或其正投影的透视也称为基透视。

①确定画面线、基线、视平线的位置

在作图时每个投影区域的边框是不画的，但需画出画面线 O_hX_h、基线 OX 和视平线 HH。确定画面线时需考虑空间形体的大小、位置，而形体长轴通常与画面成 30°角倾斜为好。

②确定视点的位置

视平线与基线的距离通常为人眼的高度，一般在 1.5～1.8m 范围内。视点在视平线上，在视平线确定后，可在画面前选择相应的站点 s，视点的具体位置也就确定了。

③求平面矩形长宽两个方向的灭点

过 s 点作矩形长宽两方向 ab、ad 的平行视线 sf_1、sf_2，交画面线分别得 f_1 和 f_2，向下引垂线交视平线 HH 得 F_1、F_2（两个主向灭点）。

④作长宽方向的全线透视

图 2-15 中矩形角点 a 与画面相交且在地面上，则该点的透视 A_0 即为本身，并在画面的基线 OX 上。过 A_0 连接宽度和长度方向的灭点 F_1 和 F_2 得全线透视 A_0F_1 和 A_0F_2。

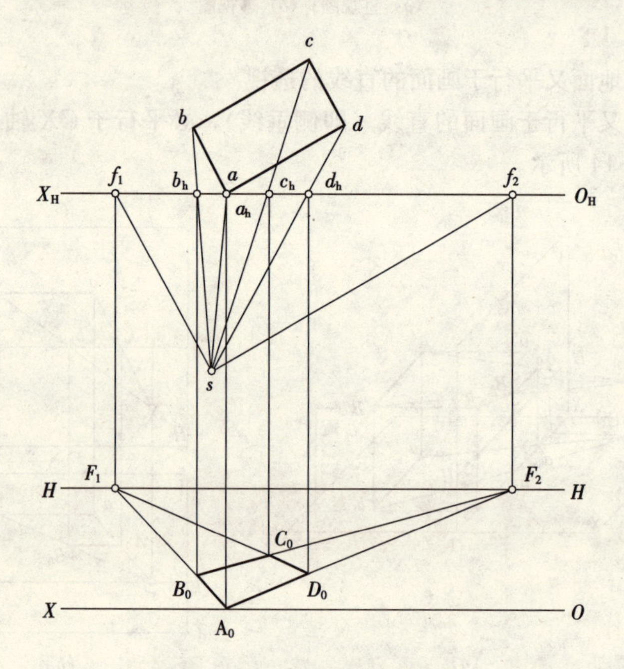

图 2-15　地面矩形的透视图

⑤作出全矩形在地面上的透视

自 s 连视线 sb、sc、sd，分别交画面线得 b_h、c_h、d_h，过 b_h、d_h 引竖向垂线交 A_0F_1、A_0F_2 得透视点 B_0、D_0，连 D_0F_1 得 DC 的全长透视，连 B_0F_2 得 BC 的全线透视，此两全线透视的交点即为透视点 C_0。也可经 c_h 引垂线交于 B_0F_2 而得 C_0，加深加粗各透视线段，得透视图。

2）长方体的透视图

图 2-16 所示为长方体的透视图。长方体的侧棱 AB 在画面上，即 AB 为铅垂线，其透视为其真高。从图中看出视高高于顶面，故能看到长方体的左右两侧面及顶面。以下为作图步骤：

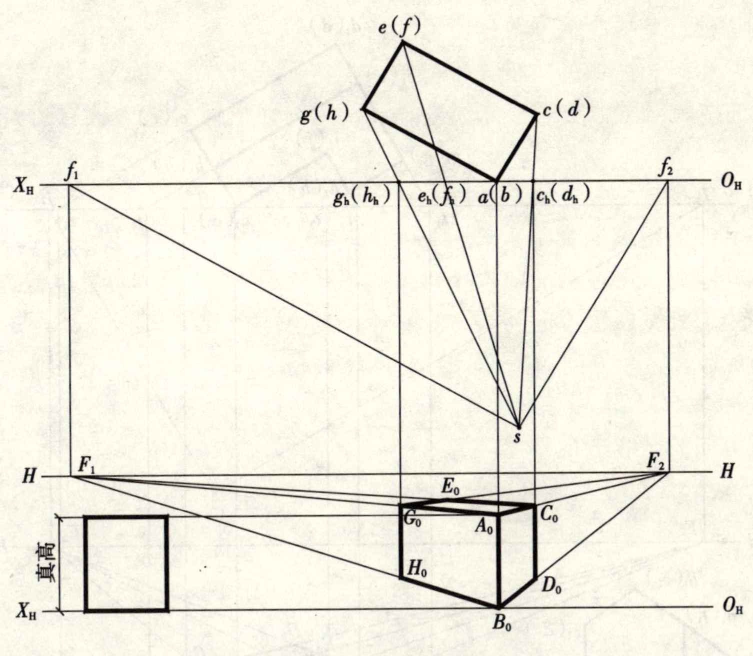

图 2-16 长方体的透视

①自 $a(b)$ 引垂线交 O_HX_H 于 B_0，由左方侧立面图引长方体高度至 A_0，得真高线 A_0B_0。由于地面上 $a(b)$ 投影与画面相交，且为铅垂线，其实长投影即为透视，故在画面上反映真高。

②自 A_0、B_0 分别向长度和宽度方向灭点 F_1、F_2 连以全线透视，得 A_0F_1、A_0F_2、B_0F_1、B_0F_2。

③从 O_HX_H 上的 g_h 和 c_h 点引垂线，交画面中各全线透视得 G_0、H_0、C_0、D_0 四个交点。

④将以上各透视点连以粗实线，得长方体透视图。

(2) 全线相交法

借助于在画面中画出形体各方向的全线透视，相交得透视点，连接相邻各个透视点、画出形体透视图的作图方法，称为全线相交法。

图 2-17 为房屋的透视图，采用全线相交法绘制，步骤如下。

1) 房屋的基透视（图 2-17a）

①自站点 s 画视线 sf_1、sf_2 平行于房屋的两个主向轮廓线，画铅垂线向下交视平线得灭点 F_1、F_2。

②过画面交点 a 向下画竖线，交基线 OX 得其透视 A_0。

③过 A_0 连全线透视得 A_0F_1、A_0F_2。

④在 H 面上延长各向直线，得与画面的交点 t_1～t_5。

⑤过 t_1～t_5，引铅垂线交基线 OX 得 T_1～T_5。

⑥过 T_1～T_5 分别画出其所属直线的全线透视。

⑦整理并标出全线透视各相应交点（B_0～I_0），即为所求的透视点。

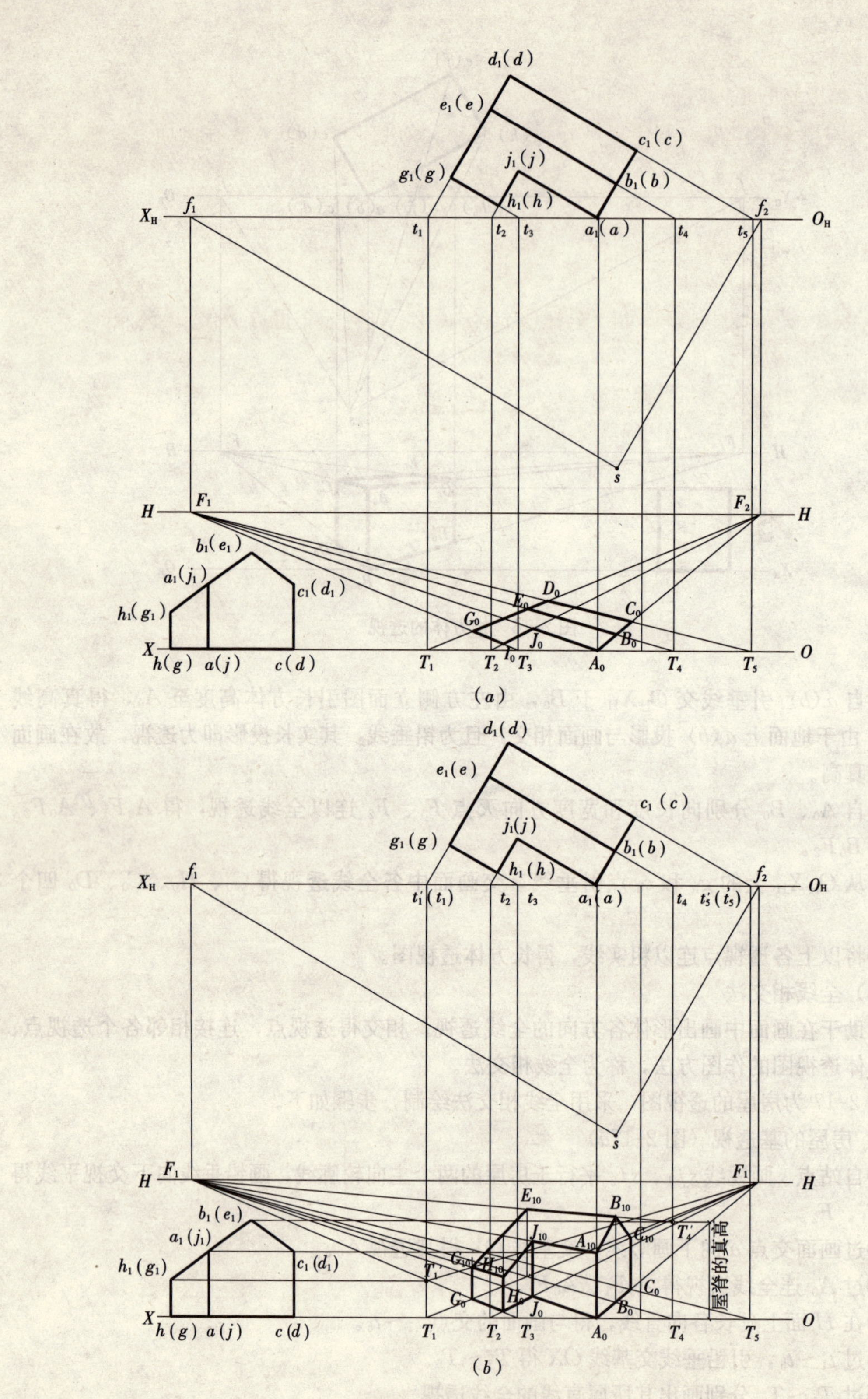

图 2-17　房屋的基透视

(a) 房屋的基透视；(b) 作房屋的透视

⑧在画面上连接各相邻透视点得房屋基透视。

2）画房屋的整体透视图（图 2-17（*b*））

①由于平面图上房屋一角 $a_1(a)$ 与画面相交为画面铅垂线，故在画面上反映为真高线。所以过 A_0 画铅垂线立高，然后由左方侧立面图的 $a_1(j_1)$ 点引横线交此线得 A_{10}，而 A_0A_{10} 即为其真高线。

②自侧立面图的屋脊点 $b_1(e_1)$ 引横线交 T_4 向上的竖线于 T_4'点，T_4T_4'的连线为屋脊线的真高。

③连接 F_1T_4'得屋脊线的全线透视，自 B_0 引竖线向上交得点 B_{10}，B_{10}为山墙屋脊点的透视（以上第 2、3 两步做法称为真高线法）。

④连接 $A_{10}F_2$、过 C_0 画竖线交得 C_{10}，连接 $B_{10}A_{10}$、$B_{10}C_{10}$得山墙檐口线透视。

⑤连接 $A_{10}F_1$，自 J_0 立高交得 J_{10}，连接 J_0J_{10}得房屋阴角线透视。

⑥再用真高线法，作出 $G_{10}G_0$ 的真高线 T_1T_1'，连 $T_1'F_2$、交自 G_0 向上的竖线于 G_{10}，完成 $G_{10}G_0$ 的透视。

⑦自基透视 E_0 立高，交 $B_{10}F_1$ 连线于 E_{10}点，此时可连线 $E_{10}G_{10}$和 $E_{10}B_{10}$。

⑧由 H_0 立高交 F_1G_{10}连线的延长线得 H_{10}，连 H_0H_{10}、$H_{10}G_{10}$及 J_0J_{10}完成房屋透视图。

（3）量点法

量点法原理如图 2-18（*a*）所示。图中 AB 为地面 H 上的直线。延长 AB 与画面相交得 T（称为画面迹点），自 T 沿 OX 轴量取 TA_1 等于 TA，A_1B_1 等于 AB，此时连接 A_1A 和 B_1B 得到两平行直线，该两平行直线无限延长后，具有共同的灭点 M，该新增的灭点称为量点。为了在画面上求出量点 M，需自视点 S 引视线 SM 与地面上 A_1A 和 B_1B 直线平行，此视线交画面于 M 即为所求。由于 A_1A、B_1B 及视线 SM 均为水平线，所以该向灭点 M 必在视平线上。从图中可见，连 TF 得 AB 的全线透视，再连 MA_1、MB_1 得 A_1A 和 B_1B 的全线透视，此时交点 A_0、B_0 的连线即为 AB 的透视图。透视作图如图2-18（*b*)所示。

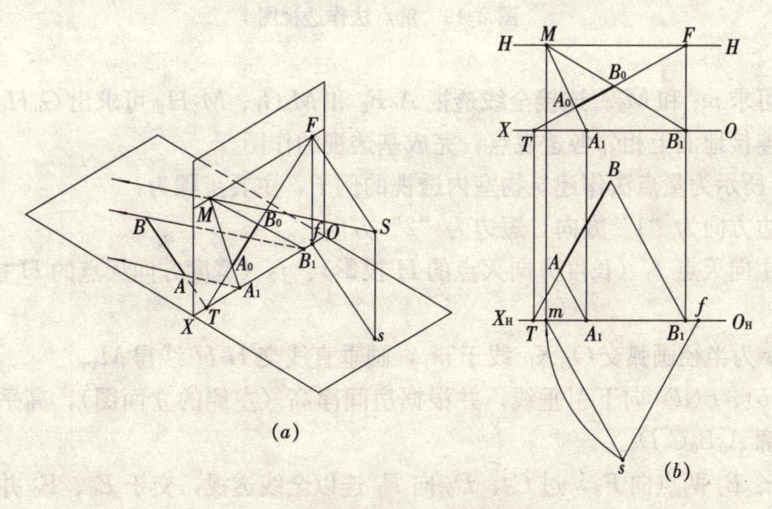

图 2-18　量点法作透视图

（*a*）直观图；（*b*）透视作图

如图 2-19 所示，为采用量点法所作的房屋基透视图。步骤如下：

①在画面线上自 a 点向左量取 $ab_1=ab$，$c_1b_1=cb$，$c_1d_1=cd$。

②自 d_1、c_1、b_1 引竖直线交 OX 于 D_1、C_1、B_1。

③以 f_1 为圆心，sf_1 为半径画圆弧，交画面线于 m_1 点。

④自 m_1 引垂直线交 H-H 线于 M_1。

⑤自 A_0 向 F_1 连以全线透视；然后再自 D_1、C_1、B_1 向 M_1 点连以全线透视，两者的交点 D_0、C_0、B_0 即为所求。

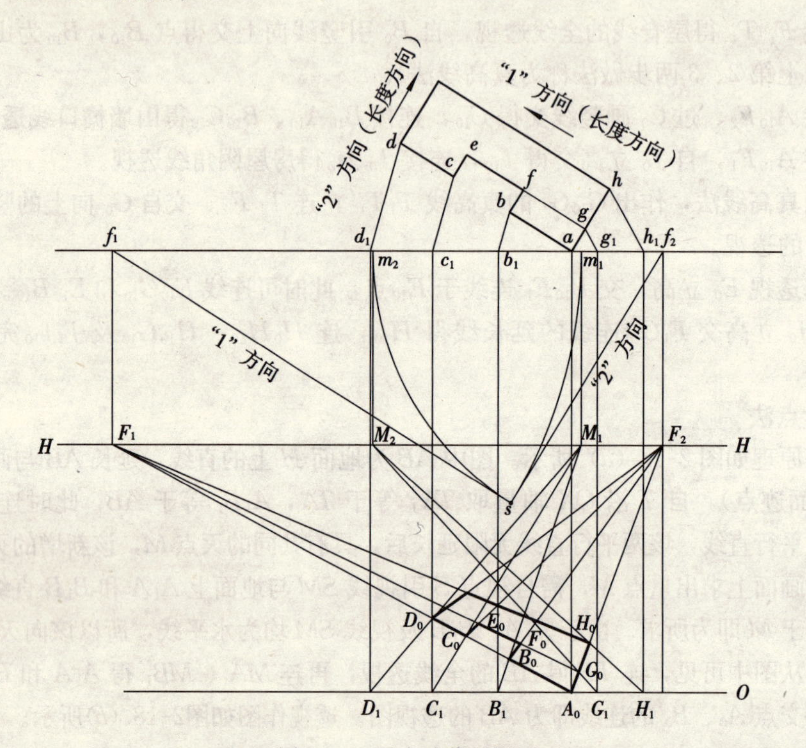

图 2-19　量点法作透视图

⑥同理可求 m_2 和 M_2。连接全线透视 A_0F_2 和 M_2G_1、M_2H_1 可求出 G_0H_0；

⑦最后连接地面上相邻各透视点，完成基透视的作图。

图 2-20 所示为量点法作建筑物室内透视的例子，主要步骤为：

①定长边方向为"1"方向，短边为"2"方向；

②确定主向灭点 f_1（长度方向灭点的 H 投影）、f_2（宽度方向灭点的 H 投影）得 F_1、F_2。

③以 f_1s 为半径画弧交 O_HX_H 线于 m_1，画垂直线交 H-H 线得 M_1。

④由 $a(b)$、$c(d)$ 向下引垂线，并根据房间净高（左侧的立面图），高平齐向右，确定其画面轮廓 $A_0B_0C_0D_0$。

⑤过 A_0、B_0 两点向 F_2，过 C_0、D_0 向 F_1 连以全线透视，交于 E_0、F_0 并连线。

⑥过 $c(d)$ 点向左量取 $cj=cj_1$、$ji=j_1i_1$、$ih=i_1h_1$……。

⑦过 j_1、i_1、h_1……连竖线向下，交 OX 线得 J_1、I_1、H_1……。再过这些点向 M_1 连

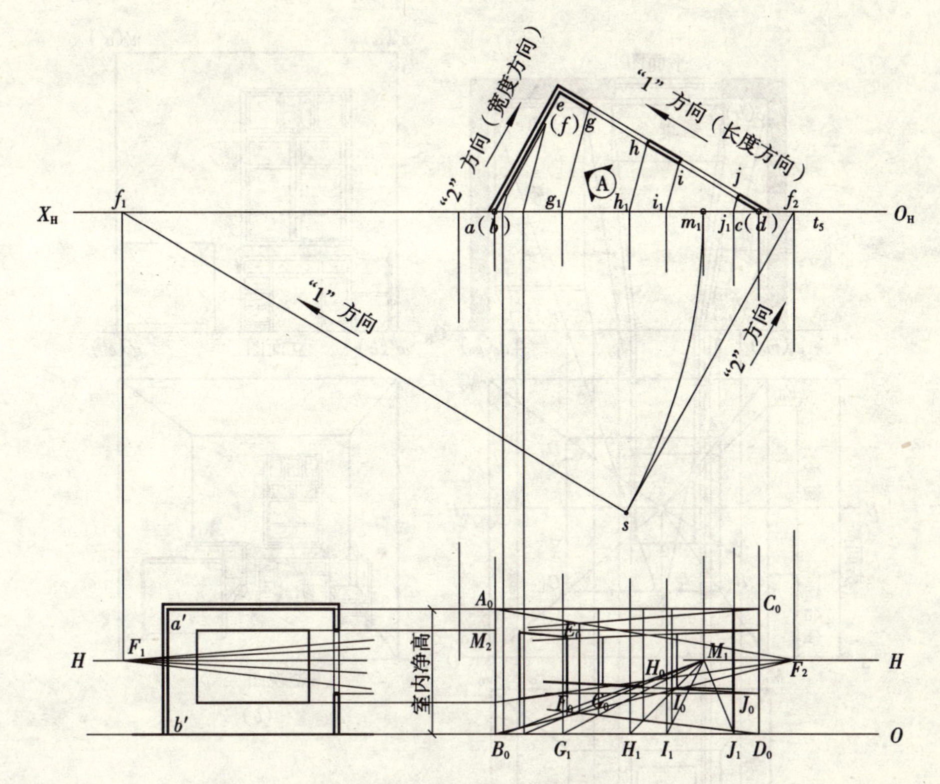

图 2-20　用量点法作室内透视图

线，交 D_0F_0 于 J_0、I_0、H_0、G_0。

⑧过 J_0、I_0、H_0、G_0 点连竖线，交窗上下沿的全线透视得窗口的透视。随之用同法画出窗洞口内侧的透视线。

⑨用同样的方法可画出左侧黑板的透视。

画好的透视图如图 2-21 所示。

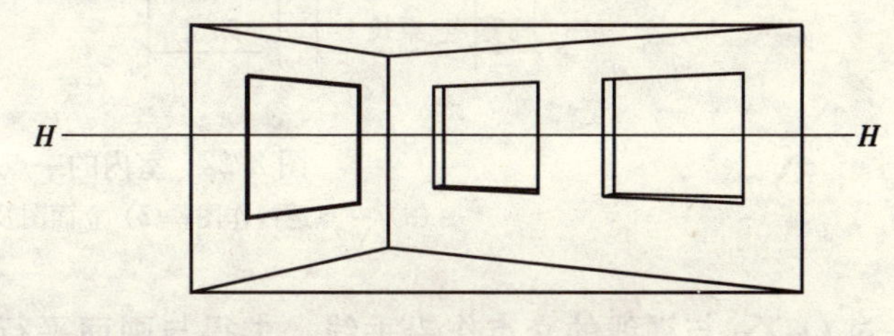

图 2-21　画好的室内透视图

1.2.5　一点透视的画法

一点透视在室内效果图应用中较多。可以采用视线法、全线相交法等绘制。下面结合例题讲解其画法。

如图 2-22（*a*）所示，用视线交点法绘出室内的一点透视。绘出的透视图如图 2-22（*b*）所示。作图步骤如下：

①定视点的位置及高度。视点要根据室内布置的具体情况而定，可偏左或偏右一些，不一定放在正中央，以避免图样的呆板。视高一般选人眼的高度，大约 1.6m 左右。

②定灭点 s'。房间的进深方向垂直于画面，其灭点即为心点，可由站点 s 向 HH 作垂线 ss' 求得。

③作墙角线及窗位置的透视图。画面与房间的交线为 $E_0M_0G_0N_0$，连接 $s'E_0$、$s'M_0$、$s'G_0$、$s'N_0$ 为左右两墙面与地面、顶棚的交线 A_0E_0，B_0M_0、C_0G_0、D_0N_0 的透视方向。

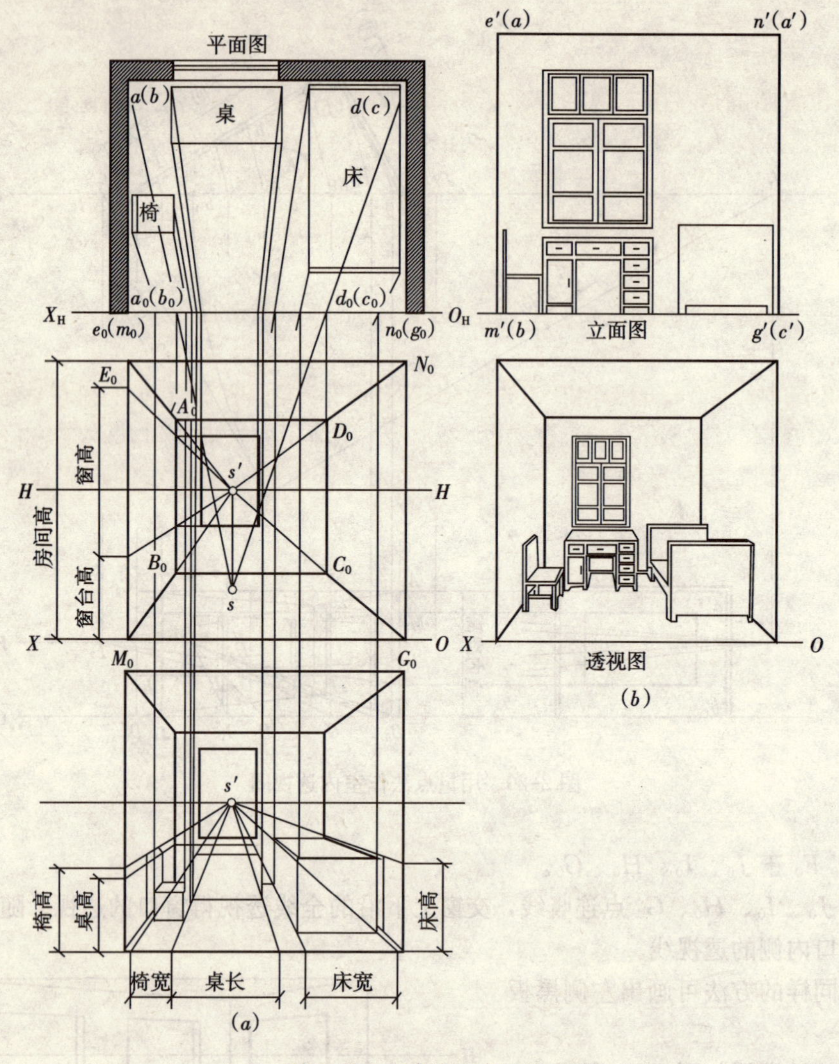

图 2-22　室内的一点透视

(a) 一点透视作图；(b) 立面图及画好的透视图

过 O_HX_H 与视线的交点作铅垂线，求得与画面平行的正墙面透视图 $A_0B_0C_0D_0$。窗口与画面有一定的距离，必须首先在侧墙面与画面的交线上定出窗的真高，利用真高线法可求出它的透视高度，方法是在 E_0M_0 这条真高线上定出窗台高、窗洞高，随之与 s' 连接，交墙角 A_0B_0 线，即得窗洞高度方向的透视位置，窗洞口宽度方向的作图则采用视线法。

④作床、桌、椅等家具的透视图。床、桌、椅与画面都有一定的距离；因此都必须假想把这些家具延伸至画面上，定出它们的长、高的真实尺寸，再求出它们的透视轮廓（方法同第 3 步所述），最后画出家具的细部。

1.2.6　圆的透视

圆的透视一般是椭圆。圆的透视图如果是椭圆，作图时应先作圆的外切正方形的透视图，然后用八点法，找出椭圆上的八个点，再用曲线板连接而成。圆的透视图如果是圆，作图时则应在透视图上先求出圆心的位置和半径的透视长度，再用圆规画圆。

（1）水平位置圆的透视图

水平位置圆的透视图有两种情况：一种是外切正方形的边线不平行画面（相当于两点透视），如图 2-23（*a*）所示；另一种是外切正方形的边线平行画面（相当于一点透视），如图 2-23（*b*）所示。水平位置圆的透视图作图方法和步骤如下：

1）作外切正方形的透视图。正方形边线不平行画面时用两点透视，正方形边线平行画面时用一点透视。

2）作中心线的透视图，得圆上四个切点 $A_0B_0G_0D_0$ 的透视。

3）作正方形对角线的透视。

4）作平行于中心线的 12 和 34 的透视，得 I_0II_0、III_0IV_0。它们与对角线的交点即为圆上四个中间点的透视图，一点透视也可按（*b*）图所示方法求中间点。

5）用连接以上求得的相邻各点（共八个点），用曲线板连接即可完成水平圆的透视图。

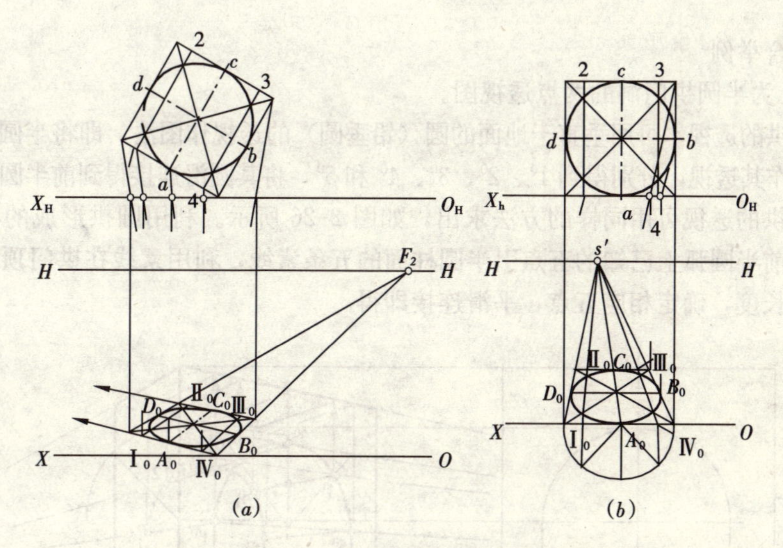

图 2-23　水平圆的透视图画法

（*a*）水平圆的两点透视画法；（*b*）水平圆的一点透视画法

（2）垂直于地面的圆的透视图

图 2-24 所示圆垂直地面且与画面倾斜时的透视，其中圆的外切正方形的一边在地面上、一边在画面上，其作图步骤与上述方法类似。

（3）平行于画面的圆的透视图

图 2-25 所示为平行于画面的圆的透视图，其作图步骤如下：

1）过 o 引铅垂线交 OX 线于 N_1，在其上截取 M_1N_1 等于圆的半径 R（如果圆离开地面，则 M_1N_1 等于圆心到地面的距离）。

2）连接 $s'M_1$ 与过 o_0 所作的铅垂线交于 O_0，O_0 即为圆心 O 的透视图。

3）以 O_0 为圆心，o_0a_0 为半径画圆，即为所求。

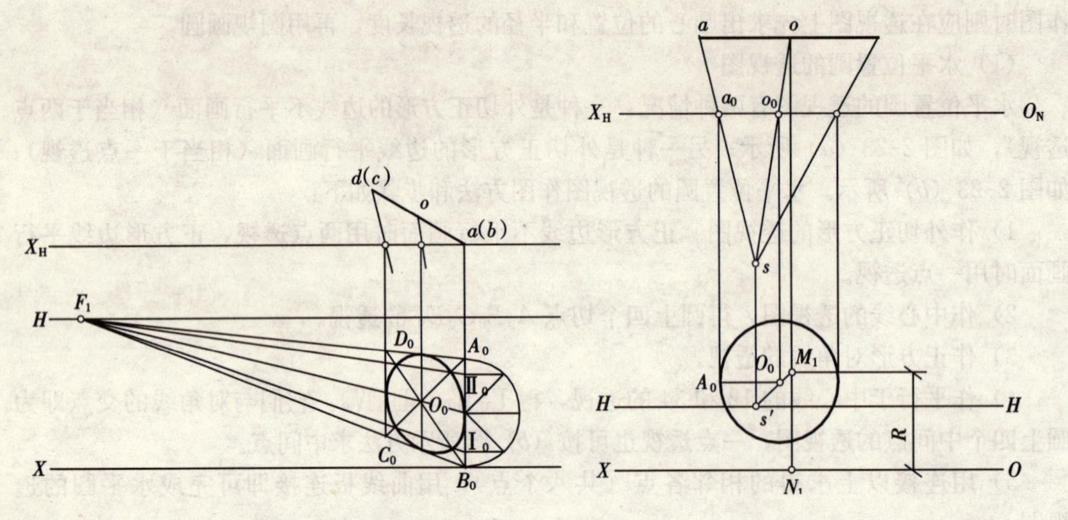

图 2-24　垂直于地面的圆的透视图　　　　图 2-25　平等于画面的圆的透视图

（4）综合举例

图 2-26 为半圆拱门洞的两点透视图。

作半圆拱的透视，可用垂直于地面的圆（铅垂圆）的透视作图法，即将半圆弧放入半个正方形中，作其透视，分别得到 1^0、2^0、3^0、4^0 和 5^0，将其圆滑连接得到前半圆拱的透视。

后半圆拱的透视可用同样的方法求出，如图 2-26 所示。利用圆拱形成的半圆柱面也可求出：过前半圆弧上已知的五点引半圆柱面的五条素线，利用素线在拱门顶面上的基透视所确定的长度，确定相应五点，平滑连接即得。

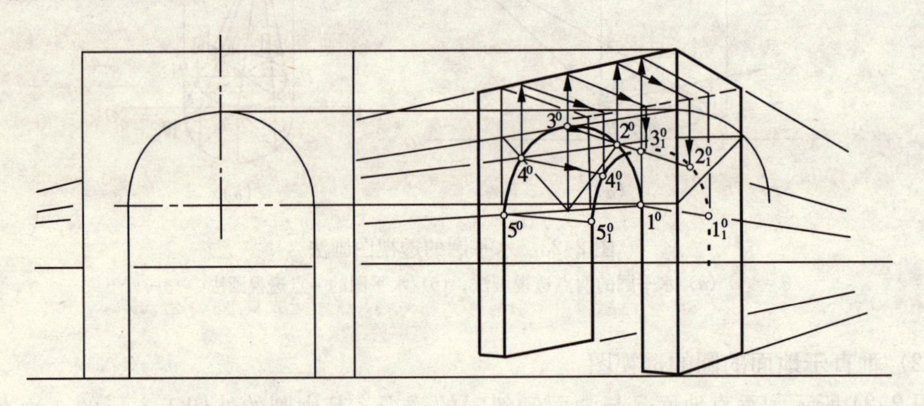

图 2-26　半圆拱门的透视图

图 2-27 所示是一垂直于画面的圆管的透视作图。圆管的前端面位于画面上，故其透视就是自身。后端面圆周在画面后方，并与画面平行，故其透视仍为圆，但半径已缩小。作图时先作出后面圆心 C_2 的透视 C_2^0，再求出后口两同心圆的水平半径的透视 $A_2^0C_2^0$和 $C_2^0B_2^0$，分别以 $A_2^0C_2^0$和 $C_2^0B_2^0$ 为半径，以 C_2^0为圆心作两同心圆，就得到后口内外圆的透视（本图只画出它们的可见部分）。然后作出圆管外壁的前后向轮廓线（前后两圆的上下共切线），从而完成圆管的透视图。

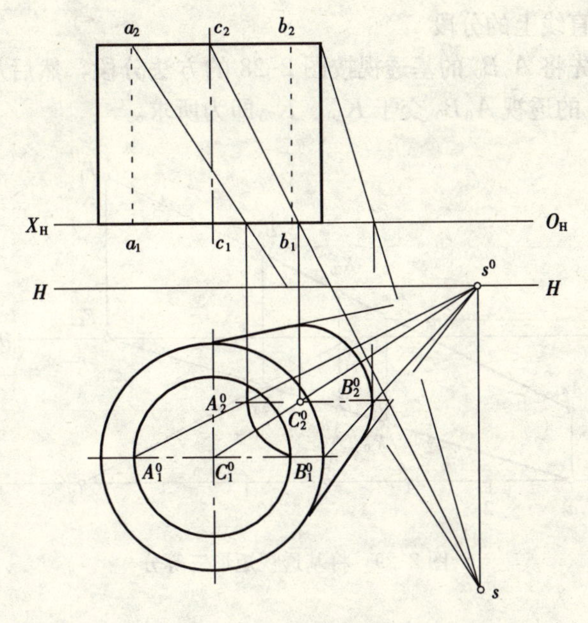

图 2-27 圆管的透视图

1.2.7 透视图中的简化画法

透视作图是一个繁杂的过程，人们通过几何分析和作图实践总结出了一些简化作图方法，现介绍几种常用的简化画法。

(1) 直线分段

1) 在地面平行线上分段

如图 2-28 所示 A_0B_0 为地面上的水平直线 AB 的透视，现将其分段为 A_0C_0 ∶ C_0D_0 ∶ D_0B_0＝3∶1∶2。

作图方法是：画出视平线，延长 A_0B_0 交视平线得灭点 F。然后确定一个单位长度，自 A_0 沿水平方向向右量顺序取 3、1、2 个单位长度。右端记为 B_1，自 B_1 向 B_0 连线并延长交视平线于 F_1 点，同法可连 C_1F_1、D_1F_1，此时与 A_0B_0 直线交得的 C_0、D_0 点即为所求。此法是应用了定比分割的原理，因为 C_1C_0、D_1D_0、B_1B_0 是水平向的平行线，所以它们有共同的灭点 F_1，则三条平行线截两条相交直线对应线段成比例。

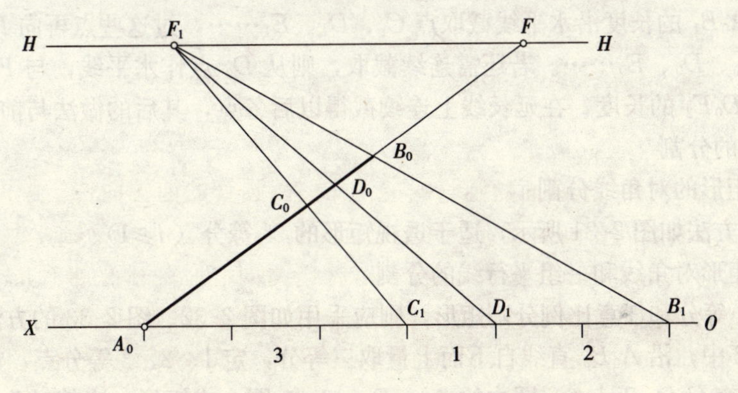

图 2-28 在地面平行线上截取成比例线段

2）在一般位置直线上的分段

如图 2-29 所示先将 A_0B_0 的基透视按图 2-28 的方法分段，然后从各分点引垂线，与一般位置线直线 AB 的透视 A_0B_0 交于 K_{10}、K_{20} 即为所求。

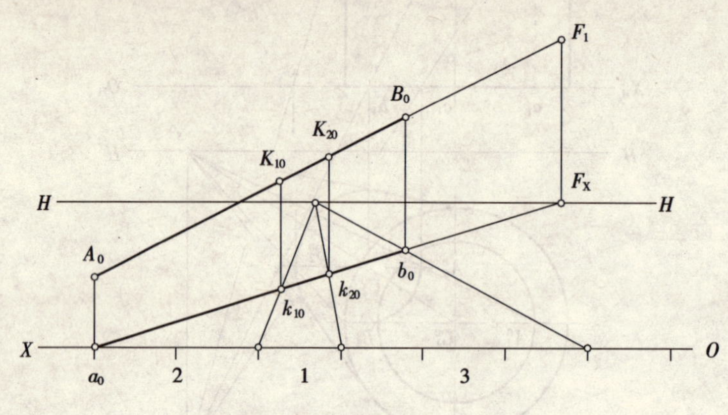

图 2-29　将基透视矩形三等分

3）在地面平行线上连续截取等长线段

如图 2-30 所示在地面平行线 A_0F 上，按 A_0B_0 的长度连续截取若干等长线段的透视，定出这些线段上的等分点 B_0、C_0、D_0……。

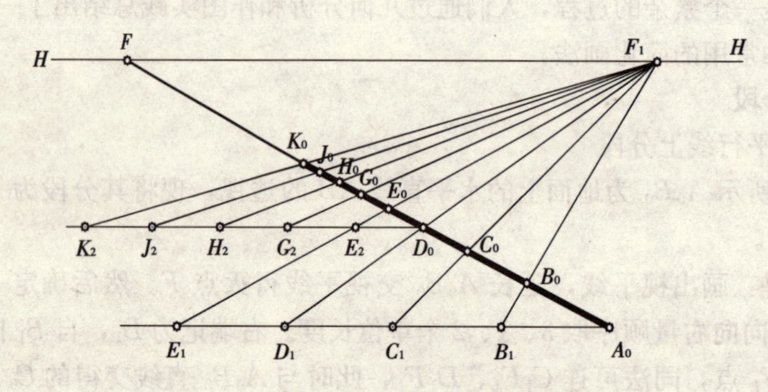

图 2-30　在透视直线上截取相同的线段

作图过程为：先在 HH 线的适当位置定 F_1 为辅助灭点，连接 F_1B_0 与过 A_0 的水平线交于 B_1，按 A_0B_1 的长度沿水平线截取点 C_1、D_1、E_1……，过这些点再向 F_1 点引线交得透视等分点 C_0、D_0、E_0……。若还需连续截取，则从 D_0 点作水平线，与 F_1E_1 的连线交于 E_2 点，按 D_0E_2 的长度，在延长线上连续截得以后各点，其后的做法与前述相同。

（2）矩形的分割

1）利用矩形的对角线分割

此种分割方法如图 2-31 所示，适于透视矩形的 2^n 等分（$n \geqslant 1$）。

2）利用矩形对角线和一组平行线的分割

对于非 2^n 等分和任意比例分割矩形，则应采用如图 2-32、图 2-33 的方法。

在图 2-32 中，沿 A_0B_0 直线自下而上量取三等分，定 1、2、3 等分点，自点 3 向 F 连以全线透视，交 C_0D_0 于点 6，图中的 A_0、D_0、6、3 围合成矩形，连其对角线 $3D_0$，会与过点 1、2 的全线透视交得 4、5 两点，过 4、5 两点画垂线即为所求分割线，从而完成矩形三等分。

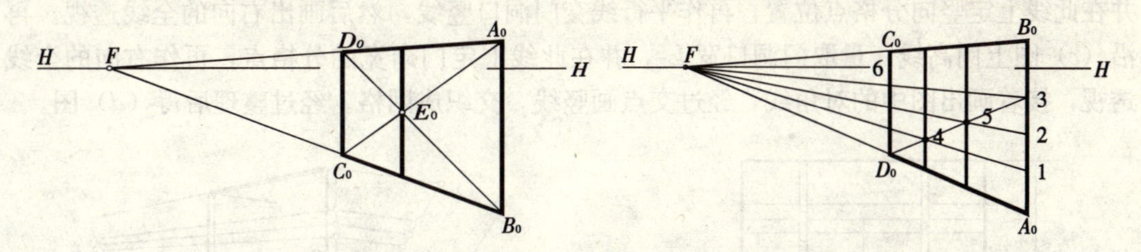

图 2-31　在透视直线上截取相同的线段　　　　图 2-32　将透视矩形三等分

图 2-33 所示 $A_0B_0C_0D_0$ 被左右分成三个矩形，其宽度之比为 3∶2∶1。作图方法与图 2-32 基本相同，只是在铅垂线 A_0B_0 上截取三段的长度之比为 3∶2∶1。

3）矩形的分割

当完成一个矩形的透视后，连续等大的后续矩形可用对称特点进行追加，如图 2-34 所示。

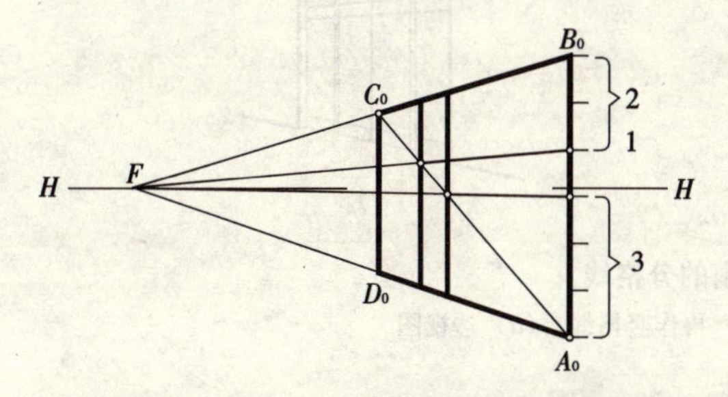

图 2-33　将矩形分割为成比例的三部分

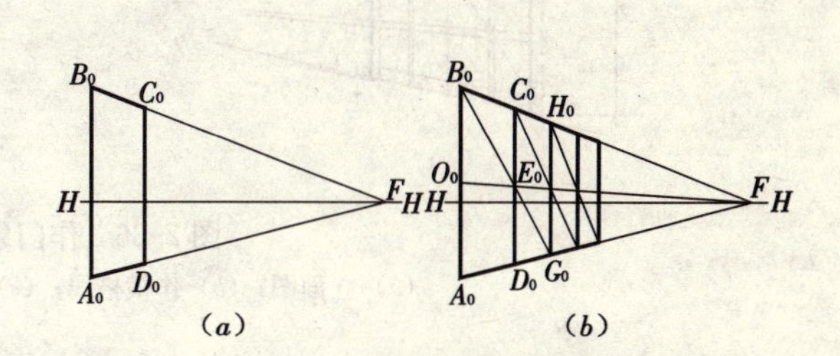

图 2-34　连续矩形的追加

(*a*) 已知的一个矩形；(*b*) 追加三个相同的矩形

首先，确定 A_0B_0 的中点 O_0，连接 O_0F 交 C_0D_0 于 E_0。连接 B_0E_0 并延长交底线于 G_0，过 G_0 画垂线，完成第一个追加矩形 $C_0D_0G_0H_0$，其后的矩形按同法求出。

水平面上矩形的追加如图 2-35 所示。

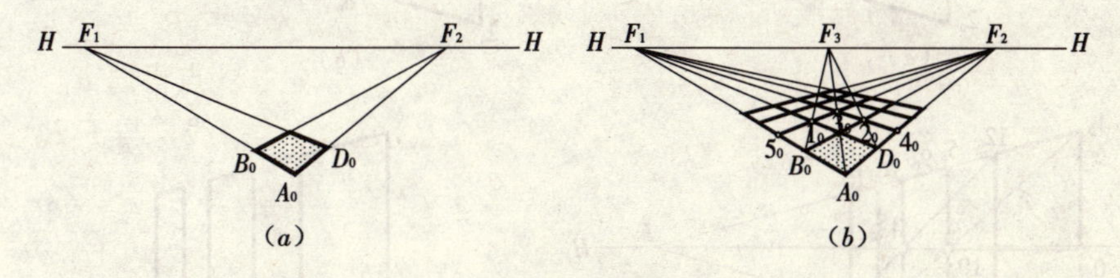

图 2-35　水平面上矩形的追加

(*a*) 已知的一个水平矩形；(*b*) 追加成 4×4 个相同的矩形网格

过 A_0 作第一个矩形的对角线，交 HH 线于 F_3。过 B_0、D_0 连接 B_0F_3、D_0F_3，然后连 D_0F_1 交 B_0F_3 于 1_0 点，连 B_0F_2 交 D_0F_3 于 2_0 点。再过 F_2 连接 1_0 点交 A_0F_1 于 5_0 点，5_0F_2 与 A_0F_3 交得 3_0 点。连接 F_13_0 延长后交 A_0F_2 于 4_0 点……。其余矩形的追加与此法相同。

4）综合举例

图 2-36 为门扇分格线的透视作图。先在（*b*）图上画斜向辅助线，长度量取门洞高 L_1 并在此线上定竖向分格点位置，再作平行线交门洞口竖线，然后画出右向的全线透视。再沿（*c*）图上门高线，量取门洞口宽 L_2，并在此线上定门扇宽的分格点，再作右向的全线透视，接着画出图中的对角线，经过交点画竖线，交织成网格。经过整理后得（*d*）图。

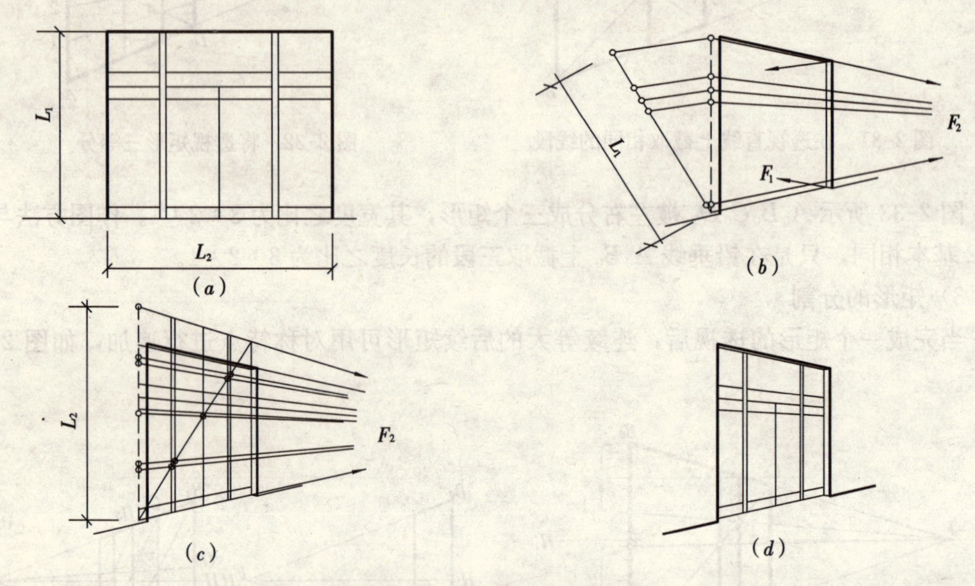

图 2-36　作门扇的分格线

（*a*）立面图；（*b*）作横格线；（*c*）再作竖格线；（*d*）透视图

图 2-37 所示是等大窗口及窗间墙间隔排列的透视图的作图过程。

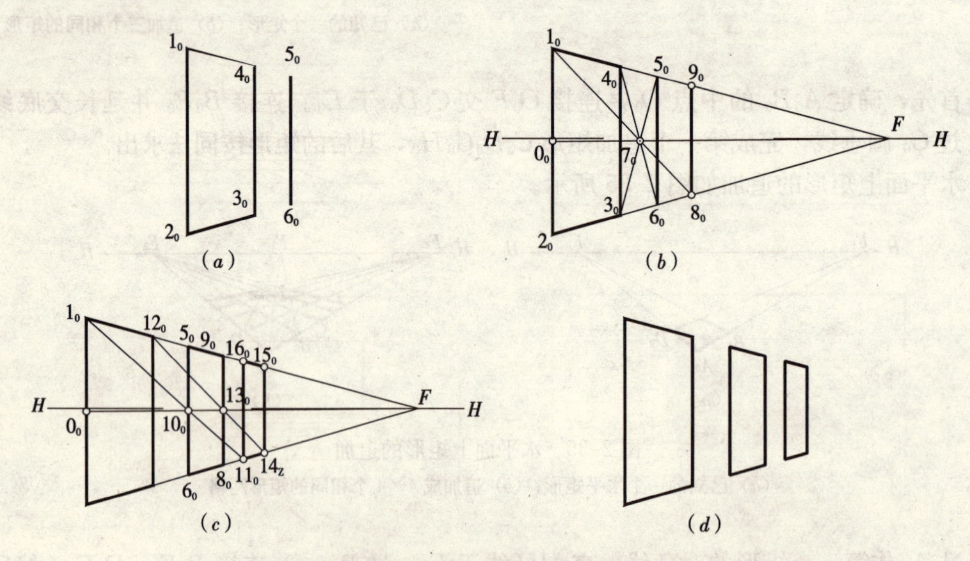

图 2-37　窗口和窗间墙的追加

（*a*）已知一个窗口和窗间墙，要求追加两个同样窗口；（*b*）利用对称性求出第二个窗口 $5_06_07_08_0$；

（*c*）利用对称性求出第三个窗口 $11_014_015_016_0$；（*d*）整理完成窗口和窗间墙的追加

图 2-38 所示为一房间两点透视图，要求在左墙面上画八等分的竖向分格线，在右墙面上按自左向右作 2∶3∶2 的竖向分格线。作图时，沿 D_0C_0 量取相应的等分点，图（*b*）为 7 等分，然后连接其中的 7_0G_2 并延长与 HH 线相交得 M_1 点，M_1 为辅助灭点。再过 M_1 点向 1、2、3……连线，过连线与 D_2G_2 的交点画垂线即为所求。右墙面分法如（*c*）图所示，但要注意其 2∶3∶2 的比例。

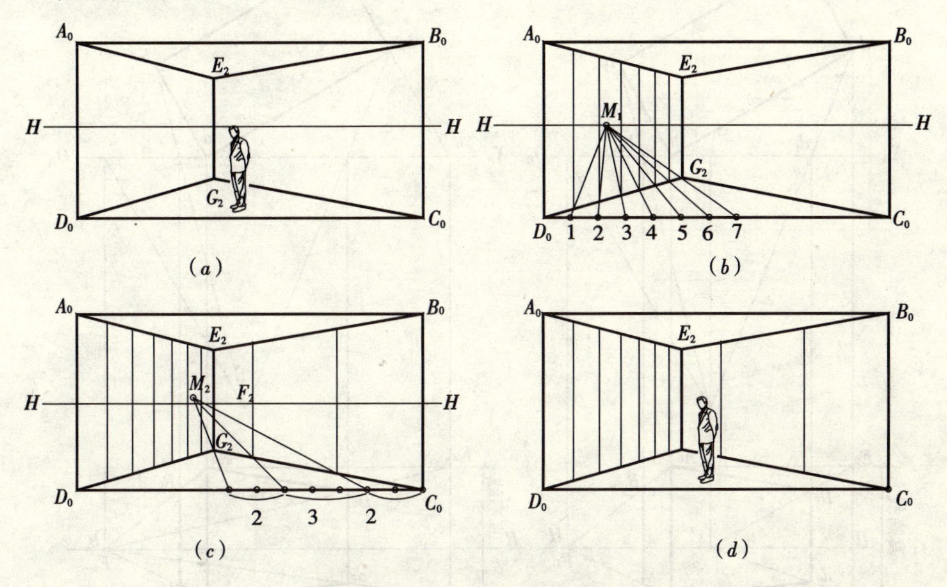

图 2-38　室内墙面竖向分格作图

(*a*) 室内两点透视图；(*b*) 左墙面作竖向分格；(*c*) 右墙面按比例竖向分格；(*d*) 完成分格的透视图

图 2-39 所示为一点透视室内地面纵横分格的作图。作图过程读者可自行分析。

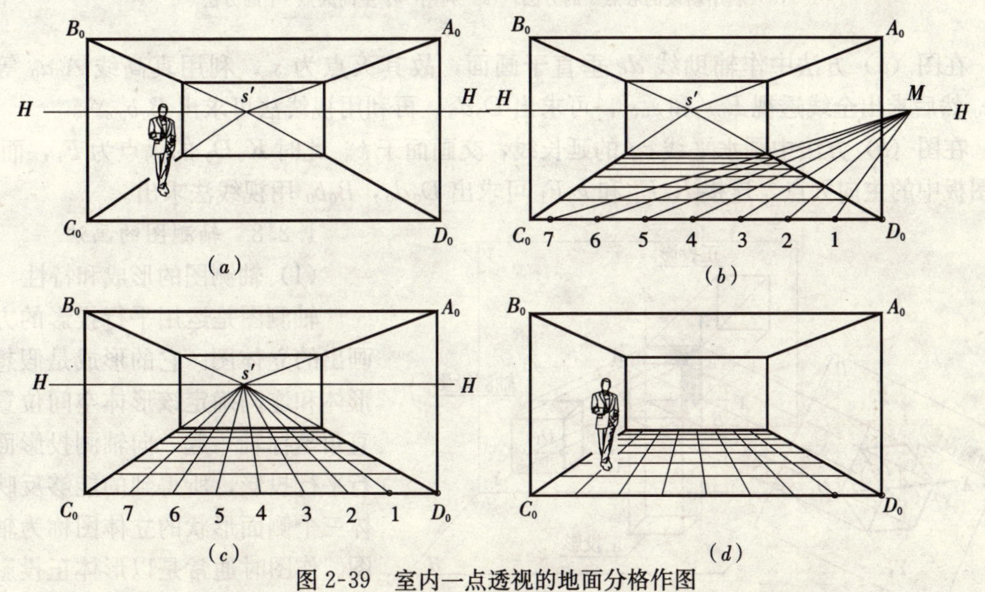

图 2-39　室内一点透视的地面分格作图

(*a*) 室内一点透视图；(*b*) 地面横向等距分格作图（一个等分就是横线间距的实际尺寸）；(*c*) 地面纵向等距分格作图（一个等分就是纵线间距的实际尺寸）；(*d*) 完成地面纵横分格

5）灭点出图板的透视作图

在画透视图时灭点往往会在图板之外，使作图遇到困难。这时，常用的方法如图 2-40 所示，图（a）是利用心点 s'，而图（b）是利用一个已有的主向灭点 F_1 来帮助作图。

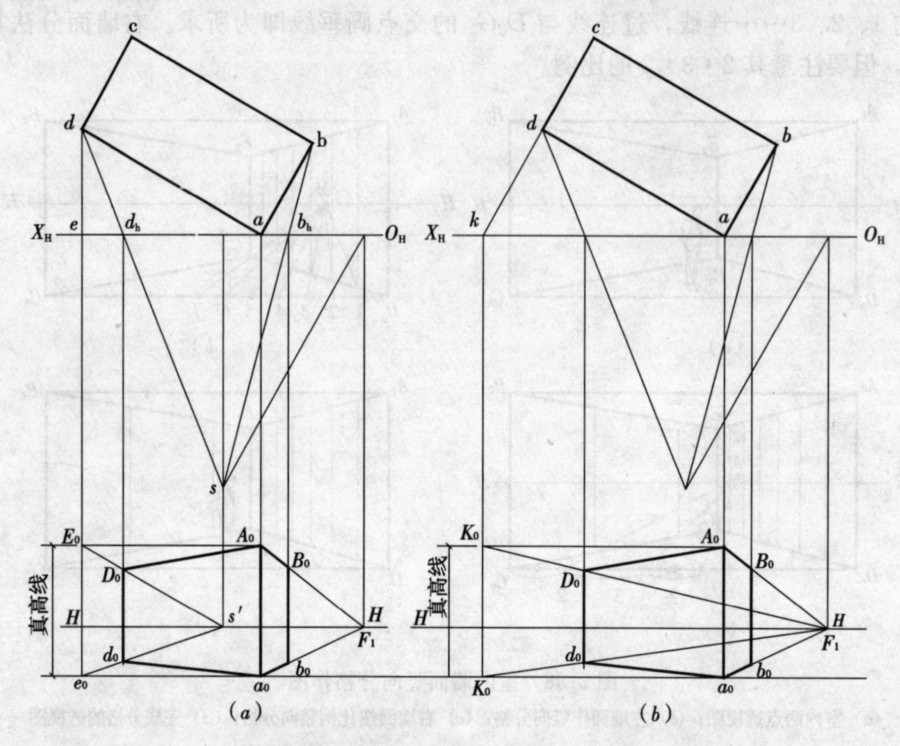

图 2-40　利用设置辅助灭点解决一个主向灭点在图板外的作图

（a）利用新设的心点 s' 的方法；（b）利用一个主向灭点 F_1 的方法

在图（a）方法中作辅助线 de 垂直于画面，故其灭点为 s'，利用真高线 A_0a_0 等于 E_0e_0 然后求出全线透视 E_0s' 和 e_0s'，可求出 D_0d_0，再利用视线法可求出 B_0b_0。

在图（b）方法中画水平线 cd 的延长线，交画面于 k。此时 K_0D_0 的灭点为 F_1，而 F_1 为图板中的主向灭点，连接 K_0F_1 和 k_0F_1 可求出 D_0d_0，B_0b_0 用视线法求出。

1.2.8　轴测图的画法

（1）轴测图的形成和特性

轴测图是运用平行投影的方法画出的立体图。它的形成是假想将形体和连同确定该形体空间位置的直角坐标轴一起，向轴测投影面进行平行投影，所得到的能够反映形体三个侧面形状的立体图称为轴测图。作图时通常是以形体正投影图来画其轴测图的。图 2-41 反映了轴测图的形成及其与正投影图的区别。

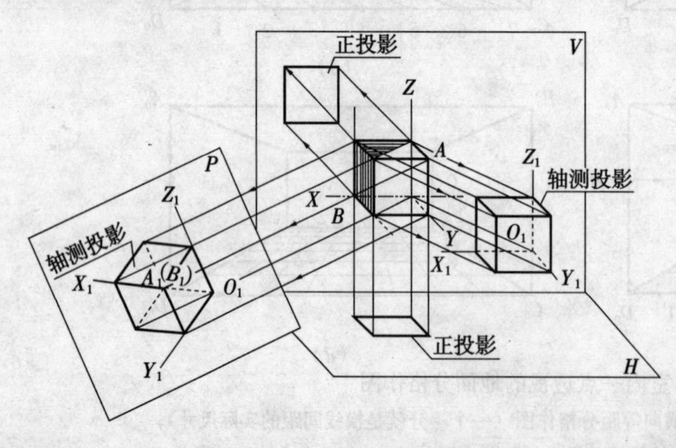

图 2-41　轴测图的形成

轴测图属于平行投影，所以它具有平行投影的特性，即具有显实性、积聚性和类似性。轴测图作图简便，与坐标轴平行的线段需平行画出，故能按尺寸绘图和标注尺寸，常用于装饰设计图中的辅助图样。

(2) 轴测图中的名词术语

1) 轴测轴——确定形体空间位置的直角坐标轴在轴测投影面上的投影，如图 2-41 所示的 O_1X_1、O_1Y_1、O_1Z_1 轴。在图中，轴测投影面的代号为 P。

2) 轴间角——在轴测投影面上相邻轴测轴之间的夹角。

3) 轴向变形系数——相应轴测轴的长度与其空间直角坐标轴长度之比，称为轴向变形系数。用代号表示：$p=O_1X_1/OX$，$q=O_1Y_1/OY$，$r=O_1Z_1/OZ$。当某空间坐标轴与轴测投影面 P 平行时，投影长度等于实长，所以该轴的轴向变形系数等于 1，否则为小于 1 的值。

(3) 轴测图的分类

轴测图分正轴测图和斜轴测图两类。

1) 正轴测图——投影线互相平行且垂直于轴测投影面的一类轴测投影图。常见的有正等测图（$p=q=r$）和正二测图（$p=r=0.5q$）等。

2) 斜轴测图——投影线互相平行且倾斜于轴测投影面的一类轴测投影图。常见的有正面斜二测图（$p=r=0.5q$）和水平斜二测图（$p=r=0.5q$）等。

(4) 平面体轴测图的画法

1) 轴测图参数的确定

①正等测图的参数

如图 2-42（a）所示，正等测图轴测轴的轴间角均为 120°，轴向变形系数均为 0.82。为简化作图取 $p=q=r=1$。

②正二测图的参数

正二测图轴间角如图 2-42（b）所示，轴向变形系数均为 $p=r=0.94$，而 $q=0.47$。为简化作图取 $p=r=1$，而 $q=0.5$。

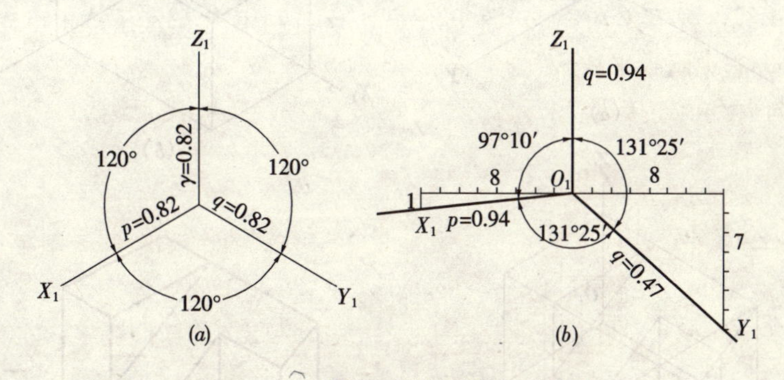

图 2-42　正轴测图的轴测轴及其参数

（a）正等测参数；（b）正二测参数

③正面斜二测图的参数

轴测轴与轴间角的参数如图 2-43 所示，轴向变形系数 $p=r=1$ 而 $q=0.5$，此时 OX、OZ 轴与轴测投影面 P 平行。当形体的正面与 P 平行时在轴测图上反映实形，故其常用于形体正面有圆形变化的图样表达。

2）画法

无论何种轴测图，其作图步骤一般为：先对形体进行形体分析，在形体正投影图上选择合理位置，确定坐标原点 O，然后建立直角坐标系（X、Y、Z 轴）。接着在图面上画轴测轴（定 O_1 点和 X_1、Y_1、Z_1 轴）。然后按形体分析的结果用叠加、切割、坐标法等方法画出形体各部分的轴测图，擦取多余图线和轴测轴，完成全图。轴测图一般不画虚线，轴测图线一般画成粗实线。

【例题 1】 画出如图 2-43 所示形体的正等测轴测图。

形体分析：该形体是由长方体经切割后形成。第一次切去左上方的三棱柱，然后在左侧又切去小一些的三棱柱，所以由分析知形体为切割式的组合体，画轴测图时按形体分析的切割顺序进行。

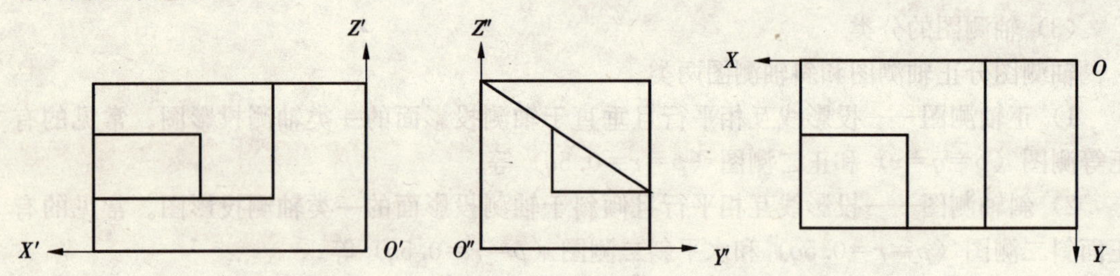

图 2-43 作形体的正等测轴测图

坐标原点的选定：为了作图简便，通常将坐标原点 O 定在形体的右后下角。

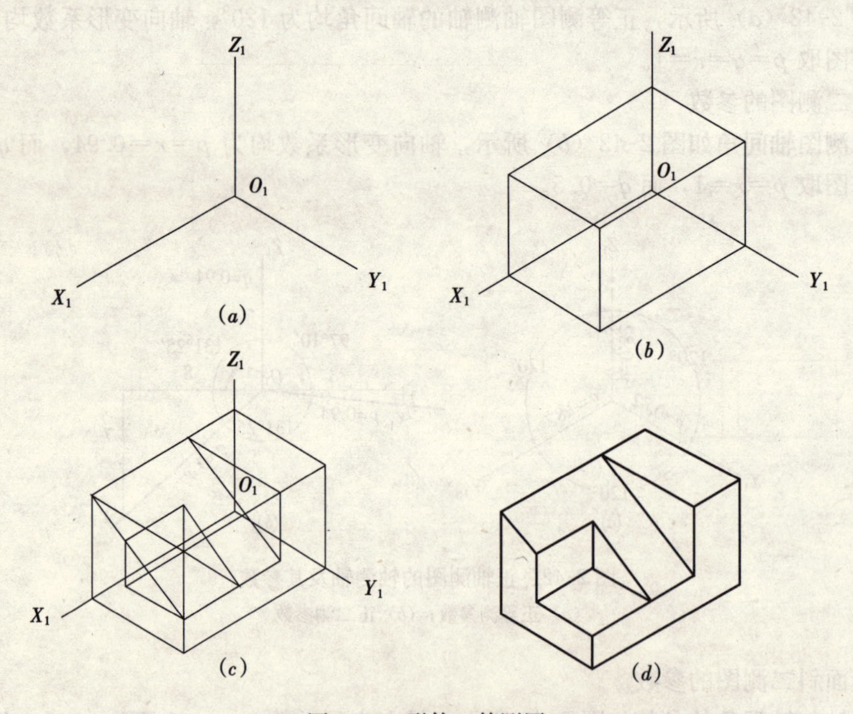

图 2-44 形体正等测图

（a）画轴测轴；（b）画长方体的轴测图；（c）画切去的两个三棱柱；

（d）擦去多余图线，加深加粗，完成作图作图步骤（图 2-44）：

①在正投影图上确定坐标原点，画出正等测轴，如图 2-44（*a*）所示；

②按形体分析，先画出未切割以前长方体的轴测图，如图 2-44（*b*）所示；

③画出切去第一个大三棱柱的轴测图，然后再画出切去第二个三棱柱的轴测图，如图 2-44（*c*）所示；

④检查有无遗漏和错画，擦去多余和不可见图线；

⑤加深、加粗图线，完成作图，如图 2-44（*d*）所示。

【例题 2】 画出图 2-45 所示建筑形体的正等测图。

由形体分析可知该建筑形体为叠加式组合体。坐标原点选择在右后下角。形体前方坡屋顶的角点需用坐标法求解。

作图步骤：

①选择坐标原点于形体的右后下角，并画出轴测轴，如图 2-46(*a*) 所示。

②画出建筑形体、雨篷柱与地面相交的交线的轴测图，如图 2-46(*b*) 所示。

③画出建筑形体、雨篷柱的轴测图，并在两部分形体之间叠加画出雨篷长方体的轴测图，如图 2-46(*c*) 所示。

④用坐标法画出三棱柱前上方顶点 D 的轴测图。先画顶点落在雨篷长方体平面上的轴测图，该平面上顶点距雨篷右前角 X_1 轴方向相对坐标为 a、Y_1 轴方向为 b，画出定位点。再画顶点 D 的轴测图，即在定位点处立高为 c，由此点向雨篷的左前和右前角连线并向平行 Y_1 轴方向画屋脊线与后面长方体棱线相交，再过交点作雨篷与长方体相交的交线，即完成了雨篷三棱柱的轴测图，如图 2-46(*d*) 所示。图中雨篷前方顶点 D 的作图采用坐标法，读者应注意掌握。

⑤在后方长方体上叠画屋顶长方体，如图 2-46(*e*) 所示。

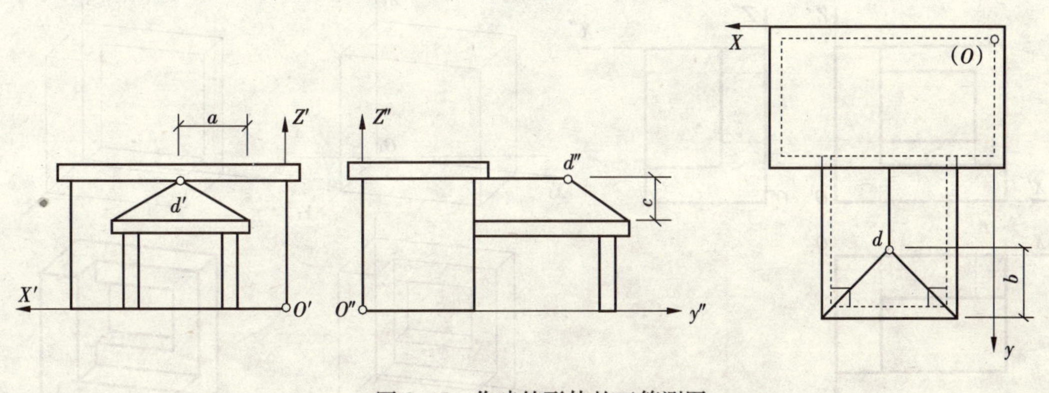

图 2-45 作建筑形体的正等测图

⑥检查图线是否完整、准确，擦去多余图线。

⑦加深加粗，完成作图，如图 2-46(*f*) 所示。

【例题 3】 画出如图 2-47 形体的正面斜二测图。分析正投影图可知形体位切割式组合体。坐标原点选择在右后下方。

在作正面斜二测时一定要注意，沿 Y_1 轴方向的轴向变形系数 $q=0.5$，其他轴的轴向

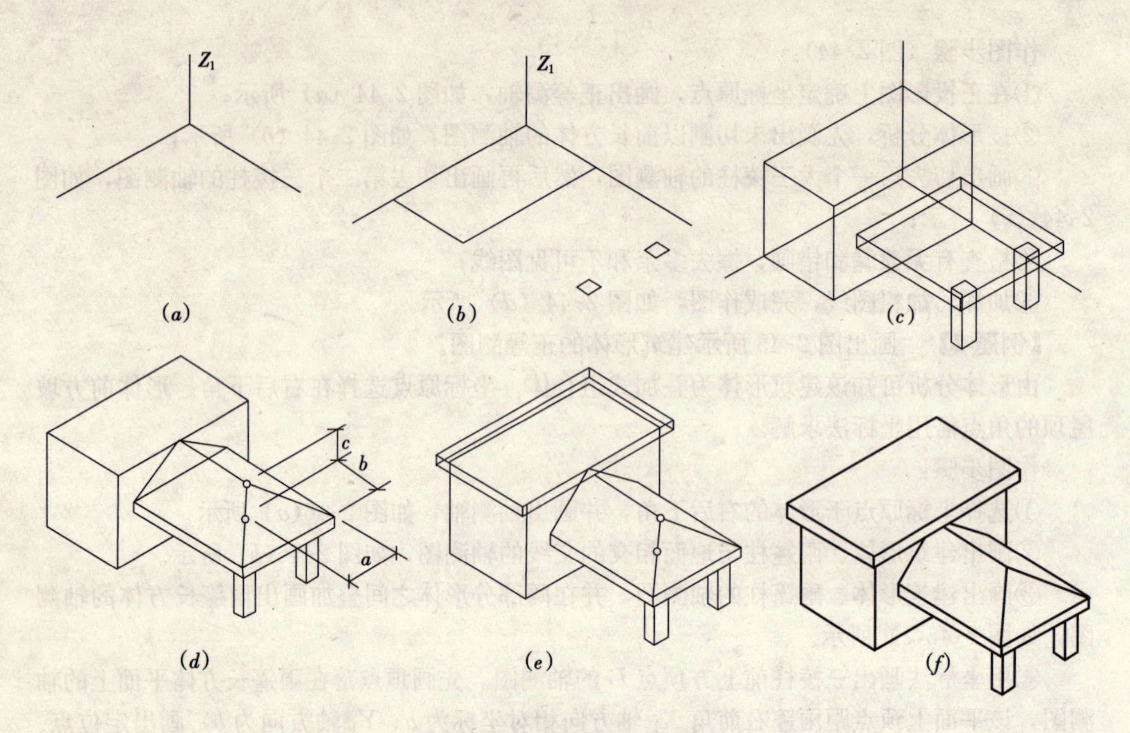

图 2-46　建筑形体的正等测图

(*a*) 画轴测轴；(*b*) 画底面的轴测图；(*c*) 叠加画出各长方体；
(*d*) 用坐标法画前上方顶点；(*e*) 画屋顶长方体；(*f*) 完成作图

变形系数为 1。作图过程如图 2-47 (*b*) 所示。

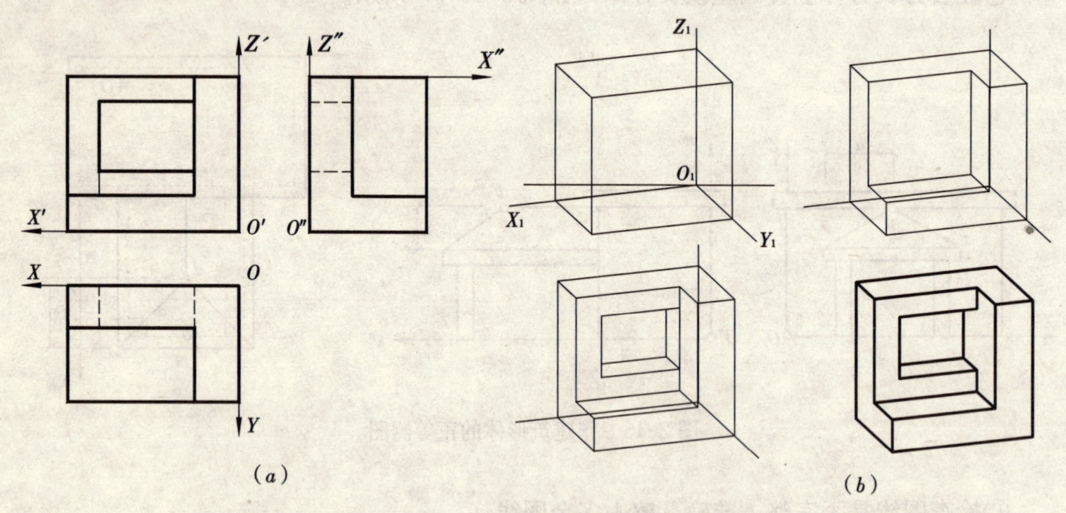

图 2-47　作形体的正面斜二测图

(*a*) 形体正投影图；(*b*) 形体正二测图

(1) 画出外包长方体（注意 Y_1 方向 $q=0.5$）；(2) 画上部长方体；(3) 画出洞口；(4) 整理、加深加粗

思考题与习题

1. 什么是透视图？透视图共有哪些种类？
2. 什么是画面、站点、基线和视平线？
3. 什么是灭点？铅垂线有无灭点？
4. 两点透视的画法共有哪几种？各有何特点？
5. 什么是真高线？真高线在透视作图时有何作用？
6. 什么叫全线透视？
7. 画面的平行线有无灭点？
8. 什么是基透视？作基透视的作用是什么？
9. 一点透视的有什么特点？
10. 轴测投影是怎样形成的？有哪些特点？
11. 正等测图的轴间角和简化轴向变形系数各是多少？
12. 画轴测图的一般步骤有哪些？
13. 什么叫正面斜二测图？轴向变形系数和轴间角各是多少？
14. 八点法画水平圆透视图的主要步骤有哪些？
15. 作出 H 面上 AB 线的透视图。
16. 完成地面矩形线框 $ABCD$ 的透视图。

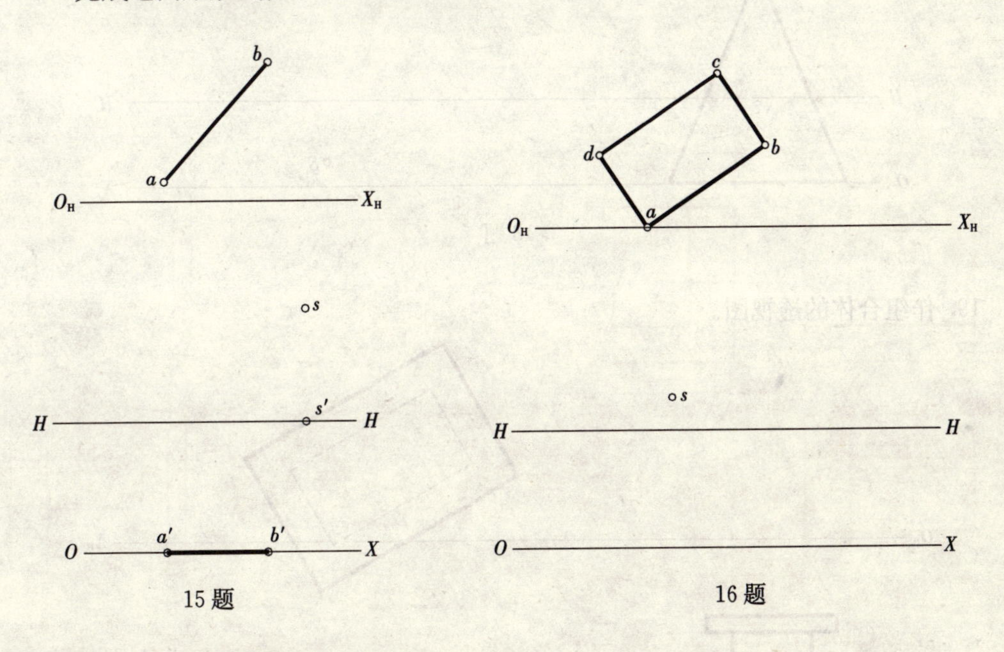

15 题　　16 题

17. 作出建筑形体的两点透视图。

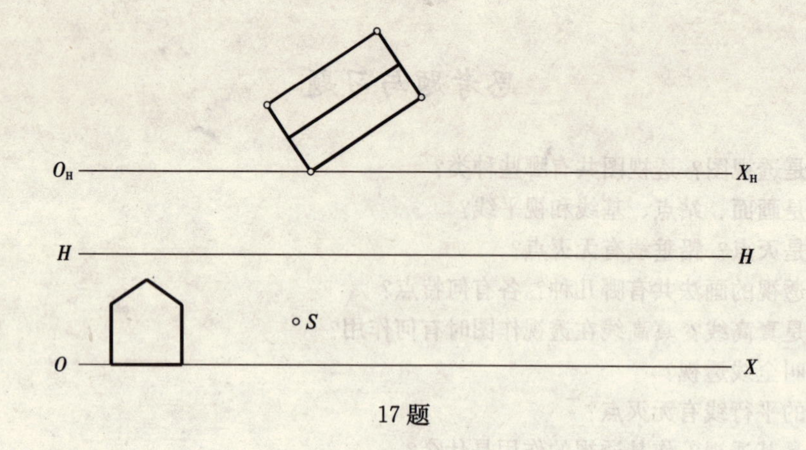

17 题

18. 作四棱锥的透视图。

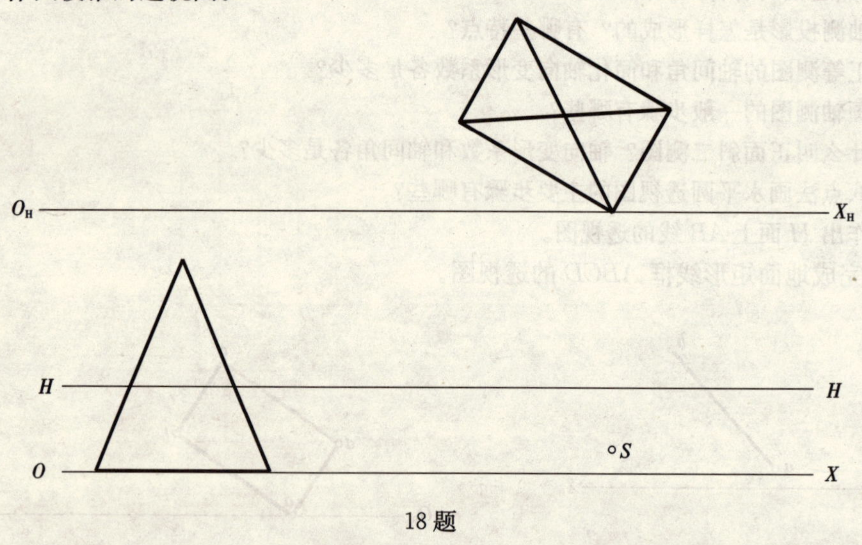

18 题

19. 作组合体的透视图。

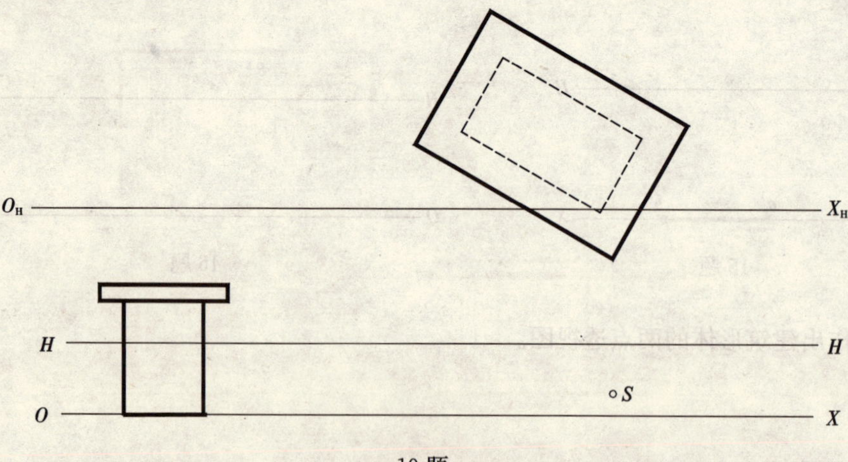

19 题

20. 作台阶的透视图。

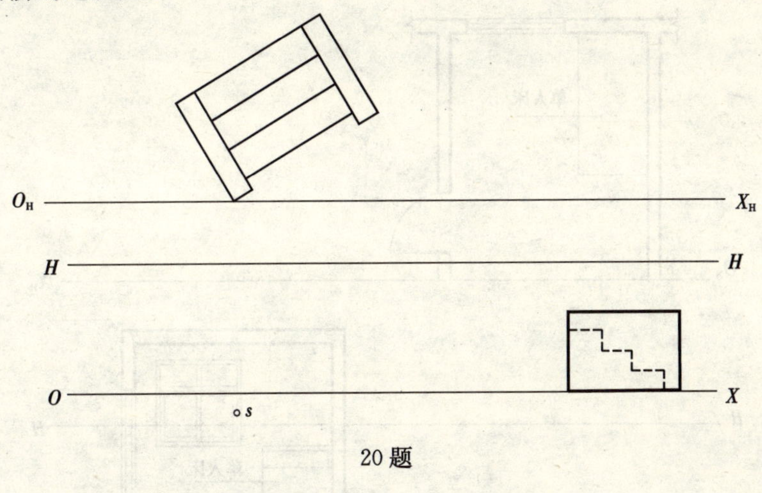

20 题

21. 作台阶的一点透视图。

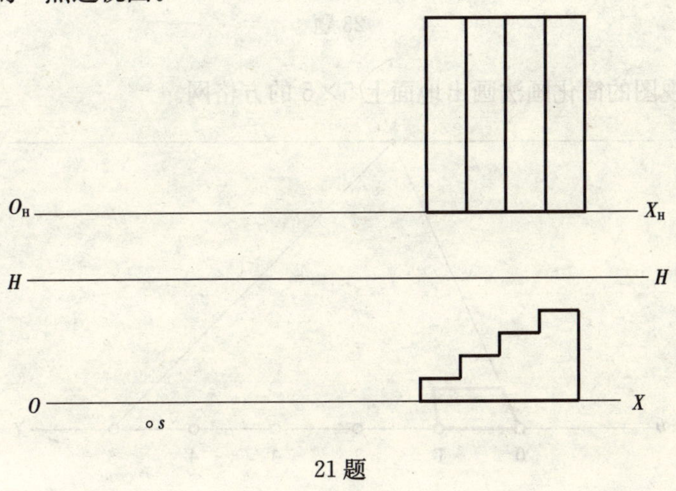

21 题

22. 作建筑形体的一点透视图（另备纸张 2∶1 绘制）。

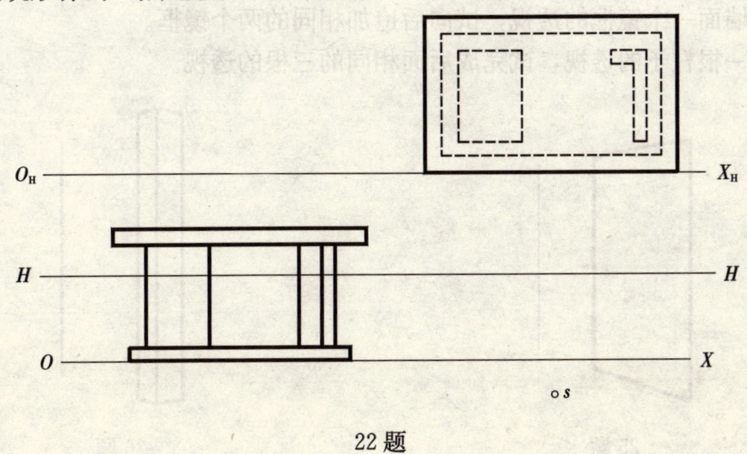

22 题

23. 作房间室内的一点透视图（另备纸张 2∶1 绘制）。

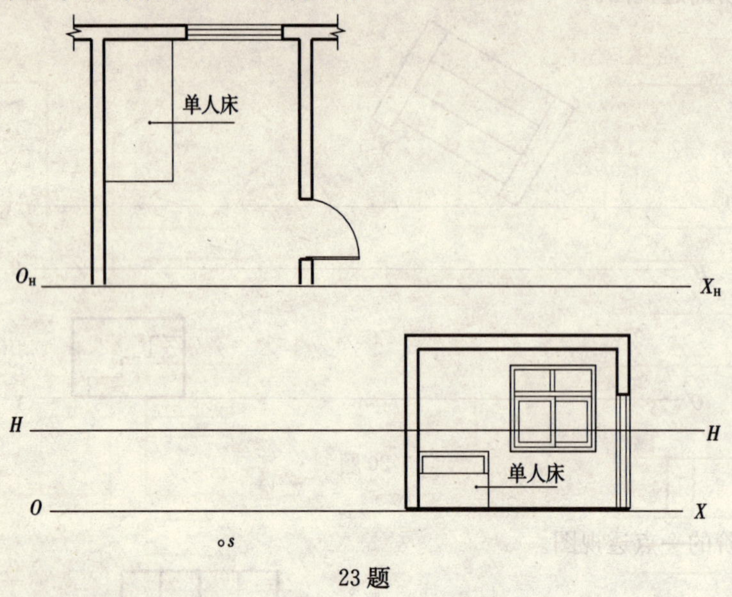

23 题

24. 利用透视图的简化画法画出地面上 5×5 的方格网。

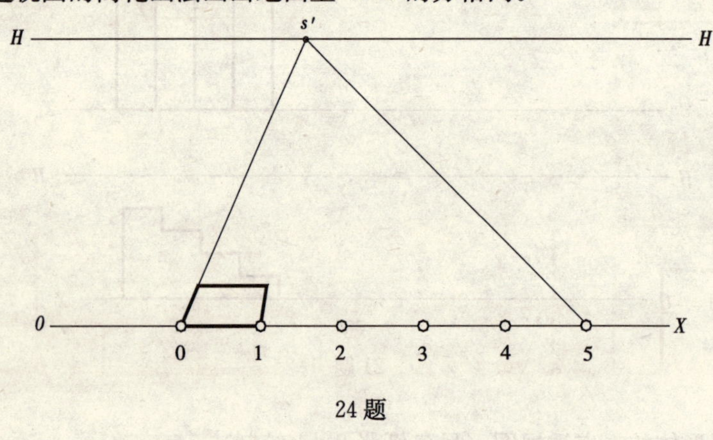

24 题

25. 已知墙面一个镜框的透视，试向后追加相同的两个镜框。

26. 已知一根柱子的透视，试完成后面相同的三根的透视。

25 题　　26 题

27. 完成形体的正等测图（另备纸张按1：1或2：1绘制）。

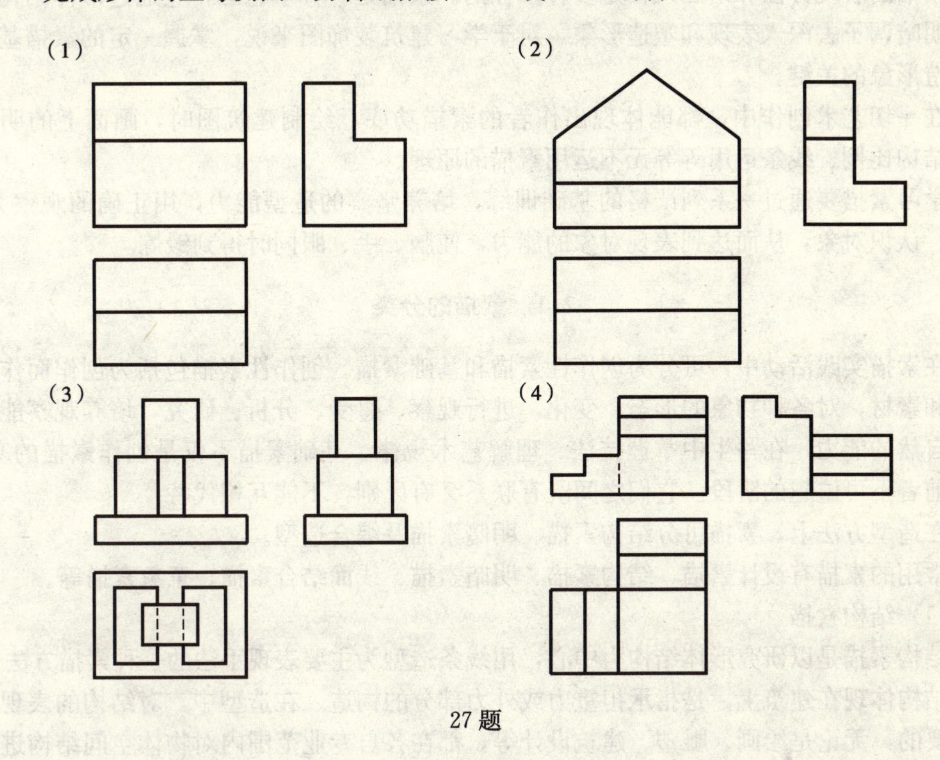

27题

28. 完成形体的正面斜二测图（另备纸张按1：1或2：1绘制）。

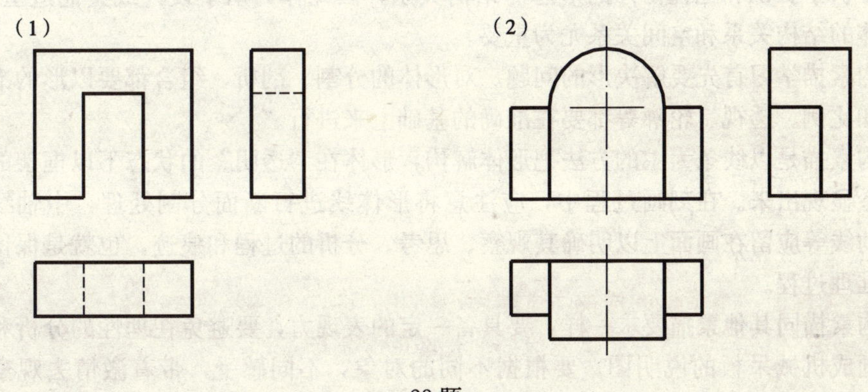

28题

课题2　素　　描

素描是造型艺术的基础，也是艺术图形创作的一种手段。图形艺术包括绘画艺术、雕塑艺术、建筑艺术、设计艺术等视觉艺术。作为造型艺术形式之一的素描，是舍弃了物象的多种色彩关系，用单色（主要是黑、白、灰）通过点、线、面、调子等造型的基本因素，综合表现形象的绘画。因此绘画、雕塑、设计、建筑装饰等专业都把素描看作是培养学生造型能力的主要基础课之一。

素描的表现方法和绘画风格是多种多样的。素描是一种单色画，它通过形体结构、比例、明暗调子去深入表现和塑造形象。对于学习建筑装饰图来说，掌握一定的素描基本功是塑造形象的关键。

在一切艺术创作中，都能体现出作者的素描功底。绘制建筑图时，画面上的明暗关系、结构比例、线条运用等等无不运用素描的原理。

学习素描要通过一系列严格的基础训练，培养坚实的造型能力，用正确的观察方法，分析、认识对象，从而达到表现对象的能力，使脑、手、眼同时得到锻炼。

2.1 素描的分类

在素描实践活动中，可分为创作性素描和基础素描。创作性素描包括为创作而作的素描稿和素材，对各种物象的形态、变化，进行观察、感受、分析、研究，培养观察能力和再现自然的能力，在写生中掌握技法、理解艺术规律。基础素描不仅是创作素描的基础，又是前者不可逾越的阶段。它们之间既有联系又有区别，不能互相代替。

在造型方法上，素描可分结构素描、明暗素描及综合造型。

常用的素描有设计素描、结构素描、明暗素描、线面结合素描、意象素描等。

(1) 结构素描

结构素描是以研究形体结构为中心，用线条造型为主要表现手法的一种素描方法。

结构体现在建筑上，是指承担重力或外力部分的构造。在造型中，对结构的表现是非常重要的，无论是绘画、雕塑、建筑设计等，都在各自专业范围内对物体空间结构进行深刻的分析与研究。在写生过程中，要透过表象看到或推理出物体内部的空间结构形态，在理性的分析中认识和把握物体的形态与结构关系，因此作为从事设计或其他造型设计者，研究形体的结构关系和空间关系尤为重要。

结构素描学习首先要解决形的问题。对形体的分割、剖析、组合都要以形的准确性作保证，如比例、透视、轮廓等都要在准确的基础上来进行。

结构素描是以线条为主的方法把形体解构，形体在“透明”的状态下以框架的形态把空间关系显现出来。在刻画过程中，应注意将形体线进行断面分割处理，中轴线、透视线、辅助线等应留在画面上以明确其观察、思考、分析的过程和痕迹，也就是保留整个画面中的推理过程。

结构素描同其他素描要求一样，要具备一定的表现力，要避免在理性的分析和研究过程中，画成机械呆板的说明图。要根据不同的对象，不同感受，带着激情去观察、去表现，画面要充满张力和活力，注重形象的动感和量感，如图 2-48 所示。

(2) 明暗素描

明暗素描又称调子素描或全因素素描，指的是以明暗手法表现形体结构，但它并非完全重视结构本身，而是研究和表现物体由受光照的影响所产生的结构体积的变化。

调子素描采取黑白层次、调子对比来塑造物体的凹凸起伏、质感、量感、空间感。所表现的形体结构是以光照为造型的依据，研究物体受光的强弱，不仅要看光源本身的强度，物体固有颜色的明度，还要看物体与光源的位置及远近距离，要求光源、物体、环境、画者位置的四固定。

明暗素描表现物体的三度空间的立体感并突破平面性，追求画面的完整效果和真实感

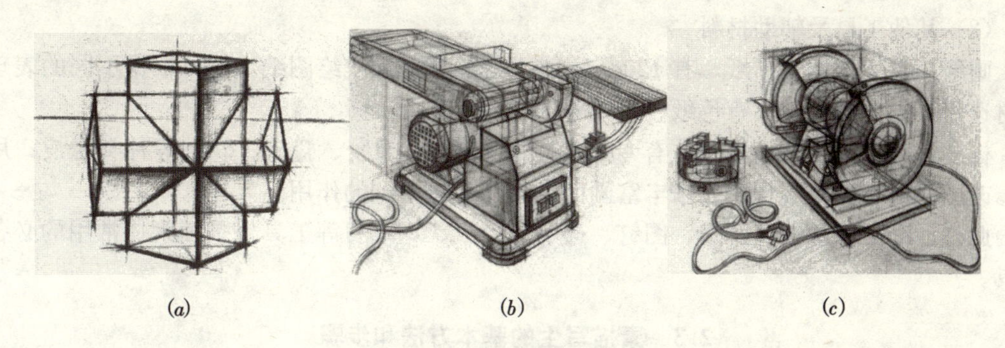

(*a*)　　　　(*b*)　　　　(*c*)

图 2-48　结构素描举例

(*a*) 石膏几何体结构素描画法；(*b*) 机械设备结构素描画法；(*c*) 机械设备结构素描画法

是它的重要特征，如图 2-49 所示。

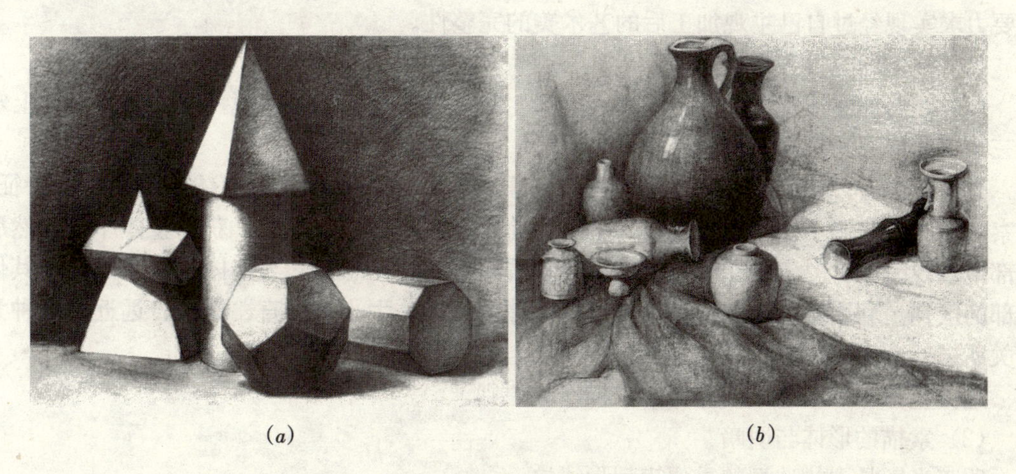

(*a*)　　　　(*b*)

图 2-49　明暗素描举例

(*a*) 石膏几何体明暗素描表现；(*b*) 静物写生明暗素描表现

2.2　素描的工具及使用

素描工具比较简单，能否熟练地使用工具会直接影响作画情绪和表现效果。在学习过程中，选定一两种工具来练习作画，用较长的时间熟悉它，对加强画面艺术表现力有一定的作用。

(1) 笔

铅笔：是初学素描的主要工具，它有软硬浓淡之分。主要有 4H～HB～6B 的型号。H 号越大，铅笔越硬，宜表现受光面的明暗关系；B 号越大，铅笔越软、越黑，宜表现物体的暗部、明暗交界线。

木炭笔和炭精条：是用炭粉加工制成的，它的质地比铅笔松脆，作画效果黑白对比强烈。在画的过程中加上些擦拭、涂抹，能表现不同层次的黑白关系，画完后宜喷涂定画液，避免使画面炭粉脱落。

钢笔：钢笔可根据不同种类的钢笔来画出不同粗细、质感的线条，来表达不同质感的对象。在建筑画中，利用钢笔来画素描、速写是必不可少的训练课程之一。

(2) 其他工具及辅助材料

画纸：有专用的素描纸，有120～150g不等的素描纸或绘图纸，也可根据不同的表现题材选用不同的特种纸、有色纸、卡纸等纸张来作画。

橡皮：目前橡皮种类较多，有专用4B素描橡皮、橡胶、瓷土、砂质等种类橡皮；用来修改画面或辅助作画程序，来丰富画面，起到意想不到的作用。

此外，画架、画板、画凳、图钉、透明胶带纸、铅笔刀等工具也是画素描常用的必备工具。

2.3 素描写生的基本方法和步骤

学习素描首先就是要学习正确的观察方法。观察和认识对象是绘画写生的前提条件，二者紧密联系在一起。素描写生过程中，贯穿着感性认识和理性分析的结合，形象思维与逻辑思维的结合。在绘画表现前，不仅要观察物体的形体结构、明暗变化等各种关系，而且要力求实现经过自己主观加工后的艺术美的完整性。

(1) 整体的观察方法

首先要培养整体观念，改变局部观察的生理习惯，克服平面意识，改变二维平面上塑造三维立体形象的形体立体观。

先简要地看，认识物象的基本形态，先看构成对象的基本几何形体，抓住主要特征，观察对象的明暗调子。作画开始前，必须先前后左右全方位地观察，获得整体印象；然后局部地表现完成对象，要在统一中求变化，看细部时，注意到它与整体的联系以及与其他细部的区别。利用各种辅助线条有机地把物体的长短、大小、曲直、黑白、远近等各种素描关系进行全面的比较，区别异同，将局部与整体有机地统一在一起。

遵循整体——局部——整体的素描作画原则。

(2) 素描的形体与明暗

明暗光影是素描造型的重要表现形式之一。

物体只有在光的照射下，才能表现出丰富的明暗、质感、形体的结构。物体受光后会出现亮面、灰面、暗面等明暗色调变化，也就是素描的三大面：黑、白、灰。在三大面中，又可根据受光强弱不同再分成五大调子，即亮面、灰面、明暗交界线、暗面、反光和投影，如图2-50所示。

1) 亮面：属于物体的受光部，局部有高光产生。一般选用较淡的硬铅笔来描绘，不可画得过重失去光感。

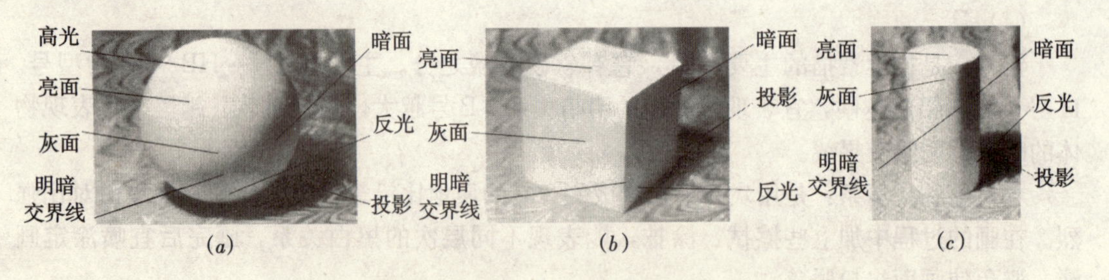

图2-50 几何体的明暗光影变化，五大调子图例

(a) 球体；(b) 正方体；(c) 圆柱体

2）灰面：也属于受光面，是与暗过渡的地带，受光少，而明暗层次最为丰富，在表现时必须和暗部、亮部等其他层次不断地比较来深入地刻画。

3）明暗交界线：是物体最暗的部分，其不受照射光和反射光的影响，是亮面与暗面过渡的交界部分，其往往处在物体形体转折的结构部分，所以能否准确地表现明暗交界线是一张画的关键。

4）暗面：暗面由于暗部不同形体转折和周围反射光的影响，会形成较为统一的一个面，但应在其暗面找出不同层次的灰调，不宜画得死黑，不透气。准确地表现将会增强画面的空间感。

5）反光和投影

反光的形成是周围环境光的影响所致，属于暗的一部分，不宜过分强调，不应超过亮面里的灰调，统一在暗之中。投影是物体投射的影子，表达被投影物体本身的影像。

（3）素描写生的基本步骤

根据由浅入深，循序渐进的学习原则，素描写生应从研究石膏几何形体和静物入手，研究简单的几何形体，便于初学者理解物体的体积结构和它们在空间中的透视原理，便于理解物体的线和明暗变化的原理。素描造型中这些最基本的规律，实际上贯串在其他一切复杂的形体中间，所以它具有普遍的意义。

在素描训练中，通常先从石膏几何形体开始再转向静物写生。因为白色的石膏将有助我们改变一个观念，即在实物上，纯白色或纯黑色都是不存在的，由于光色变化，石膏上存在着极为丰富的不同明度的调子，这些明度则通过各类“灰”调子表现出来，从亮部高光上极淡的亮调子，到暗部层次不同的暗调子，经过灰面上不同的灰调子，反映出形体上微妙的调子关系。同时，由于石膏比有色物体更单纯，因而更能明确反映出自身的形体结构和起伏，有利于初学者进行观察和表现。同时，简单的几何物体，能帮助初学者了解一切其他物体以及复杂的人体的构造基础。因此，素描教学中从简单的几何物体开始，在静态中研究形体整体与局部之间的组合关系，理解线和明暗变化规律，即“三大面”、“五调子”在石膏几何体上的具体体现，了解透视变形的规律。方法步骤对于开始研究造型的初学者具有重要意义，画法步骤体现了立体造型的认识方法和造型手段。从构图开始，经过大形的把握多次从整体到局部不断深化，将形、体积、光感、色调、质量感、空间关系真实再现出来，从而学会如何从二度平面的画纸上去塑造三度空间中的形体。

在静物画里，物体的结构和空间关系以及光感、质感一般是通过色调来体现的。静物写生重视对于空间的处理，通过前后虚实的描绘来表现物体彼此之间和物体本身的纵深关系。静物在空间中的位置，是通过透视缩形来显示的，因此各个物体要准确安排在线透视法则中。

不同物体的质量感是静物画要表现的课题之一，要十分注意静物的选择与布置。

总而言之，素描写生方法分以下几个步骤。

1）构图

构图是指在作画时把所有的物体合理地安排到画面上的过程，也表示作画时的一种顺序。构图的原则：合理、协调、视觉感强、有一定的审美意识和情趣。在这个阶段，一定在你画前认真观察、思考，把要描绘的物体分清主次前后，能否合理地安排画面，是决定一张画面好坏重要的一个环节。

2）落幅定稿

定稿就是运用科学的透视知识，用线条把所要表现的物体形状、结构、空间表现出来的一种方法。在经过构图的观察后，用线条确定构图，确定大的比例关系，把物体简化成几何体落幅，要求画面物象大小与位置适当，主体突出，构图均衡，用线力求简练、较淡，便于修改调整。

3）涂大色调

定稿后，先大处着眼，大体入手，画出对象的基本形体结构，素描的五大调子，主要强调对象的结构，形体，明暗交界线。这一阶段要求大的比例、结构、明暗关系、黑白灰关系基本刻画到位，要从画面整体出发，不要单一地刻画某一物体。要注重大的素描关系，给下一步的刻画留有一定表现余地。

4）深入刻画

在大体轮廓与明暗的基础上，进一步深入刻画物体细部的具体形象。在这一阶段要逐个刻画每一个物体的形体结构和明暗变化。强调素描的五大调子，强化明暗交界线，但必须要注意物体与物体之间的整体关系，明确画面的重点，找到画面最暗的一点，从暗部画起，逐步向亮部过渡，拉开明暗层次。要层次分明、关系明确，注意远近虚实关系，也不能面面俱到，深入程度要恰当，时刻照顾到整体。要做到胸有全局，整体入手，细心刻画。

5）整体调整

最后一步是调整，把心思再放回第一步上，整体观察构图中整体明暗关系是否明确，形体关系正确与否，更深入地认识对象，强化第一感受，增加艺术效果。整体调整，用自己的审美感受去体会对象。先调整明暗关系，看是否关系明确，需加强的加重，画得太重的适当减弱，多与实物作比较，要少动笔，多观察，最后求得完整的艺术效果，如图 2-51 所示。

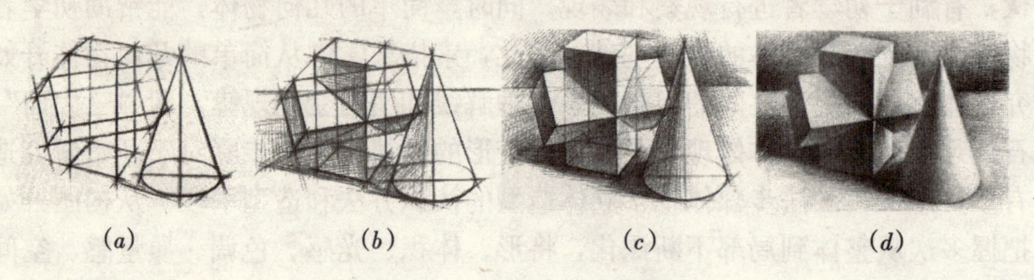

(*a*)　(*b*)　(*c*)　(*d*)

图 2-51　素描写生步骤

(*a*) 构图定稿；(*b*) 涂大色调；(*c*) 深入刻画；(*d*) 整体调整

在素描的学习中，我们不仅从客观上认识和掌握形体，还要强调从主观上去把握形体，不等于有了形体就可以表达出形美来。在画素描，观察物体时，对物体的认真观察与形体的敏锐反应能力是首先要解决的问题。

以上论及的是明暗造型方法具体的步骤画法。素描和绘画上多种表现手法所产生出的形式，基本上是从上面的造型方式中演变或派生而来。其间或综合或强调或取一法而计其余，无论手法变化如何，大抵总是脱离不了以上造型方法的模式。因此，作为初学者，将这类造型方法的特点与规律以及具体的步骤画法若都能有所了解和掌握的话，那么，对于至今形成着的造型手段的多样性和丰富性，也就便于我们去认识、去理解、去研究、去发展。

作品欣赏：如图 2-52 所示。

(a)　(b)　(c)　(d)

图 2-52　素描作品欣赏

(a) 结构素描，石膏几何体；(b) 光影素描，石膏几何体；(c) 光影素描，静物写生；(d) 光影素描，静物写生

思考题与习题

1. 内容：正方体石膏的透视写生。
   要求：运用所学的平行透视，成角透视原理，准确地描绘形体的透视与空间关系，充分体现素描者的正确观察方式和表现能力。
2. 内容：圆、圆柱、四面体、五面体、多面体、锥体、多面柱等结构分析训练。
   要求：1）分清形体的内部结构和外部结构关系。
   2）了解形体与形体之间的连接及组合的方式和形体与形体之间结合的关系。
3. 内容：组合静物
   要求：1）这种训练中致力培养对于自然的认知形式及其结构分析的观念，使我们从某一确定的描写过程中感受到内在结构的规律。
   2）开始用淡的线条画出作为基本结构的长方体，凭感觉确定视平线，必须使每一根线条获得透视灭点，然后加进各部件。
   3）某些辅助线（轴线、切面线、剖面线等）可一直保留，在素描深入时它能够协助解决一系列的问题，诸如结构、透视、比例的进一步确定等。
   4）辅助线的描绘应给予适当的变化，它能够使素描呈现丰富的层次，并且有助于形体的空间秩序的表现。
   5）最后的调整，对素描的整体表现起着重要作用，画面主次关系的强调和均衡的构图都会使素描具有完整的意义。
4. 如何有效地分析和把握几何形体的体积、透视、结构及结构组合关系？
5. 素描写生步骤与方法有哪些？
6. 如何刺激和促进个人的分析思维能力、想像能力以及整体表现能力？

课题 3　钢笔画与速写

3.1　钢笔画

钢笔画属于素描的一种，在表现空间中，用单一颜色塑造形象。

钢笔画最早就见于欧洲的建筑庭院设计图稿，也是目前建筑设计师们常用的表达方法之一，建筑师、设计师常用钢笔作速写搜集资料或是设计构思草稿，画建筑画，交流自己的思想。

3.1.1　钢笔画工具

一张好的钢笔画，离不开好的工具，选择自己喜爱的钢笔画工具很重要，根据不同的表现形式，要选择不同工具来作画。

常用的笔有蘸水钢笔、普通书写钢笔、书法笔、针管笔、中性笔等钢笔，应该根据自己的习惯爱好而定。不同的笔可以画出不同的线条、不同的韵味、不同的绘画风格和效果，也可根据所表现的不同对象来挑选不同的笔来作画。

除了黑色墨水外，各种单一的墨水也可作钢笔画，像目前常用的各种单色中性笔、荧光笔、油性笔等都可以画出不同的感觉，但要注意一张画要用一种墨水笔来完成。

钢笔画用纸选择种类较多，能着色的纸张均可用来作画，总的要求纸质要坚实、纸面较光滑。也可选卡纸、铜版纸、照相纸、特种纸等，根据作画需要，选用不同的纸，一般建筑师喜欢用制图用纸，工程复印纸较多，因其纸张规格多样、标准、经济、实用、易着色，是建筑师绘画的首选用纸。

3.1.2　钢笔画基本技法

(1) 线条练习

钢笔画主要是通过单色线条的变化和由线条的轻重组成黑白调子来表现物象的。

初学钢笔画可以从画线开始，从直线到曲线及各种变化的排列线组合入手，运用不同的线条，组成不同色调、块面来表现不同形体的特征、质感和空间感。

一般钢笔线条以刚、柔、粗、细来区别线型。表现形式要有节奏感，韵律感，如图2-53、图2-54所示。

图2-53　钢笔线条练习

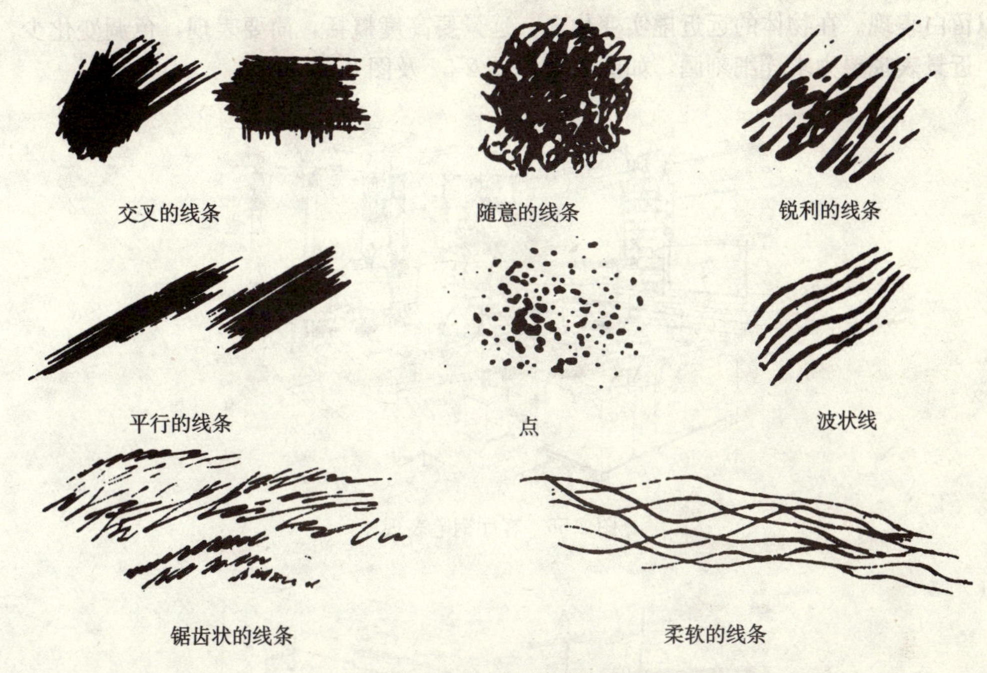

图 2-54　钢笔线型练习

(2) 黑与白表现

“黑”与“白”在钢笔画中是两个基本因素，直接影响画面效果，作画时要善于安排。“白”可以表现浅色，受光的部位，也可以留白表现。“黑”可以表现暗处、背光面。黑与白也是相对应的，没有“黑”与“白”的对比也就没有钢笔画的魅力，如图 2-55 所示。

图 2-55　黑白表现

(3) 深入刻画

由于钢笔画色调的限制，在表现物体时，可以缩小色调层次感，加大黑白对比强度。在明暗表现上，要着重刻画受光部分的色阶，对暗部表现有所放松，在亮部一定范围内，可以留白表现。在物体的远近虚实变化上，远景要高度概括，简要表现，色调变化少，中景、近景表现要力求详细刻画，如图 2-56、图 2-57 及图 2-58 所示。

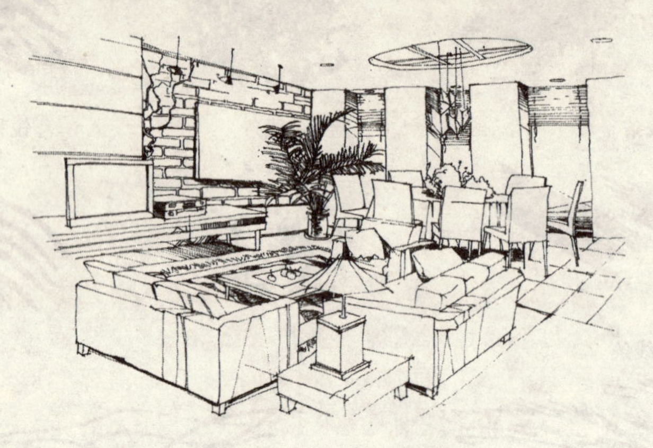

图 2-56　客厅钢笔表现

图 2-57　餐厅钢笔表现

图 2-58　钢笔风景表现

钢笔画的注意事项：

1）钢笔线条是画好钢笔画的关键，勾勒时应一气呵成，切忌犹豫不决。

2）线条要虚实得当，松紧有序，组织排列要有规律。

3）钢笔画不宜修改，在作画时要考虑成熟，下笔要肯定，干净利落，线条流畅，具有运动感。

3.2 速　　写

速写是素描的重要组成部分和表现形式之一。但速写着重的是对创造能力的训练与培养，与一般的写生有着根本的不同，面对写生对象要靠个人对艺术的认识和理解，去有目的组织构图、取舍，概况自然，也是各种写生的核心。

速写可以是一种形象笔记，它可以迅速准确地捕捉你所需要的形象。画速写可以活跃设计思维，表现方法迅速，多加训练则有利于设计师方案能力的提高。

3.2.1　人物速写

人物速写和素描一样，分头像、全身、人体、群体等。在建筑表现中人物作为配景经常出现在各类建筑效果图中，要求大小比例与建筑空间相吻合，不能失调，多以人物外部形态、动作表现为主，人物形象不宜刻画过细，以免喧宾夺主，要透视准确，刻画简练，如图 2-59 所示。

3.2.2　建筑速写

建筑速写包括建筑结构写生，场景写生。需要表现的内容广阔，丰富。画建筑速写必须掌握透视和构图知识，学会大胆取舍的能力。

建筑速写首先要主次分明，透视准确，要分清天空、地面、建筑物三者的关系，远中近的关系要处理得当，如图 2-60、图 2-61 及图 2-62 所示。

图 2-59　人物速写

图 2-60　建筑风景速写

图 2-61　建筑场景速写

图 2-62　建筑场景速写

思考题与习题

1. 什么是速写?
2. 速写的技法有哪些?
3. 如何掌握速写的技法?

课题 4　水 粉 画

水粉画是色彩画的一种。水粉画的绘画表现方式是介于水彩画与油画之间，用水调合含胶的粉质颜料画在纸上或布上的一种色彩画。

水粉画的最主要特点是颜料的含粉性质和不透明性，水粉颜料容易被水溶解，是一种覆盖力较强的、且有黏着性的不透明颜料。也就是说，水粉颜料色层能够紧密盖住底子和下面的色层，而且水粉颜色干透以后非常结实，表面呈现出无光泽的天鹅绒般的特有美感。由于水粉颜色含有一定分量的白粉，使色彩干湿之间有明显的差别，即湿时色彩较暗，干后白粉色浮现在表面，明度比湿时要强，而色彩鲜明度减弱。这一状况，使水粉画在制作中掌握色彩干湿变化时增加了难度。画家只有在实践中，逐步积累经验，才能取得预期的效果。水粉画使用的工具、材料和操作都比较简单，画幅的不同尺寸，画风的粗放或精细，描绘的具体或概括都能适应。它的应用范围十分广泛，画家外出写生、收集生活素材、绘制色彩画创作初稿等都非常方便合适。由于水粉色的色块可以画得非常均匀、柔润和明确，很适宜表现单纯、概括、鲜明强烈的画面效果。美术家们因此常常选用它绘制各种装饰风格的绘画。另外，水粉也同样适宜于绘制平画广告、招贴宣传画、图案设计、建筑设计效果图、舞台美术设计图等等。

由于水粉画颜料兼有油画、水彩画颜料的特点，所以水粉画可以是画巨幅作品，也可以是写生小品，其表现方法和绘画技巧相对较容易，所需要的作画材料也经济实用，因此它作为色彩训练起步画种，广泛地应用到美术各学科中，我们在建筑装饰图中的色彩表现也把其当成最初练习的画种。

4.1 水粉画的工具与材料

科技的进步，促使绘画工具、材料的不断改进、提高与发展。工具、材料的选择与使用，是美术家从事专业实践的重要问题，它直接影响作画的效果。现分别介绍如下，如彩图 2-63 所示。

（1）水粉画颜料

水粉画颜料也叫广告色或宣传色，是由研得很细的矿物质颜料或植物、化学等颜料加上树胶、甘油等混合液作结合剂混合而成的。水粉色有锡管装、瓶装及塑料袋软装等，分 12 支、18 支、24 支等盒装或单支散装的，应根据不同的作画要求选择。

目前较常见的水粉颜色料有：

柠檬黄、淡黄、中黄、深蓝、橘黄、橘红、朱红、大红、洋红、玫瑰红等暖色。

粉绿、中绿、淡绿、深绿、湖蓝、天蓝、普蓝、深蓝、群青、紫罗兰等冷色。

赭石、熟褐、生褐等中性色。

白色在水粉画中地位和作用是非常重要的，水粉画的白色是提高色彩之明度及调配水粉用色的关键。在表现物体的亮部时需要调合大量的白色来表现明度，画暗部时则相反，忌用或少用白色，否则就容易弄灰画面，运用得合理充分，水粉的色彩则会丰富多彩、变化万千。

（2）笔

画笔，是画水粉画的重要工具。绘画中，形体的塑造、质感的表现、画面气氛的渲染、以至绘画风格的形成，都与不同品种画笔的笔法运用有密切的关系。所以，画家都重视选用自己比较爱好而习惯使用的画笔作画。水粉画笔的质量，一般以含水性好而富有弹性的为上等。因此，狼毫笔是比较理想的。羊毫画笔毛质太软，笔法柔软无力；油画笔含水性差、毛质过硬，都不是理想的画笔。每一种质地不同、形状不同的画笔，都有它自己的使用特性和功能，也同时存在局限。如果在作画时，能够充分发挥其特点并获得好的表现效果的，那就应该说是好画笔。

通常使用的画笔有如下几种。

1）扁形方头笔

这是模仿油画笔形状制造的，有大小不同的各种型号，很适宜涂较大面积的色块及用体面塑造形体。画笔侧面也可画出较细的线，如运笔时正侧转动，就会出现线面结合、富有变化的表现效果。在使用与表现形体时，也便于吸收油画的一些表现技巧。

2）中国毛笔

中国毛笔的品种很多，笔的大小也很悬殊，可以根据其性能，自由选用。富有弹性、又含水性好的狼毫画笔，它的应用可以获得丰富的中国画笔法的表现效果。毛笔的笔锋长而尖，中锋、侧锋等各种笔法画出来的线条，灵活生动，表现某些具有线特征的形体，如树木、花果、建筑、车船、人物等，效果可有独到之处，为扁形画笔所不及。

3）油画笔

不论是猪鬃或狼毫的笔毛，由于笔锋短，笔毛质地坚挺，其吸水性都差，但笔触却刚直有力。它适宜于厚画，蘸一笔画一笔，不能像其他吸水性较好的画笔，可以蘸一笔画一片，或画含有饱满水分的色彩效果。用油画笔作水粉画的使用方法比较近似油画效果。

4）底纹笔

底纹笔是笔头扁平的羊毫笔，笔头比最大号的水粉笔要宽，可有 25～75cm 的宽度。用于涂底色、画大面积的天空、地面，及比较概括统一的远景等；幅面较大的静物画背景，也常使用底纹笔来画。底纹笔是制作较大水粉画幅不可缺少的工具。在国外有狼毫制成的此类水彩画笔，画水粉画时也是十分理想的。

5）画刀

水粉画使用画刀是一个创造，也是移植于油画的工具。一些油画在制作时使用多种画刀，达到与画笔绘制出来不同的艺术效果。画刀实际上是金属片状的画笔，用弹性钢片制成，要求薄而有弹性。其形状、大小可以多样，如尖头、圆头、平头等，也可有厚薄之别。薄而有弹性的塑料片，同样可以做成适用的画刀。各种不同性质、形状的画刀，使用于不同要求的表现对象，可以获得别致的艺术效果。

为了获得某些独特的画面效果，在水粉画制作中，结合使用的还有其他的工具材料，如喷笔、刮刀和蜡笔、油画棒等非水溶性固体颜料。

画水粉画，一般应备有五支左右不同大小的画笔。画水彩画则只需一两支画笔就可以了，这是因为水粉色在画笔中，不如水彩色那样容易在水中洗净，水粉色残留在笔根中，在蘸其他颜色继续作画时，残留的颜色会渗出，起污染作用，影响色彩效果。所以根据色彩的性质多备几支笔分工作画，可以避免这一弊病。同时还需要培养作画时换笔使用的习惯，否则多支画笔中的色彩，仍然可能成为同样的脏色彩。任何画种都如此，画笔对作画有直接的关系，是重要的绘画工具。不少国画家，终身习惯选择某种画笔，因为画笔对发挥艺术表现力、显示艺术个性和风格，起到很重要的作用。

（3）纸

纸是表现颜色的载体，纸张的吸水性与纸质的优劣，纸纹的粗细直接影响画面的效果。

水粉画能画在多种材料上，对于相当多的初学者来说，选择质地坚实，吸水适中的专用水粉纸即可作画。素描纸、水彩纸、卡纸、牛皮纸等也可选作水粉用纸，可根据不同纸质表现不同的画风及效果。

(4) 调色盒

调色盒可以贮存颜料，方便写生作画，色彩排列可以按照色环上的顺序，由浅到深、由暖到冷排列，不要乱排，形成个人的调色习惯，注意平时的水分养护与及时清洗，保持颜色的干净与湿润。

(5) 辅助工具

除上述必备材料之外，还应准备一些绘画辅助工具。

①洗笔桶，用来洗涮笔及调和颜色。

②画板与画架是必备工具，可根据自己作画习惯、作画场合及经济条件准备。

③海绵或棉布作洗涤画具或吸去笔端水分来控制作画水粉的干湿程度。

④刮刀可以堆积肌理，修补颜色，也可用来以刀代笔作画。

水粉画需较长时间作画，必须把纸裱好，以免纸面起伏不平，影响着色及成品后的平整效果。

4.2 水粉画常用的基本画法

表现技法是产生绘画效果的一个重要因素。水粉画由于自身特性和所涉及的表现内容和题材，应充分运用各种技法来丰富画面效果。

4.2.1 干画法

干画法是相对于湿画法而言的，它是吸收油画技法的直接画法演变过来的，画法及效果与油画有些相像，对于初学水粉画来说，容易掌握用色及用笔，更易反复修改，便于更深入地刻画物体。绘画时，根据物体结构，一笔一笔覆盖上去，用色较干涩，注重落笔的方向及力度，表现物体宜肯定结实，色彩清晰，关系明了，调色和落笔要力求肯定、准确，不能马虎含糊，如彩图 2-64 所示。

4.2.2 湿画法

此法与干画法相反，用水多，用粉少。画法较多地吸收了水彩画的一些表现技法。这种画法运笔流畅，效果滋润柔和。多用于表现一些特殊景物，如雾、雨、江南水乡、落月河边倒影、大面积背景的虚化等等。

湿画法要求作画时控制好水分的多少与画纸的干湿程度，用饱含水分的颜色，画在湿过的画纸上，使颜料在画面上产生渗化效果，笔与笔、颜色与颜色之间越湿衔接越好，追求不同程度的色彩自然渗化交融，取得酣畅明快、意趣天成的表现效果，如彩图 2-65 所示。

4.2.3 干湿结合法

干画法用笔肯定，形体塑造结实，色彩饱和丰富，若处理不当，容易使画面呆板、生硬、缺少含蓄。湿画法有流畅润泽之感，控制不当易产生结构松散，表现力减弱等缺点。

无论是干画法，还是湿画法，都有其表现上的局限与弊端，采用干湿结合的画法，便能互相弥补，相得益彰，也容易表现出更理想的色彩效果。

在静物写生中，背景和暗部适宜于干湿结合画法，而中间色和亮部可采用干画法；画风景时，天空、云彩及远处大面积色彩宜用湿画法，水中倒影、云雾、雪、雨中的效果宜用湿画法，而近处的建筑物、树木、山石、人物等宜用干画法；人物写生时，背景、头发及衣服可以采用湿画法，可以衔接自然，而亮部、脸部、手部等细部可用干画法。

一般地讲，干湿结合画法是先用湿画法，后用干画法，先远处、暗处、大面积用湿画法，近处、受光部及主要物体用干画法，抑或干中有湿，湿中有干，虚实相间，如彩图2-66所示。

4.3 水粉画的写生步骤

(1) 构图起稿

色彩写生构图要大小合适，布局合理，层次清晰，表现主题要布置突出，位置安排适中。起稿时可用铅笔或单色，先在形体转折部位标出几点，确定物体的上下左右位置，然后找出形体轮廓大的转折，用直线勾画出大形。起稿时力求位置画准确，但不要画得太细，找出大的比例关系、透视关系与素描关系。

(2) 铺大色调

色彩写生时第一遍色彩是画大关系，也叫铺大色调。铺大色调要充满激情，从心理上，情绪上有一种强烈的表现欲望，用大色块从物体的暗面、背景画起，第一遍色不要或少调白色，第一遍色调白色会使后面画的颜色发灰，降低纯度。铺大色调要多从感觉出发，放弃局部和细节的描绘，把主要物体和主要色块迅速地表现出来，第一遍色彩不必太厚，为下一步深入留有余地。

(3) 深入刻画

在大的色调铺完并作好相应的调整之后，便着手进行深入的刻画。深入刻画可以从画面上的主体形象入手，或者从背景开始画，也可从暗部交界线开始刻画。深入就要依据形体的转折，结构的起伏，画出细微的颜色变化，使亮部、暗部色彩层次分明。

(4) 调整画面

当画面在充分深入接近完成时，就要进行最后的润色和调整。调整的重点是使画面整体关系更协调，色彩效果更好，首先看主体表现得如何，色彩关系是否对头，需着重调整：

1) 画面的远、中、近景的层次是否分明，该加强的加强，该削弱的削弱。

2) 色彩关系和素描关系是否协调，要注意主体的色块和画面的整体关系。

最后的调整要慎重，不是每个局部再画一遍，只是为了使视觉效果趋于更完美、更充分。调整润色不是简单的修修补补，而是对画面色彩、情调总体的把握，如彩图2-67所示。

水粉练习的方法，除了解色彩原理而绘制色彩图例习作外，主要是通过以写生为主的练习来达到学习的目的。如果在写生练习的过程中，结合一些色彩速写练习、临摹一些名作，或凭记忆、想像作些色彩画，则可促使色彩学习更全面、更迅速。写生是根据眼前的具体对象作画的方式。写生有室内写生与室外写生之别。室内写生以静物、人像为主；室外主要是以风景为主。依学习的顺序，应先进行室内写生练习，然后再进行室外写生练习。因为室内组成的写生对象，可以根据学员不同的程度和教学的要求来摆设，且主题明确、内容单纯、光线稳定，便于学习基本技法，并为进入室外较复杂条件下进行写生练习做好准备。室内写生作业的画幅大小、时间长短，都要根据具体对象与学习要求来决定。写生的过程，就是观察、感受、理解、研究、反复探索表现对象的过程。所以完成一幅习作，有可能取得某些成功，也有可能存在某些弊病甚至遭到失败。这是很正常的，因为绘画能力的提高，常常是从失败中接受教训而获得的。因此要重视完成习作后的总结。写生是绘画基础训练中比较重要的课题，没有这个基础，要想进行速写、临摹、记忆、想像画等其他方式的作业练习，就会碰到比较大的困难。

作品欣赏：如彩图 2-68～彩图 2-70 所示。

思考题与习题

1. 内容：静物写生

要求：构图合理，造型准确，色调明确，色彩协调。

2. 水粉画有何特点？

3. 什么是干画法、湿画法、干湿结合画法？

4. 如何掌握水粉画的绘画要领？

课题5 水彩画

水彩画是一个世界性的画种，也是最古典的一种绘画方法。在古埃及、中世纪欧洲、古代印度等国家的艺术家常用水和颜料调合后在草纸上作画或绘制一些字母及插图。15 世纪形成独立的画种，在英国得到发展，于 19 世纪初传入我国，逐渐得到建筑设计师的青睐，用水彩画的一些技法来绘制建筑室内外装饰图。

水彩画是以水作为媒介来调色作画的，其颜料纯度较高，有透明和半透明的特点。通过水的调合，使画面产生一种透明轻快、滋润、流畅的特性，产生一种特殊的韵味效果。

目前，在各大美术院校、师范学校、高等职业技术学院，均把水彩画作为一门必修课，作为一门认识色彩规律，训练绘画基本技能的课程，用以提高写生的艺术素质。

5.1 水彩画工具及辅助材料

水彩画工具简便、材料使用方便，适用于室内外写生，是研究色彩较为理想的画种之一，如彩图 2-71 所示。

(1) 水彩画颜料

水彩色的原料主要是从动物、植物、矿物等各种物质中提炼制成的，并含有胶质和甘油，使其能附着于画面并具有滋润感。成品颜料有块状和锡管装膏状两种，以后者为主。

水彩颜料分 12 支、18 支、24 支盒装及单支散装。颜料经与水调合后，颜色较为透明，不同颜色透明性各不相同。其中，柠檬黄、翠绿、普蓝、玫瑰红等最为透明；群青、橘黄、朱红、淡绿等次之；土红、土黄、熟褐、煤黑等不很透明，但加水较多，也可达到一定的透明效果。

水彩画颜料易干燥凝结，如干结后呈龟裂状或呈颗粒状。作画时要根据画面需要现用现挤，以免造成浪费。水彩色还易于褪变色彩，在阳光和空气接触下，变化更快，画面容易变浅，颜色变灰，所以应重视作品的收藏与保护。水彩色中有些颜料，如玫瑰红、翠绿、青莲等对纸侵蚀性较强，不易修改和用水清洗，有些颜料如群青、大红、熟褐等易于沉淀，不宜大面积、浓重着色，但可利用其特点作特殊画面效果。因此，在画水彩画之前，对水彩色的色性多做实验，了解色性，才能做到应用自如，控制画面效果。

（2）水彩画笔

水彩画笔要求讲究，吸水量要好，弹性要大，一般以羊毫或兔狼毫最好，狼毫次之。笔形有圆形、扁形两种，各有大小号之分。国画笔大白云、狼毫笔、兰竹笔代替，效果也很好。

（3）水彩画纸

水彩画纸是一种特制的纸，要求要有一定的吸水性和抗水性，附色而不吸色。水彩纸有不同规格、尺寸，纸纹粗细、大小不一。水彩画由于颜料透明，纸张的洁白度决定一张画的明度。所以纸质应洁白、坚实、纯净而不光滑，有一定的厚度。画纸也要注意防潮，受潮后纸面上容易发生霉点，影响形色表现：纸质的优劣决定作品质量的因素很大，故应给予足够重视。

（4）辅助材料

画水彩画除了备齐画笔、纸张、颜料外，还应准备洗笔罐、画板、画夹、调色盒或医用白色托盘、海绵等。为了增强各种特殊效果，还应准备盐、糨糊、蜡笔、刮刀等物品。

5.2 水彩画的基本技法

水彩画一般有干画法、湿画法、干湿结合画法三种。学习水彩画一向选择由简到繁的题材内容，进行由易到难的方法研究，熟练掌握基础知识和基本技能，进而走向室外写生。练习水彩画之前，先应熟悉水彩颜料的特性，纸张的性能，用笔方法等基本技法。

5.2.1 水彩画调色方法

水是水彩画的灵魂，通过用水的调配，可以稀释颜料，提高水彩画颜料的明度，也可加入不同量的水，从而产生不同明度的同类色。颜料经水稀释后明度提高，但纯度却降低了。

（1）混合法

水彩颜料经水的调合，各色之间调合而产生不同明度、色相、纯度的颜色。在水彩颜料调合时，应选择邻近色或两、三种颜色之间进行，不宜超过三种颜色，那样容易使颜色发灰，发脏。

（2）并置法

并置是几种颜料并列在画面上，各自保持自己原有的属性，利用色光的混合来取得画面的色彩效果。例如在红色旁边并置一个蓝色，在一定的距离下观看，产生一种偏紫的色彩关系。这种画法接近点彩画法，在印象派画风中经常使用。

（3）重叠法

重叠法是利用水彩颜料的透明性，在前一种颜色干后加盖另一种颜料，产生新的一种颜色。如蓝色底子覆盖一层黄色产生一种绿色，这种方法是水彩画特有的颜料使用方法。但要注意，叠加时，叠加颜色次数不宜过多，容易使颜色发灰，叠加颜色色相，不能补色相叠加，容易使颜色发脏，还要适当地把握用水的适度，如彩图 2-72 所示。

5.2.2 干画法

干画法是指在干底子上着色，多用平涂法和重叠法着色。在作画过程中分层着色。等第一遍干后，再上第二、三遍色，一定要在每一层颜色干后再着色。利用水彩画透明色的特点，在干底子上通过层层加色来描绘对象。它的优点是步骤稳当，便于控制水分，色彩丰富厚重，不受着色时间控制，明暗关系容易准确。但须注意着色次数不宜过多，否则容易造成画面琐碎，呆板或脏污等毛病，如彩图 2-73 所示。

5.2.3 湿画法

湿画法是在湿底上着色的方法，趁纸面水色未干进行连续着色，湿时连接。

湿画着色就是把纸浸湿或染湿后着色的方法。充分利用水分的自然渗化使笔触强度减弱，色彩混合呈朦胧之美，画面可产生湿润、柔和、水色淋漓的特殊效果。这种画法适合表现远景，雨景，雾景及物体暗部和虚部，天空也多用此法表现。着色时根据需要控制水分，充分估计纸的湿度，着色时间，用色浓度，做到胸有成竹，如彩图 2-74 所示。

5.2.4 干湿结合法

在实际作画时，干湿两类基本技法一般都是结合使用的，只是根据画面需要偏重于某一种画法，纯粹使用一种技法是很少的。

干湿画法结合使用的一般方法规律是作画开始铺大调子时用湿画法，表现远的、次要的、虚无的、光滑的表面多用湿画法。对画面进一步刻画和表现的、主要的、实在的则多用干画法。这样画着色的程序得当，远近分明，主次清楚，虚实适宜，能较完美地表现对象，如彩图 2-75 所示。

5.2.5 特殊技法

在熟练掌握水彩画的基本技法后，还应适当地应用些特殊技法增加画面效果。

撒盐法：在画面上，趁颜料，水分未干时，撒上盐，糖，或其他吸水的物质，可使画面形成美丽的斑点肌理，表现雨、雪、雾天及一些特殊的花纹斑点等效果。

加糨糊法：在调色时加稀薄的糨糊，会增加笔触的效果，同时亦能控制水分，有利于形的塑造而不影响透明度，一般用于表现粗糙物体，不增加力度、质感。

加油法：调色时，加入少许松节油则油水始终若即若离，既不能融洽地溶为一体，又你我相间，形成无数斑渍，使物体粗糙而稚拙。

刀刮法：用坚硬或锐利的工具，在干湿不同的纸面刮出不同痕迹，在湿画面刮出现深色线条，在干画面上刮出亮色、高光等，刮时要注意力度，掌握画面干湿程度，可以根据不同的需要形成不同的效果。

总之，技法是为了表现对象，只有根据对象的表现需要，合理地运用各种不同技法，才能使画面生动活泼，自然而有变化，达到理想的绘画效果。不过同一幅画上，技法不能使用过多，否则容易流于肤浅，没有内涵，要适当应用，如彩图 2-76 所示。

5.3 水彩画写生步骤

5.3.1 起稿

起稿时，先把大形用直线确定下来，再进一步把轮廓打好，但不能繁琐，主次关系要明确，明暗交界线要分清，形体结构应重点交待，水彩画写生起形要严谨、准确，起稿时用 2B 或 3B 的铅笔为宜，过浓会影响着色，过淡则清晰程度不够。

5.3.2 铺第一遍色

着色前应对要表现的物象的色彩关系进行全面的观察了解，弄清光源方向、色性、强弱及其对景物每个部分所产生的影响，明确画面中最暗、最亮、最冷、最暖的部分，为进行色彩描绘作好准备。

水彩画铺大体色时笔端的水分一定要充足，用笔亦要大，这样可使作画者从整体出发，不拘泥于细节。采用湿画法，注意掌握基本调子，先从大面积的中间色调或暗部开始，最深处留待最后加工，力求整体概括。

上色遵循的原则为先浅后深、先远后近、先主后次、先画大面积或最鲜艳的颜色。

5.3.3 深入刻画

深入描绘着色时可不用干、湿画法并用，使画面仍保持湿润的感觉。一般从主体物入手，并将其与周围的景物联系起来画，根据不同物体的质地、空间位置分别使用不同的技法，使表现力更为丰富。切忌画得“死”与“腻”，画时要胸中有数，概括抓住对象的精神，画到七八成即可，不可画满。

5.3.4 加工调整

整理阶段是作画的最后工作阶段。首先要检查调整一下整体关系。看画面上主体景物是否突出，空间层次是否分明，虚实关系是否处理得当。这个阶段要少动笔，多思考，运用一些水彩画特有的技法来丰富画面的表现力，如彩图 2-77 所示。

作为水彩静物练习来说，应始终强调重视培养和训练画者的色彩感觉，熟练地掌握水彩工具，材料的性能和水彩画的基本技巧，更好地为画好建筑画打下良好的基础。

思考题与习题

1. 水彩画有何特点？
2. 什么是干画法、湿画法、干湿结合画法？
3. 如何掌握水彩的绘画步骤？
4. 内容：水彩调和练习。
   1）色彩与水的调和练习。
   2）色的调配练习。
   3）色彩混合练习。
   要求：熟练掌握水分的多少，熟悉颜色调水后的干湿变化。
5. 内容：水彩静物写生。
   要求：构图合理，色彩鲜明，水分把握适中，物体刻画深入。

单元3 装饰效果图表现技法

知 识 点： 绘制装饰效果图的常用工具和材料，装饰效果图技法分类，常用的装饰效果图表现技法。

教学目标： 熟悉装饰效果图的表现技法及材质光影等表现的方法、步骤。

课题1 装饰效果图概述

1.1 什么是效果图

任何艺术门类都有各自的表现方式，建筑装饰设计表现也不例外，一个建筑师或室内设计师，他要表达设计构思、意图，要通过一定的形式和语言来传达，这种形式和语言就是图纸，其中最直观最形象的语言形式就是效果表现图。

建筑装饰表现图是运用画法几何的方法来绘制透视，同时运用美术的一些绘画技法来最终完成画面的过程。装饰效果图具有很强的科学性，强调真实，要求透视准确，包括各部位的尺寸比例都要准确真实，也就是说与将来完成的实际效果基本一致。同时注重材料、色彩的搭配与表现；光影、质感的表现；环境气氛的表现以及各个部分与整体之间的关系的协调性。

1.2 装饰效果图的作用

建筑装饰设计主要是通过工程制图及效果表现图形式表达。其中工程制图虽然表现得最为确切，但由于专业性太强，尤其是细部构造，使一般未经专业训练的人很难看懂，因此在设计人员向业主提供方案时，双方对方案的理解常常是难以沟通。因为它无法表达建筑所处的环境、气氛和材料之质感，尤其是细部构造的效果。而一个成功的设计，细部如何往往是作为评判设计好坏的重要标准，而效果表现图所具有的直观性，真实性，艺术性，使其在设计表达上享有独特的地位和价值，它真实感人具有说服力。它是作为表达和叙述设计意图的工具，是专业人员与非专业人员沟通的桥梁。在商业领域里，工程投标中所用的建筑表现图，其优劣直接关系到竞争的成败。

1.3 如何学习效果图

效果表现图的学习对于初学者来说似乎是一件很难的事，但实际上也不尽然，首先效果图需要具备一定的美术基础和一定的造型能力，效果表现图技法虽然同一般绘画有相通之处，但也存在其自身的特点，它有一套程式化的表现技巧和作图步骤，比较公式化，你可以直接照搬，不管你的基础如何只要掌握了这些程式，就可以基本满足设计表现的需要，至于画的好坏那是另一回事了，需要努力，需要钻研。

效果图教学不仅是对学员效果表现能力的培养，同时对学员专业设计能力所起的作用是不可低估的，因为设计与表现本来就是一体的，它是一个综合的设计全过程，表现图学好了，对于设计能力方面会起着启发和促进的作用，因此学好效果表现图是非常重要的，可以说它是关系到学员全面发展的一个问题。

课题 2　绘制效果图的常用工具和材料

2.1　纸

效果图用纸主要有两类。一类是吸水性强的纸；一类是吸水性弱的纸。效果图用纸的选择主要是从纸的吸水性方面来考虑。

2.1.1　水彩纸

水彩纸吸水性很强，由于它的吸水特性，使得它的渲染表现力很强，画面效果飘逸、虚幻，使得颜色衔接非常自然、均匀。干画法可出现“枯笔”或“飞白”，湿画法还可以出现“水迹”和“沉淀”等特殊效果。水彩纸正面为粗面，反面为细面。

2.1.2　水粉纸

水粉纸与水彩纸的性能基本相同，只是纸的薄厚不同，纸面的粗细不同，纹理不同而已。

2.1.3　绘图纸

绘图纸吸水性差，由于它吸水性弱，渲染表现力有一定的局限，毛笔水含量多，积水不干，造成擦蹭而破坏画面效果；毛笔水含量少，上出的颜色笔触分明，色与色衔接不均匀，并且颜色越厚越浓就越不容易把握。

绘图纸适合于一次上色，一次完成，不适合多层上色覆盖、重叠，毛笔上色接触纸面其动作过程必须干脆利落，运笔速度快，切忌来回带。

绘图纸规格比水彩纸和水粉纸大，纸面白细，上出的颜色鲜艳，明度对比较强。

绘图纸比较适合颜色淡而薄的画法或追求笔触的特殊效果的画法。

2.1.4　复印纸

复印纸是目前最普通、最常用、使用最广泛的用纸，近年来也常用于效果图快速表现的合适用纸，它价格低廉，使用方便，纸面白细，只是吸水性较差。选择用纸应根据需要或喜好、习惯适当选择。

2.2　笔

2.2.1　铅笔（图 3-1）

铅笔有软硬之分，即软铅芯和硬铅芯，软为深色 B 系列，硬为浅色 H 系列，B 系列数字越大越深（1B～6B），H 系列数字越大越浅（1H～6H）。HB 为中性，效果图常用中性或偏软性铅笔起稿，轻轻地运笔，画错了容易擦改，不损害纸面。

2.2.2　彩色铅笔（图 3-1）

彩色铅笔有水溶性和非水溶性之分，水溶性彩色铅笔质量较高，质地沙软比较好用，价格较非水溶性彩色铅笔贵，尤其是进口货价格差别较大。水溶性彩色铅笔与水结合似水彩效果，根据需要可把画好的彩色铅笔处用水韵染开来如同水彩效果细腻而不见笔痕，效果图表现建议使用水溶性彩铅笔效果较好。

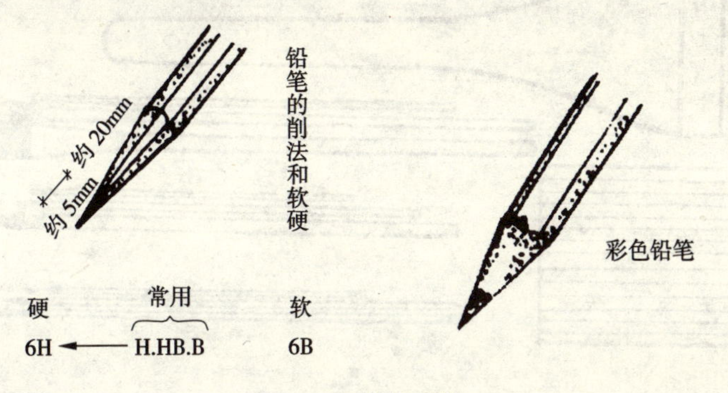

图 3-1　铅笔的种类

2.2.3　钢笔（图 3-2）

钢笔有针管笔、沾水笔（无储水盖）、普通钢笔、硬书法笔和鸭嘴笔，常用钢笔为针管笔。针管笔规格为 0.1～1.2，根据需要适当选择。

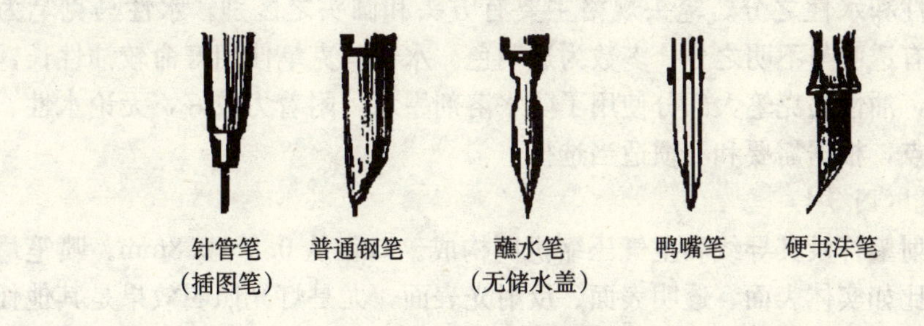

图 3-2　钢笔的类型

2.2.4　毛笔（图 3-3）

毛笔有软硬之分，软毛是由羊毫制成的，硬毛是由狼毫制成的，另外还有兼毫，即由羊毫兼狼毫所制成的笔。

（1）白云笔

白云笔为羊毫所制成，羊毫笔蓄水量大，柔韧性好，适合于渲染性强和不露笔痕的过渡表现。

（2）叶筋笔、衣纹笔

叶筋笔、衣纹笔是由狼毫制成的，笔硬挺、弹性好，适合于画线和细部刻画。

（3）水粉笔

水粉笔其性能介于羊毫和狼毫之间，以羊毫为主要成分，毛层较厚、较软，有一定的蓄水量，弹性适宜，是效果图表现的理想工具。

（4）底纹笔

底纹笔笔身扁平蓄水量大，笔毛为羊毫制成的，毛层较薄，涂色均匀，用于打底色、大面积涂色和裱纸刷水之用。

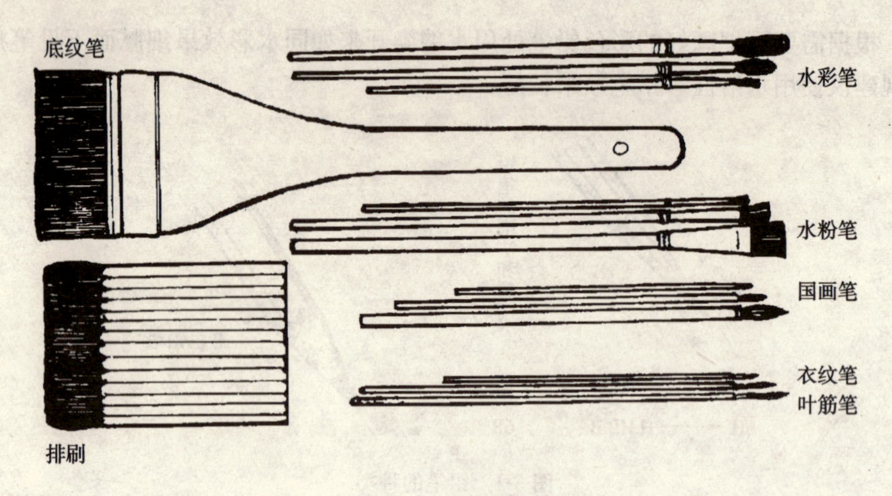

图 3-3　毛笔的类型

2.2.5　马克笔（图 3-4）

马克笔色彩系列丰富，有暖色系、冷色系及中性灰色系列，品种多样，大部分为进口。马克笔有油性和水性之分。笔头规格主要有方头和圆头之区别。水性马克笔为透明的，油性马克笔有透明与不明之分，多数为透明色。水性马克笔使用寿命较油性长，油性易挥发不宜久存，油性马克笔大部分使用了防水溶剂墨水，附着力较好，无论水性、油性使用起来各有特点，根据需要和习惯适当选择。

2.2.6　喷笔（图 3-4）

喷笔是由喷射笔杆及其导线和空气压缩机所构成。口径从 0.2～0.8mm。喷笔最大优势是表现光感，比如实体表面、透明表面、反射光表面，尤是灯光照明效果是其他任何工具所无法达到的。

图 3-4　喷笔、马克笔

2.3　颜　　料

效果图常用的颜料（图 3-5、图 3-6）分为两大类，一类是透明的，另一类是不透明的。透明色有液体状的，也有乳状的，还有固体块状的，其颜色的深浅浓淡都是以水来调节的。

2.3.1　水状水彩颜料

(1) 水状水彩颜料有瓶装和本装干片两种，是透明的颜色，它的特点是颗粒分子细且异常活跃，易于流动。色彩极其艳丽，浓度极高，颜色上色后洗不掉，不便修改。

(2) 根据它的这种特性常把它作为铺效果图底色之用，制成色纸或局部大面积铺色之用。原则是少用色多用水，颜色越稀释越艳丽，越单纯越漂亮，一遍颜色最为漂亮。

（3）使用此颜色要注意一次渲染完成，少覆盖，少重叠，适于快速表现技法。

（4）使用颜色必须慎重小心，尽量使用单纯色避免颜色混合调配，否则会造成混乱而不好收拾。

（5）需要强调的是这种颜色对于纸面有特殊的而严格的要求，即纸面不能有丝毫的损伤，否则会影响画面效果，因此尽量避免使用橡皮擦，表面必须保持洁净，不能有尘埃。

（6）本装干片颜料是纸装成本的干片颜色，需用毛笔沾水再用笔尖沾少许的干片颜色使用，干片颜色可裁剪成块集贴于一个平面上，使用起来会很方便，其颜色特性同于水状水彩颜料。

2.3.2　乳状水彩颜料

（1）乳状水彩颜料一般为铅锌管装，也有塑料管装的，其色彩透明，淡雅，层次分明。用水来调节颜色的深浅浓淡，水越多颜色越浅越淡，越雅致。

（2）颜料性能较温和，相比水状颜料好把握，既容易上色也容易修改，画错了可用清水洗掉，干后重新画。

（3）颜色覆盖重叠后能隐现透出底层的颜色，效果既透亮又丰富。不同色相的颜料叠加后会出现不同的效果，含蓄而厚重。

（4）此颜料与水粉颜料及其技法结合使用会收到很好的效果，表现干、湿、浓、淡以及不同的空间环境气氛会更贴切。

2.3.3　固体块状水彩颜料

（1）固体块状水彩颜料为盒装 12 色排色，使用起来很方便，其颜色透明细腻质量优良，非常好用，它集水彩乳状颜料之所有优点，是一个理想的绘图颜料。

（2）绘制效果图若单独使用此一种颜料会有一定的局限性，最理想的是同其他颜料配合使用，如用透明水色铺色底子或大面色块，用水粉颜料表现局部不透明或厚重的材质及不同的肌理刻画，这样互相补充会获得好的效果。

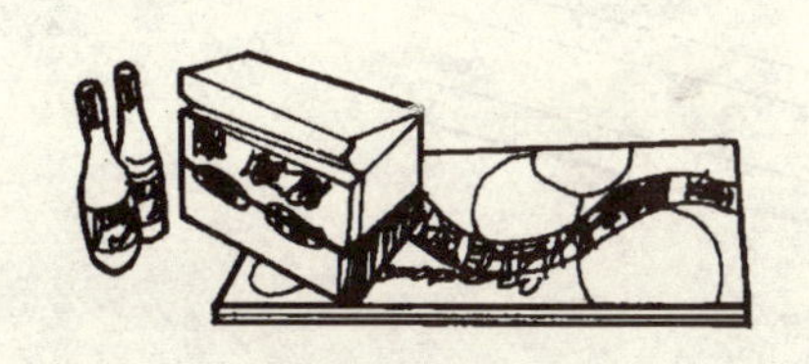

图 3-5　透明水色

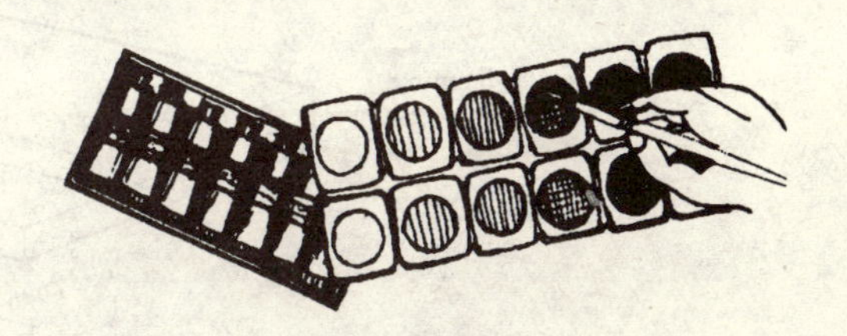

图 3-6　透明水彩

2.3.4　水粉颜料（图 3-7）

（1）水粉颜料为乳状，不透明色，又称广告色，有瓶装和袋装两种，袋装为锡管装，比较好用，用水来调节颜色的干湿，浓淡，用水粉白色来调节颜色的深浅。

（2）由于颜色含有粉质，易干且具有极强的覆盖能力，也便于修改。

（3）水粉颜料与水彩颜料的性质有很大的区别，把握起来相对比较难，因为水粉存在着变异性，湿时颜色较深显色真实，干后颜色变浅变粉，显色变得不准确了，一张水粉画

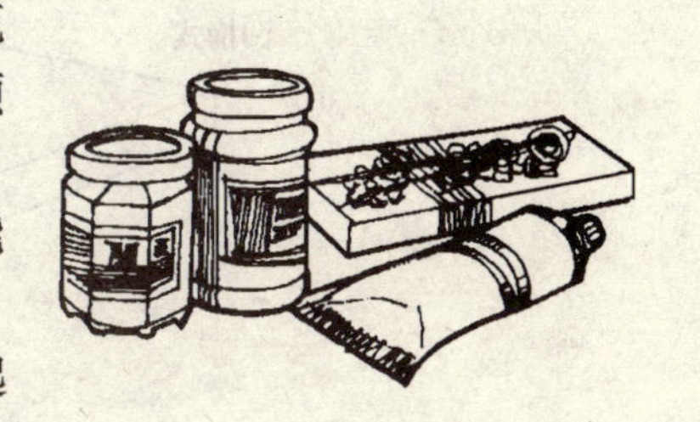

图 3-7　水粉

经过一段时间的光照后容易褪色，而水彩则一般不会。

（4）水粉颜色混合使用后很容易变脏、变灰，变得颜色倾向模糊，因此要严格控制颜色的混合的色数，避免这种情况的发生。

2.4 界　　尺

2.4.1 什么是界尺

界尺也称槽尺或靠尺，是效果表现图不可缺少的一个重要工具，即用毛笔画直线，画出的线要求笔直挺拔，这是徒手画线所无法做到的，它必须借助界尺并抵靠住界尺边缘的一支硬笔（端头尖的）的规靠来规范这支毛笔的距离和位置，从左向右所画出的线，自然会笔直挺拔。界尺的材料不限，可木制，可塑料，可金属，可有机玻璃。

2.4.2 界尺的作用

界尺技法需要一定的使用技巧，掌握起来并不难，关键是实践，动手训练中，你自己就知道其中的奥妙了。

界尺在效果图表现中所起的作用是至关重要的，在效果图绘制全过程中离不开它的使用，从画线到涂色它始终是充当整理的作用，甚至是起着画龙点睛的作用。装饰表现图区别于其他画种的最大特征就是界尺的作用。

2.4.3 界尺的制作（图 3-8）

界尺常用为台阶式。制作方法是用两个现成的规范的直尺错开重叠粘合而成，两面均可使用，注意粘合剂的使用，一定保证粘牢不可移动，而且错台粘后的两尺要平行。也可以使用任何硬而光滑的两只像尺一样规格的材料制作。选用两块材料最好是一宽一窄，制成的尺一边是错台，另一边是对齐的，这是比较理想的界尺。

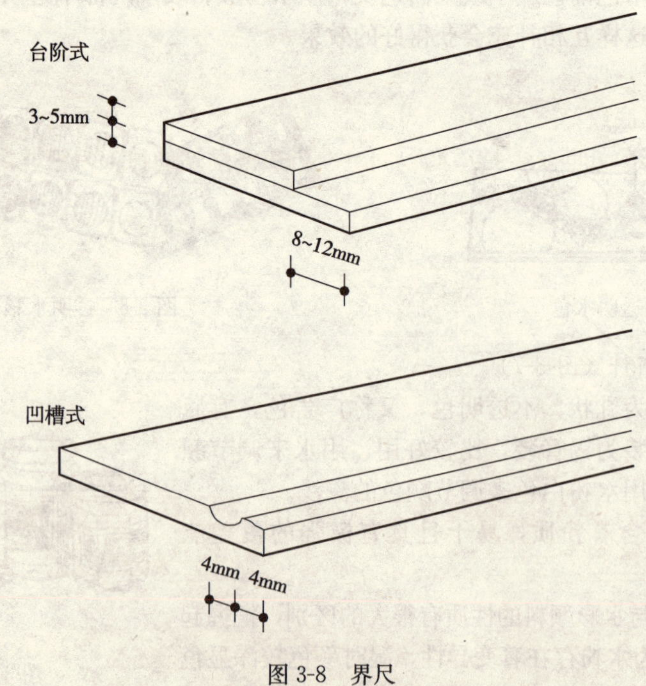

图 3-8　界尺

2.4.4 怎样使用界尺（图 3-9）

(1) 握笔姿势

右手握两支笔，动作与吃饭拿筷子完全相同，相信每个人都能做到，上支笔是毛笔，下支笔是铅笔或其他任何尖圆头硬杆，端头抵在界尺两层台根部。

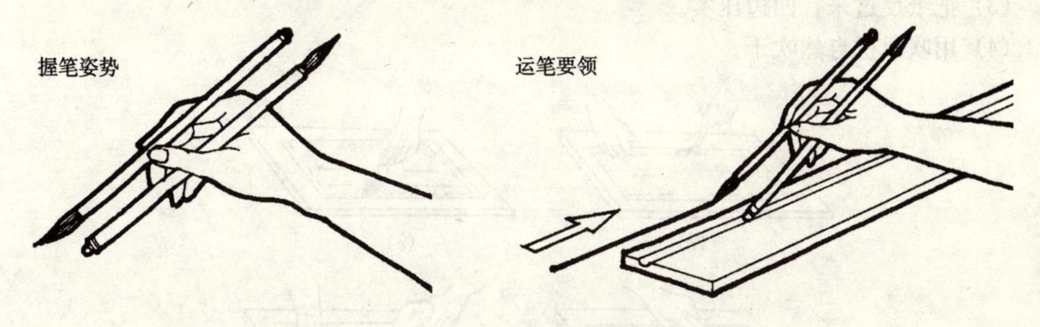

图 3-9 握笔姿势

(2) 运笔要领

手要稳捏两笔，笔要顶紧尺子，注意眼观、运笔匀速，用力均匀，保持线条宽窄一致。

2.5 裱纸

任何纸都有一定的伸缩性，尤其是用于水色渲染的色彩表现图纸，由于它需要含相当的水分，纸张遇湿会膨胀，纸面会出现凹凸的现象，绘制效果图会受到很大影响。因此，色彩表现图一定要裱纸，而且一定要裱好，不能开裂、不能起鼓，因为裱纸的成功与否直接影响着作图的质量，更重要的是裱纸的失败影响学员的情绪而导致失去作图的信心。

2.5.1 正面刷水（图 3-10）

(1) 正面在上，四边向上折边 1cm。

(2) 用板刷或底纹笔沾清水将四边之内轻轻地刷满水，分布要均匀。

(3) 湿毛巾平敷纸面，保持湿润，同时在折边四周均匀抹上糨糊或白乳胶。

(4) 确定图纸的位置，纸面摆正，固定四边。

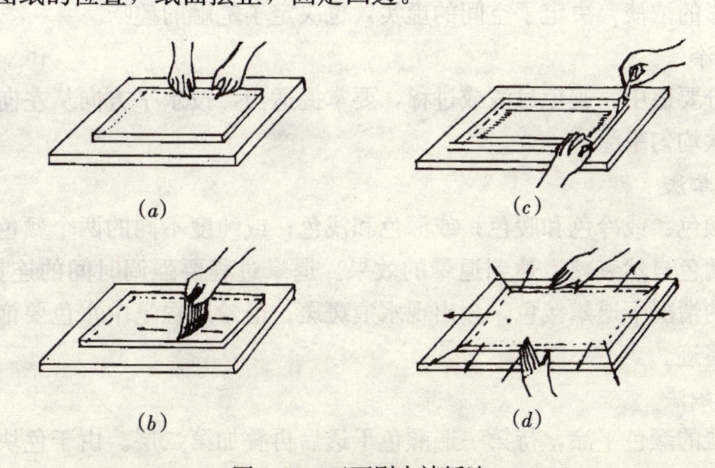

图 3-10 正面刷水裱纸法

（5）取下毛巾。

2.5.2 反面裱纸（图 3-11）

（1）图纸反面在上，四边刷 1cm 的糨糊或白乳胶。

（2）用板刷或底纹笔刷水。

（3）把纸反过来，四边压实。

（4）用吹风机自然吹干。

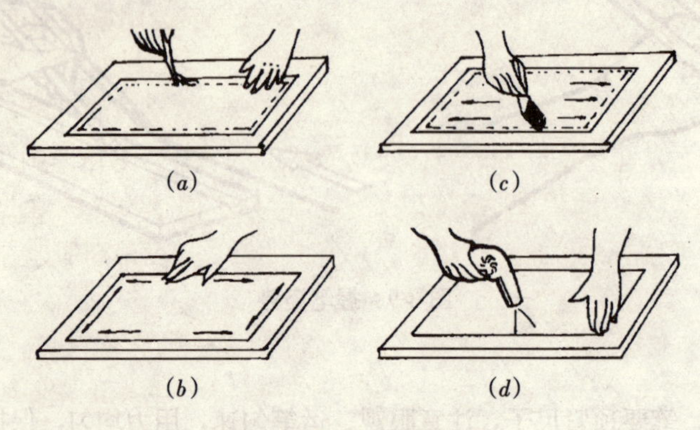

图 3-11 反面刷水裱纸法

课题 3 装饰效果图分类技法介绍

3.1 水彩表现技法

水彩表现技法是建筑画中较为古老的一种技法，水彩色淡雅层次分明，结构表现清晰，适合表现结构变化丰富的空间环境。水彩表现图的特点是色彩明度变化范围小，图面效果清淡雅致。水彩表现要求底稿图形准确、清楚、纸面洁净无损。水彩表现技法的功夫在于用水，一张成功的作品其毛笔与纸面含水量的把握和控制起了决定性的作用，毛笔在纸面上渲染时的运笔速度，色彩干湿接合的时机等都是水彩表现的重要因素，因此水分的把握决定了色彩的浓淡，决定了空间的虚实，也决定了笔触的趣味。

3.1.1 平涂法

调颜色水分要适中，避免过浓或过稀，要掌握适当，按水平方向从左向右，按垂直方向从上向下依次均匀平涂。

3.1.2 退晕法

调出两个颜色：或冷色和暖色；或深色和浅色；或纯度不同的两个颜色；或色相不同的两个颜色，两色自然衰减，达到退晕的效果。退晕过程要强调时间的连贯，不可停顿，若在干湿不同的情况下退晕接色，会出现水痕斑斑。退晕过程笔中水色要饱满，水色不足画面容易产生痕迹。

3.1.3 笔触法

用同一浓淡的颜色平涂，待第一遍颜色干透后再叠加第二层。由于色块叠加的层数不一，色块的深浅有明显的不同变化。先画浅色后画深色，先画主要部位的基本色调，待干后逐次画暗部颜色，最后整理阶段要强调一下最暗部分和高光部位。

3.2 水粉效果图表现技法

水粉画是我国建筑画界颇为盛行的画法，它表现力强，色泽浓艳，对比强烈，明暗层次丰富，具有较强的覆盖性能。用色的干、湿、薄、厚能产生不同的空间效果，综合运用多种工具和材料，发挥各自特长，不拘一格，既缩短了绘制效果图的时间，又提高了工作效率。这种水粉表现技法是一种综合的表现技法，是目前运用最普遍的一种。

3.2.1 技法和步骤

（1）水粉技法绘制要宁薄勿厚，具体讲，大面积易薄，局部可厚；远景易薄，近景可厚。材质不同表现技法也不同，如透明体或高光洁度的物体，易用薄画法，而表现各种厚重的材料可用厚画法。着色的程度是先画大面积，后画小面积，先画薄的地方，再画厚的地方，而某个局部是要强调的地方，往往这个部位是明度、纯度最高的地方（花簇或装饰物）。

（2）步骤

1）为了使画面整体色彩统一协调，也为了强调或增加装饰气氛，有时要选用现成的色纸或自制色纸，后者可用板刷或底纹笔根据画面所需的基本色调薄薄地、清清地刷在纸面上，可一色平涂也可上下或左右退晕，体现光的变化，个别地方需要流出空白，如窗外或某个局部强光亮面。

2）按照光的投射方向来区分空间界面的大致明暗关系，以色彩的明度及冷暖变化表现室内外空间景深。

3）画室内外背景墙部分，一般垂直向体面为上深下浅，这是由于地面的反光作用的缘故，接着画受光的立面。在表现主体内容的过程中要始终强调与画面基调的对比与协调处理。

4）后调整画面，可用白色亮线强调受光面的结构，用较深的类似色线修整暗面的转折，适当运用喷笔、马克笔或彩色铅笔调整画面（强调或减弱）。细尖马克笔或彩色铅笔还可以绘制地毯、墙纸、墙布图案或大理石纹理等。

3.2.2 应注意的问题

（1）上色前纸面不能损伤，尤其是裱纸期间，起稿尽量少用橡皮擦纸，否则会影响着色效果。

（2）颜色调配色数不宜多，否则会造成灰、脏、颜色倾向不明确。

（3）颜色经过反复覆盖会变脏，这时必须洗掉，重新上色，可厚些。

（4）水粉颜色湿时显深，干后变浅，要能识别这种差异。

（5）画明亮的部位要保证三净，即毛笔净、水净、纸面净。

（6）使用水粉白色要谨慎，物体背光面或重颜色要想提高其明度可用橘黄或土黄色，而不是用白，过多使用白色会造成颜色浑浊不透明而且带粉气。

（7）效果图首先要有素描关系，即黑、白、灰的关系，初学者往往不敢用重色或着眼于色彩变化而忽视了最基本的关系。

（8）效果图表现要有主次，有强调的部位有放松的地方，不能到处都清楚，忽视了大关系会造成琐碎影响整体感。

3.3 马克笔表现技法特点

马克笔表现技法是近年来装饰效果图中使用较多的一种技法表现，它的特点是作图快捷方便，效果清新、豪放有活力，工具简单便于使用，不需要调配颜色，选择合适的颜色笔拿过来即用，而且着色速度快，落笔即干，是适于徒手表现的短时间内完成的效果图表现技法。

3.3.1 马克笔用纸

马克笔技法用纸视纸的吸水性而定。马克笔适合于较光滑而吸水性适中的纸面，如复印纸、绘图纸。马克笔技法不适于吸水性很强的纸，因为其墨水会渗透纸纤维中，使颜色显暗、显重，绘出的线条也会带有毛边显粗糙而影响效果。

3.3.2 马克笔技法

马克笔技法的特点是方便快捷，这主要是指马克笔本身的特征，指马克笔操作过程的便捷，但作为技法本身的技术含量并不低，需要一定的功夫，落笔越简单，技术含量越高，进一步讲越简单越概括的东西越需要功底，因为它要求“见笔”，每一笔都要恰到好处，不能出现败笔，这就给马克笔效果图增加了难度，一张成功的马克笔技法表现图要笔触潇洒流畅，运笔速度有节奏，抑扬顿挫富于神气。对于初学者来讲不要求达到高深的水平和太深入的程度，只要求基本应用，会用即可。

要求练习线条的排列，依尺排线或徒手排线。

要练习自由排线平涂方法，体验马克笔的运笔速度和用力程度。

要求练习多层叠加平涂方法，认识各种颜色叠加后的效果。

要求临摹范图。首先临摹某一个局部，体验本技法的表现方法，然后再临摹完整的范图。

纯马克笔技法画幅不宜大，落幅大会空洞，缺乏深度及厚重感。

本技法切忌用色满铺画面，要有重点地进行局部上色，画面会显得轻快而生动。

上色原则是先画大面积后画小面积，先画浅色后画深色的铺色方法。

大面积上色可用宽头笔依次排色，每一笔都将前一笔的边缘覆盖接合，使其交界处湿润衔接会自然得体。

凡要求周边整齐的边缘涂色，尤其是大面积涂色，可采用胶片或纸板做周边遮挡，这样便可以任意地运笔涂色而不受边的限制。

马克笔技法表现要达到一定的深度还需与水彩或水粉颜料配合使用。

规格不同的灰色马克笔可用于轮廓深入刻画，表现体面转折或投影部位效果极佳。

3.4 彩色铅笔表现技法

彩色铅笔表现技法也是一种比较快捷的方法，目前也倍受设计师们的青睐，彩色铅笔表现技法就其工具操作过程而言是比较便捷的，其技法的难易程度与其他表现技法相比较简单而易学，对于初学者来说是一个比较容易把握的技法。

3.4.1 彩色铅笔表现技法的特点

(1) 彩色铅笔表现技法的风格是温和、平静、清淡而雅致。

(2) 彩色铅笔其本身材质的坚硬特点决定了它更容易表现不同材质和肌理的效果，如木材、大理石、针织面料等。

(3) 彩色铅笔表现技法的特点是可以大面积着色也可以留有空白。

(4) 彩色铅笔与普通铅笔的区别在于它不容易着色，颜色在纸面上呈色很浅，因此彩色铅笔用纸避免使用光滑细面纸。

3.4.2 彩色铅笔表现技法

彩色铅笔表现技法与铅笔画素描的方法基本一致，只是换成彩色铅笔画素描而已，其运笔方法基本同于铅笔。表现结构体面关系，近似于画明暗素描、排明确调子的画法来表现。

彩色铅笔表现图的辅助工具是毛笔和擦笔，运用毛笔沾水的韵染方法可以形成水彩的效果，运用擦笔可以达到韵染均匀的细腻效果。

由于彩色铅笔画出的整体效果颜色较浅，明暗对比关系反差不大，因此在最终阶段即画面整理阶段，要进行调整，要强调明暗对比，加大明暗层次，该重的地方一定要让它重下去，该深入的地方一定要深入进去。

彩色铅笔易画易改，深浅可用橡皮来调节，因此可以把橡皮作为一支画笔，利用橡皮的擦改调整颜色的变化。

彩色铅笔与其他表现技法配合使用效果会更好，如马克笔表现技法，水粉表现技法等，在后期画面整理阶段使用彩色铅笔来强调颜色的冷暖变化及深浅变化会收到非常绝妙的效果。

3.5 喷笔表现技法

近年来随着室内装饰行业的竞争的加剧，室内表现图的商业化趋势越来越强，作为手绘技法的喷笔表技法以其速度快、表现效果逼真、明暗过渡柔和、色彩变化微妙而深得装饰业及业主的青睐。

3.5.1 喷笔表现技法的特点

喷绘技法擅长表现大面积和曲面的自然过渡，擅长表现虚与实的对比。

擅长表现表面光滑，反光强的材质，如地面及其倒影、玻璃、金属等质感表现，尤其是灯具和光晕的表现是其拿手而叫绝之处。

3.5.2 喷笔表现技法

颜色的调制，水分不能多，颜色要调稠些，并且要调匀，剔除颗粒杂质，以免喷笔堵塞。

喷笔使用之前笔仓内要浸润点儿清水，再把调好的颜色放进去，在废纸上先试喷一下，再正式喷。

喷笔与图面距离的大小决定了虚实变化的不同，距离越远越虚化。

喷色前遮挡的问题是不可忽视的。方法是把专用的遮挡膜贴在需要遮挡的部位，用刻刀沿图形轻轻滑过，刻透膜即可。正、负形膜都要保存以备换位遮挡。

遮盖膜也可用其他纸（厚纸）代替，同时还需准备些较重的镇尺和小金属块等以备压紧遮挡纸边之用，避免移位造成喷色的侵入。

喷笔绘图的过程中还需有手绘的内容，像陈设、绿化、家具等细节处理必须手绘。

由于喷绘技法的特点决定了此技法中的人物表现必须精道得体，有时手绘很难把握，特别是初学者，因此可采用剪贴的办法来实现其逼真的效果，使整个画面更富有神采。

课题4　不同材质的表现

4.1 砖　石

4.1.1 *砖石表现特点*

大理石颜色高雅、纹理优美，花岗石质地坚硬、晶莹凸透。由于其光洁度极好，有强烈的反光，能显现建筑及室内的宏伟与高贵，因此在商业空间、办公大厦、宾馆及饭店中被普遍使用。

4.1.2 *砖石表现技法*

(1) 其画法是先铺底色，按照石材的固有色分出不同深浅或冷暖的变化，薄薄地铺上。画之前要心中有数，想好再行动，要一气呵成。

(2) 尽可能不用或少用白色，可采用水彩的画法，着重表现其光感，高光处最好留出空白，然后按照石材的纹理的颜色，画出它的肌理、纹路，最好是在颜色未干时画出纹理，这样与底色稍有溶合，自然真实。

(3) 特别要注意，石材纹理要按透视的原则，近大远小，要有空间的深度感。近处的纹理大而清楚，远处的纹理小而模糊或省略。最后用深于底色或浅于底色的线画出石缝。

4.2 木　材

4.2.1 *木材的表现特点*

木质材料在室内装饰及陈设中是一种不可或缺的材料，因为纹理自然细腻，色泽美观，结合油漆能产生深浅及光泽不同的色彩效果，尤其是与人贴近有温暖可亲之感，而且加工非常方便。

4.2.2 *木材的表现技法*

(1) 其画法是先铺底色，后画木纹。

(2) 木材的设色可饱满些，颜色可一次调足，尤其是大面积木材的绘制。铺底子时要把明暗光影、冷暖变化稍加渲染，然后用衣纹笔勾画纹理，用色要比底子稍深的颜色水画出，强调纹理流畅，轻松活泼，疏密相间，富于变化。

(3) 根据不同木材的纹理采用不同的工具，如直纹木可使用水粉笔使笔尖分岔并使用槽尺画出木纹。用笔很关键，要使用笔尖，利用笔尖分岔画出它的自然纹理，毛笔含水也要适中，不能多也不能太少。可强调一些反光（使用喷笔），增强其光洁度及质感效果。

(4) 另一个画法是不铺底色用水粉笔调好颜色直接画出，笔序是可排列画出，也可边沿重叠画出，重叠处颜色会深，由于颜色是湿接合的，因此木纹的深浅变化非常自然，表现出的效果很逼真。最后可强调一些反光（使用喷笔），增强其光洁度及质感效果。

4.3 金属表现技法

4.3.1 金属表现特点

现代建筑及室内使用金属材料也是多见的。对于不铸钢来说有发纹不铸钢和镜面不铸钢之分，发纹不铸钢的光感比较柔和均匀。而镜面不铸钢由于它表面感光灵敏，几乎全部反映周围映像，因此它光感强烈。

4.3.2 金属表现技法

(1) 金属表面光感强烈，明暗对比反差大，因此金属表现要注意局部阴影的颜色很重，反光很亮。

(2) 金属表现要概括，抓大体，抓主要的东西，可概念地表现明暗及设色（蓝灰色），要表现出闪烁变幻的光感，可采用退晕的方法，应趁湿接色，效果自然。

(3) 为了更好地表现其质感和立体感，要求使用界尺，拉出笔直挺拔的色面和色线。

(4) 背光面的反光要明显，高光部位要留出空白，面与面的转折处要用白线与暗线来强调，这对于质感的表现，将起着画龙点睛的作用。

4.4 玻璃表现技法

4.4.1 玻璃表现特点

玻璃的特点是透明，技法的特点也是透明，所谓技法"透明"是指你不用考虑如何画玻璃而是你只管画玻璃后面的东西，后面是什么你就画什么，只是不用画的太实、太真，然后才考虑表现玻璃。

4.4.2 玻璃表现技法

(1) 玻璃的画法是把透过玻璃的影像概括地画出（不必太具体），以湿画法为主，色中忌加水粉白色，以保证色彩的透明感。

(2) 待干透后局部一角罩一层较淡的蓝绿色，用笔要轻，避免破坏底色，再用水粉笔蘸一点儿白色，画出几道光线，稍有虚实变化，要求使用界尺，运笔速度要快，干脆利落，不可重笔，表现出玻璃坚脆的质感。

(3) 玻璃窗外的景物尽量不做具体刻画，可稍做退晕变化，避免造成喧宾夺主，影响室内整体效果。

4.5 织物类

4.5.1 地毯

(1) 地毯表现特点

地毯质地大多松软，有一定的厚度，在受光后没有大的明暗差别，家具及陈设的投影也没有太强的对比，表现可自然些。

(2) 地毯表现技法

1) 有些地毯的特殊表现是为了画面的需要，是有意强调地毯的局部光亮。

2) 图案的描绘不宜太细，即使很清晰的图案，也不应太具体，要概括地表现。地毯如边缘绒毛的刻画可用短而颤的笔触点画，生动、活泼。

3) 表现地毯要特别注意图案的透视，不能忽视，否则会造成空间的不稳定之感，影响整幅画面的效果。

4.5.2 窗帘与沙帘

(1) 窗帘与纱帘表现特点

窗帘幅面宽大在室内空间中占有相当的位置与作用，对于居室的风格、色调的把握起着举足轻重的作用，窗帘与纱帘用笔表现要轻松、活泼、飘逸，避免死板。

(2) 窗帘与纱帘表现技法

1）其画法是先铺底子（固有色），根据其受光及反光的情况可分出上下或左右的明度或冷暖变化进行渲染。

2）用白云笔或较粗的勾线笔蘸比底子重的颜色画出皱褶，垂线可使用界尺，粗细间隔要有变化，毛笔里含色要饱满，最后点出阴影及高光部位。

3）纱帘的画法是先描绘窗外景（简单些），干后用白色薄薄地轻轻地罩上一层，然后用叶筋勾线笔画出白色皱褶。表现方法有两种，一种是用挺拔的白细线画出它的皱褶变化，另一种表现是用钝头毛笔蘸白色画出较粗的线，表示重叠的纱窗，白线越宽表示重叠的面越大。

4.6 灯具与光影

4.6.1 灯具与光影表现特点

光影是造型的生命，有了光影人才能感知体积和空间的存在，因此对于光影的描绘历来是室内表现图的根本所在。灯具的造型样式及其光影的渲染效果直接影响着整个室内设计的格调、气氛以及效果图的表现水平。

4.6.2 灯具与光影表现技法

(1) 灯具的表现手法不拘一格，可根据不同的灯具选择不同的表现手法，如与人距离较近的地灯、台灯、壁灯等单个小型灯具的刻画可深入些，而大的厅堂中，成组的灯具或几个大吊灯的刻画则不要过于精细，主要是表现大的效果和整体气氛。

(2) 在起好轮廓的基础上用较暗色（暖色）和亮色（柠檬黄加白）画出形体，然后用白色点出高光，用喷笔在灯的周围适当位置以及高光处喷出光感。

(3) 灯光的表现主要是借助明暗对比来实现，因此在调整阶段可有意识地将主体灯光的背景或其中一部分处理得更深一些，光源则会显得更亮。

(4) 舞厅的光影明暗对比最为强烈，其光影效果的表现必须使用喷笔，若没有条件可使用彩色铅笔涂出光线，用卡纸当挡板，其边沿一定要虚化，可用橡皮稍做处理。也可使用牙刷和铁纱网把颜色轻轻刷上，方法是将颜色调得稠些，牙刷蘸色要少，这样刷出的颜色颗粒小而均匀，灯光的效果会更趋于自然。

4.7 室内绿化

4.7.1 室内绿化表现特点

绿化在室内所起的作用是其他任何室内装饰、陈设所不能替代的，它可以改变空间的形态，起柔化空间的作用。一张精心绘制的表现图它的配景、植物的配备也应是精心安排的，尤其是画面前伸出的几枝叶子，若处理欠妥会造成整幅画面的破坏是非常遗憾的事情，尤其对于初学者更是如此。

4.7.2 室内绿化表现技法

(1) 掌握几种植物的表现方法是必须的，像蒲葵、凤尾竹、龟背竹、巴西木等。

(2) 方法是熟悉枝叶的形状和姿态，首先把形起好，下笔要果断，用笔要舒展，一气呵成，尽量不重笔，避免涂改。

(3) 先画重色，再画中间色，最后用亮色点高光。尤其是画面前的枝叶，它起着填补空白，压住阵脚，平衡画面的作用，根据构图的需要，枝叶的经营位置要得体，姿态要美，用笔也要美。

4.8 室内陈设

4.8.1 室内陈设表现特点

室内陈设始终是从表达思想内涵和精神文化方面为着眼点，一般分为纯艺术品和实用艺术品，像书画、工艺美术品、案头摆设及日用装饰品等。它对室内空间形象的塑造、气氛的表达、环境的渲染起着物质功能所无法代替的作用，是室内空间必不可少的内容。

4.8.2 室内陈设表现技法

(1) 其表现手法是简单概括，着笔精炼，注重大效果，用笔不多又能体现其质感，这需要用色彩静物写生作为基础，增强概括表现的意识，强调表现能力。

(2) 陈设表现是要见功夫的，对于初学者来说要想画好，必须找好临本样子进行临摹，临本的选择直接影响着绘画效果。

4.9 人　　物

4.9.1 人物表现特点

建筑画上的人物及室内表现的人物配置，可显示建筑及室内的尺度，体现出远近距离的空间感，特别是它能增加画面的气氛。虽然它在画面所占位置很小，但它所起的作用却是非常重要的。

4.9.2 人物表现技法

(1) 人物表现得体，会给整幅画面带来神气，因此人物应画得潇洒、轻松，但人物造型不能马虎，人头切忌画大，要注意人在画面中的远近距离感，根据距离确定人物的比例。

(2) 人物表现要简练、概括，运笔勾点要利落、果断，远景人物可平涂设色，不做明暗体积，中景人物可稍做明暗，但头部五官一般不做刻画。

(3) 步骤是先确定人物的位置、比例和姿态，再用纯色点染服装，用色要饱满，不加水，先画身体后画头颈，便于把握人物姿态。

4.10 交通工具

4.10.1 交通工具表现特点

建筑画上的轿车是为增添画面气氛而加上的，透视及比例在画面中处理不好会影响整体大效果，尤其是车身尺度与人体之间的相对比例。

4.10.2 交通工具表现技法

(1) 一般情况，轿车的高度略低于人高，车身长约三个人高，车身宽约一个人高。在表现图中轿车最后画，先安排好位置和方向，起好轮廓。

（2）车身分水平和垂直两面，垂直面使用略深的固有色，水平面用浅而鲜亮的颜色，待色干后，画玻璃，用灰蓝或茶灰色薄薄地罩上一层，车内人物隐约可见，然后点画高光，玻璃反光要有虚有实，车身两个面转折处画亮线，亮面局部稍做反光。车灯、保险杠用灰色并点出高光，车轮用灰色画出轮圈，最后可表现车身阴影和车灯发出的光。

4.11 水面、喷泉

4.11.1 水面、喷泉表现特点

没有风浪的水面往往呈现出倒影，反映其上的景物（建筑），绝对静止的水面是少有的，因此倒影经常受微波的影响，映像被拉长或变形扭曲，也可能反映天空或其他景物。

4.11.2 水面、喷泉表现技法

（1）在表现图中，不要过分强调其映像，要使它含在较深的水色中，朦胧而虚幻。

（2）明度、纯度、色相的对比关系都要减弱，为打破垂直向倒影的呆滞感，有时可表现水平方向的微波涟漪，仅反映浅色的天空，无倒影，并根据构图的需要来表现。

（3）喷泉水柱应表现出透明的雾状效果，应使用喷笔并要注意与画面的距离，表现出水柱的虚实轻重变化。

附　图

见彩图 3-12～彩图 3-84。

水粉表现技法步骤图（西餐厅雅间），见彩图 3-65～彩图 3-68。

单元4　建筑装饰装修施工图

知 识 点： 学习建筑装饰装修施工图的组成、制图标准要求，以及装饰装修施工图的识读和绘制方法。

教学目标： 明确装饰装修施工图的制图标准，会识读和绘制一般装饰装修施工图。

课题1　建筑装饰装修施工图概述

建筑装饰装修施工图是按照装饰设计方案图所确定的空间效果、设计尺度、构造做法、材料选用、施工工艺等，并遵守建筑及装饰设计规范所规定的要求编制的用于指导装饰施工生产的技术文件。建筑装饰装修施工图同时也是进行造价管理、工程监理等工作的主要技术文件。建筑装饰装修施工图按施工范围分为室内装饰施工图和室外装饰施工图。

1.1　建筑装饰装修施工图的特点

建筑装饰装修施工图的图示原理与建筑施工图的图示原理相同，是用正投影方法绘制的用于指导施工的图样，制图应遵守现行《房屋建筑制图统一标准》(GB/T 50001—2001) 的要求。建筑装饰装修工程施工图反映的内容多、形体尺度大，通常选用一定的比例、采用相应的图例符号和尺寸标注、标高等加以表达，必要时绘制轴测图、透视图等辅助表达，以利识读。

建筑装饰装修施工图通常是在建筑设计的基础上进行的，由于设计深度的不同、构造做法的细化，以及为满足使用功能和视觉效果而选用材料的多样性等，在制图和识图上有其自身的规律，如图纸的组成、施工工艺及细部的表达等都与建筑施工图有所不同。

装饰设计同样经方案设计和施工图设计两个阶段。施工图设计是装饰设计的重要程序和主要工作。

1.2　建筑装饰装修施工图的组成

建筑装饰装修工程施工图一般由装饰设计说明、平面布置图、楼地面平面图、吊顶平面图、室内立面图、装饰详图等组成。其中设计说明、平面布置图、楼地面平面图、顶棚平面图、室内立面图为基本图样，表明装饰工程内容的基本要求和主要做法。装饰详图等是反映装饰施工细部做法的图样，用于表明节点形式、细部尺寸、凹凸变化、工艺要求等。在一套图纸中，通常以基本图纸在前详图在后的顺序排列。

1.3　建筑装饰装修施工图的制图标准

1.3.1　图样的比例

由于人的活动需要，装饰空间要有较大的尺度，为了在图纸上绘制施工图样，通常采用缩小的比例绘图，如表 4-1 所示，绘图时应优先采用常用比例。可用比例是指常用比例不易表达时选用的比例。

1.3.2 图例符号

建筑装饰装修工程施工图的图例符号应遵守《房屋建筑制图统一标准》(GB/T 50001—2001）的有关规定，除此之外应设计表达的需要还可采用表 4-2 的常用图例。

建筑装饰装修施工图绘制比例 **表 4-1**

序号	图样名称	常用比例	可用比例	备注
1	装饰平面布置图、楼地面平面图、顶棚平面图、室内立面图、墙（柱）面装饰剖面图等	1∶50、1∶100、1∶150	1∶40、1∶60、1∶80	一般情况下，一个图样应选用一种比例
2	装饰详图	1∶1、1∶2、1∶5、1∶10、1∶20	1∶3、1∶4、1∶6、1∶15、1∶25、1∶30	

建筑装饰装修工程施工图部分常用图例 **表 4-2**

图例	名称	图例	名称	图例	名称
	单扇门		其他家具（写出名称）		盆花
	双扇门		双人床及床头柜		地毯
	双扇内外开弹簧门				嵌灯
					台灯或落地灯
	四人桌椅		单人床及床头柜		吸顶灯
					吊灯
	沙发		电视机		消防喷淋器
					烟感器
	各类椅凳		帘布		浴缸
	衣柜		钢琴		脸面台
					座式大便器

1.3.3 字体、图线等其他制图要求

字体、图线等其他制图要求与建筑施工图相同。

图纸目录及设计说明：一套图纸应有自己的目录，建筑装饰装修施工图也不例外。在第一页图的适当位置编排本套图纸的目录（有时采用 A4 幅面专设目录页），以便查阅。图纸目录包括图别、图号、图纸内容、采用标准图集代号、备注等，如图 4-1 所示。图别中的“装施”即建筑装饰装修施工图的简称，图号中的“1”即图纸的第一页。

在建筑装饰装修工程施工图中，一般应将工程概况、设计风格、材料选用、施工工艺、做法及注意事项，以及施工图中不易表达，或设计者认为重要的其他内容写成文字、编成设计说明（有时也称施工说明），如图 4-1 所示。

住宅室内装饰施工图首页

图纸目录

图别	图号	图纸内容	采用标准图集代号	备注
装施	1	图纸目录及设计说明		
装施	2	平面布置图		
装施	3	地面平面图		
装施	4	顶棚平面图		
装施	5	室内立面图		
装施	6	客厅墙身剖面图		
装施	7	装饰详图		

设计说明

本图为住宅室内装饰施工图，按业主认可的效果图设计、绘制，为现代式风格。为方便施工，特做如下说明：

1. 吊顶采用轻钢龙骨（不上人）、封纸面石膏板，板缝、板面批腻刮白（板缝贴绷带）、罩白色乳胶漆 3 遍。

2. 墙柱面采用 30mm×40mm 木龙骨，罩防火涂料 2 遍；基层为九厘板，面层板选用请遵照相应施工图。

3. 所有木作面罩透明聚脂清漆 6 遍。

4. 地面花岗石选用：

(1) 客厅及餐厅：800mm×800mm×20mm 幼点白麻，中央拼花，详见装饰 7。1∶3 干硬性水泥砂浆铺贴。

(2) 卧室：铺设成品胡桃木地板，用 40mm×50mm 木龙骨架空铺设（水平间距 450mm）。

其他房间：铺贴米黄色全瓷砖，厨房、卫生间贴防滑米色全瓷砖。有水房间瓷砖铺贴坡向地漏，坡道 1%。1∶3 干硬性水泥砂浆铺贴。

5. 墙面除木作、贴瓷砖外，均批腻、刮白 3 道，再罩白色乳胶漆 3 遍。

6. 说明中未尽事宜，请遵守现行施工验收规范。

图 4-1　首页图举例

课题 2　平面布置图

2.1　平面布置图的形成与表达

平面布置图是装饰施工图中的主要图样，它是应用装饰设计原理、人体工学以及用户的要求来表达的用于反映建筑平面布局、装饰空间及功能区域的划分、家具设备的布置、绿化及陈设的布局等内容的图样，是反映装饰空间平面尺度及装饰形体定位的主要依据。

平面布置图是假想用一个水平剖切平面，沿着每层的门窗洞口位置进行水平全剖切，移去剖切平面以上的部分，对以下部分所作的水平正投影图。剖切位置选择在每层门窗洞口的高度范围内，剖切位置不在室内立面图中指明。它是一种事先的约定，与建筑平面图一样，实际上是一种水平剖面图，但习惯上称为平面布置图，其常用比例为 1∶50、1∶100和 1∶150。

平面布置图中剖切到的墙、柱轮廓线等的内容用粗实线（b）表示；未剖切到但能看到的内容用细实线（$0.25b$）表示，如家具、地面分格、楼梯台阶等，在平面布置图中门扇的开启线宜用细实线表示。

2.2 平面布置图的识读

现以图 4-2 效果图所示的某餐厅的室内装饰施工图为例加以说明。从效果图可见该餐厅柱子由玻璃装饰，显得晶莹透亮、体积小；顶棚中间有三组大型吊灯及圆形吊顶造型；左右两侧有纵向槽灯；门及门套等用深色木作装饰；地面为浅色地砖。

图 4-2 某餐厅效果图

图 4-3 为其一层平面布置图，识图步骤如下：

(1) 先浏览平面布置图所反映房间的功能及布局，熟悉其基本内容

该平面图反映了所装修的餐厅和与此毗连的楼梯间、自动扶梯和右侧包间平面位置、形状（包间不在本次设计中，故未画出功能布置）。餐厅范围的墙柱位置、开间进深、定位轴线等尺寸。餐厅中除有圆形餐桌外，还有上、下、右侧布置的四人座长方形餐桌。餐厅最左墙面的中间位置，有圆弧地台一座，台面标高 0.180m。

(2) 注意图中的说明文字、索引符号

图中地面选用 800mm×800mm 的全磁地砖（地面有拼花时还需画出地面平面图）。对有详图的部位画出了索引符号。

(3) 理解平面布置图中的内视投影符号

内视投影符号是用于表示墙面展开图的投影方向及其编号，如图 4-3 所示的图中的符号。每个圆圈中的大写字母代表墙立面的编号，符号中涂黑的直角所指的方向即为所属墙立面的方向。如代号“A”所指的墙面是Ⓖ轴线墙面，“D”所指的墙面是③轴线墙面。图 4-3反映了视线沿“D”向，即从右向左观看的室内空间效果。内视投影符号直径 ϕ10～20 左右，形式如图 4-4 所示样式。

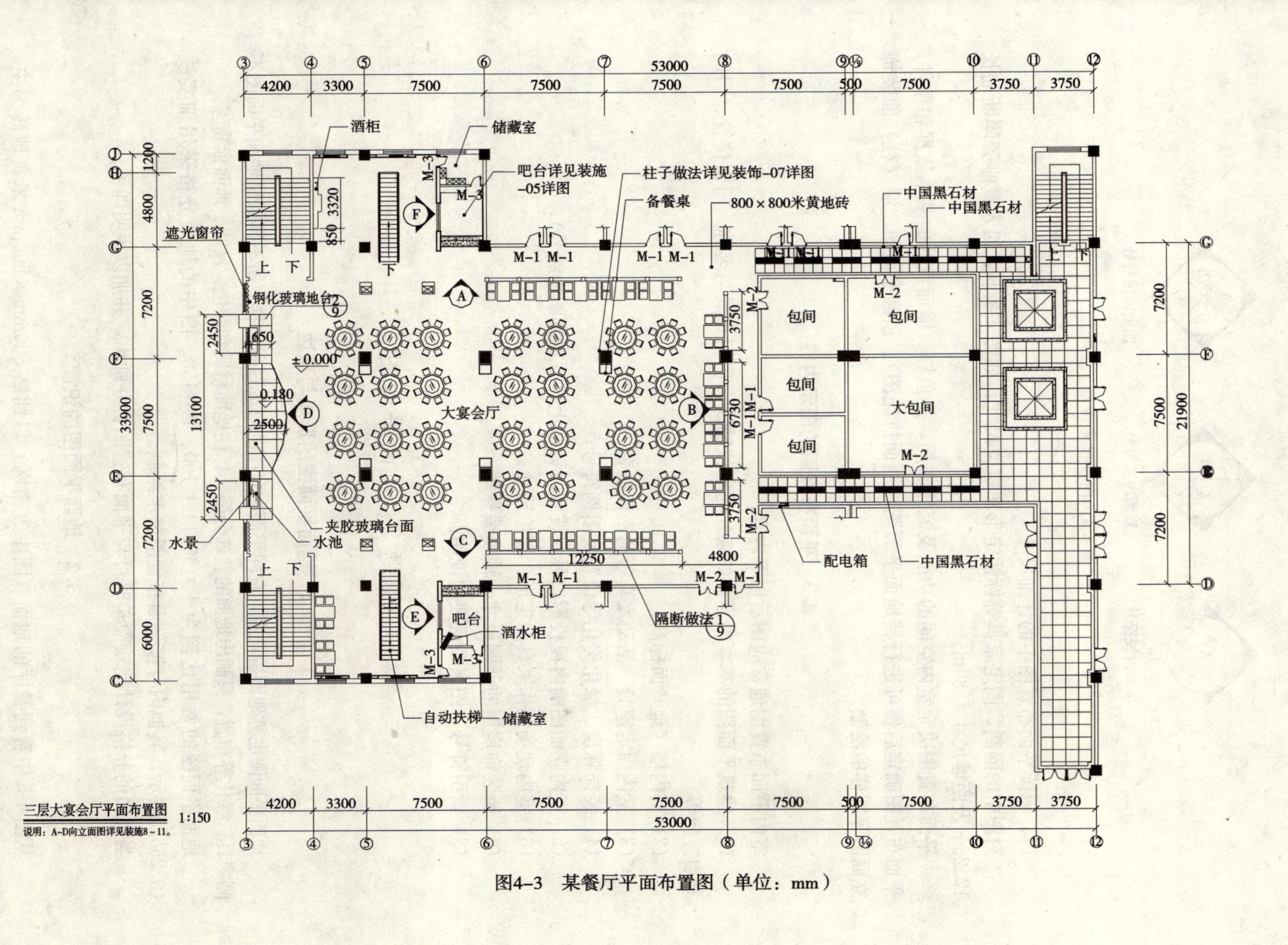

图4-3　某餐厅平面布置图（单位：mm）

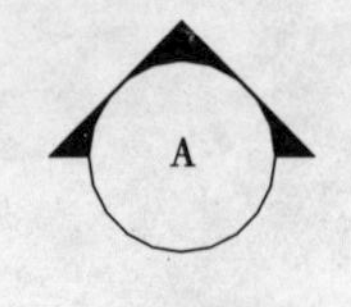

单面内视符号

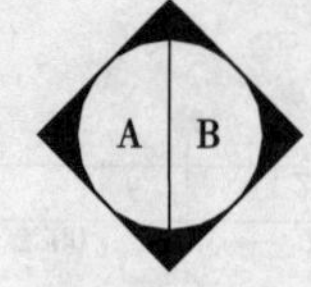

双面内视符号

四面内视符号

图 4-4 内视投影符号

(4) 识读平面布置图中的详细尺寸

对图中的隔断、固定家具等标注定形和定位尺寸，如图 4-3 下方四人餐座旁隔断的长 12.25m 及距墙尺寸 4.80m。

平面布置图决定室内空间的功能及流线布局，是顶棚、墙面设计的基本依据和条件，平面布置图确定后便可进行楼地面平面图（地面拼花图）、顶棚平面图、墙（柱）面装饰立面图等图样的绘制。

2.3 平面布置图的图示内容

室内平面布置图通常应图示以下内容：

(1) 建筑平面图的基本内容，如墙柱与定位轴线、房间布局与名称、门窗位置、门的开启方向等；

(2) 室内楼（地）面标高；

(3) 室内固定家具、活动家具等的平面位置；

(4) 装饰陈设、绿化美化等位置及图例符号；

(5) 室内立面图的内视投影符号（按顺时针从上至下在圆圈中编号）；

(6) 室内现场制作家具的定形、定位尺寸；

(7) 所装饰房屋的外围尺寸、轴线编号等；

(8) 索引符号、图名及必要的说明。

课题 3 地面平面图

3.1 地面平面图的形成与表达

地面平面图也称地面拼花图，它同平面布置图的形成过程一样，所不同的是地面平面图不画家具、绿化等布置，只画出地面的装饰分格，标注地面材质和颜色、尺寸、地面标高等。

地面平面图的常用比例为 1∶50、1∶100、1∶150。图中的地面分格采用细实线 (0.25*b*) 表示，其他内容按平面布置图要求绘制。

当地面的分格设计比较简单时可与平面布置图合并画出，并加以说明即可。

3.2 地面平面图的识读

从图 4-5 中看到餐厅的地面（图中方格网）以铺贴 800mm×800mm 米黄地砖为主。在墙、柱的周边镶贴有中国黑石材，宽为 150mm。在两侧的走廊中也镶贴了长方形中国黑

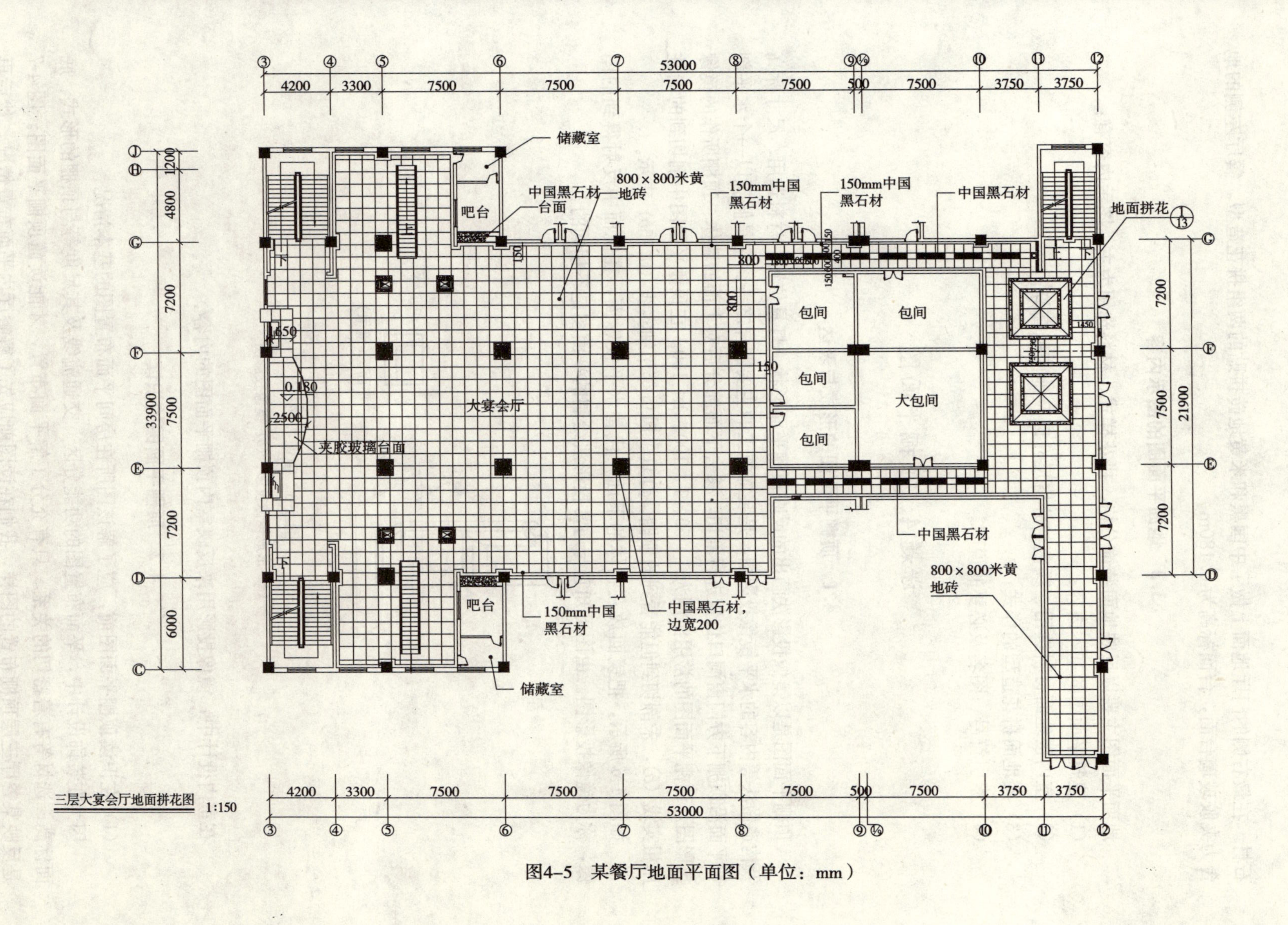

图4-5 某餐厅地面平面图（单位：mm）

石材。在最右侧的门厅地面上做了中国黑和米黄地砖拼贴的两组拼花造型。餐厅左侧的地台为夹胶玻璃台面，台面标高为 0.180m。

3.3 地面平面图的图示内容

地面平面图主要以反映地面装饰分格、拼花样式、材料选用为主，图示内容有：

（1）建筑平面图的基本内容；

（2）室内楼地面材料选用、颜色与分格尺寸以及地面标高等；

（3）楼地面拼花造型的样式；

（4）索引符号、图名及必要的说明。

课题 4 顶棚平面图

4.1 顶棚平面图的形成与表达

顶棚平面图是以镜像投影法画出的反映顶棚平面形状、灯具位置、材料选用、尺寸标高及构造做法等内容的水平镜像投影图，是装饰施工的主要图样之一。它是假想以一个水平剖切平面沿顶棚下方门窗洞口位置进行剖切，移去下面部分后对上面的墙体、顶棚所作的镜像投影图。顶棚平面图的常用比例为 1∶50、1∶100、1∶150。在顶棚平面图中剖切到的墙柱用粗实线（b），未剖切到但能看到的顶棚、灯具、风口等用细实线（$0.25b$）表示。

如图 4-6 所示，把镜面放在物体的下面，代替水平投影面，在镜面中反射得到的图像，称为镜像投影图。由图可知它与通常投影法绘制的平面图是不相同的。

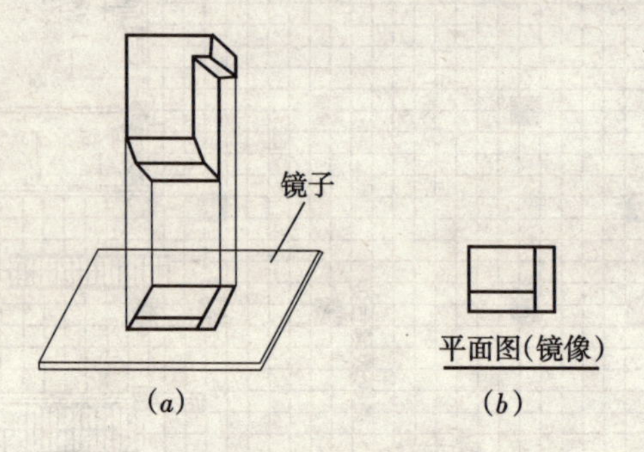

图 4-6 镜像投影

（a）形成镜像投影；（b）镜像投影图

在室内设计中，镜像投影用来反映室内顶棚平面图的内容。

4.2 顶棚平面图的识读

（1）在识读顶棚平面图前，应了解该图所在房间平面布置图的基本情况

因为在装饰设计中，平面布置图的功能分区、交通流线及其尺度等与顶棚的形式、底面标高、选材等有着密切的关系。只有充分了解平面布置，才能读懂顶棚平面图。图 4-7 是反映某餐厅三层顶棚布置的图样，我们在读图前应先了解餐厅内平面布置情况，然后再

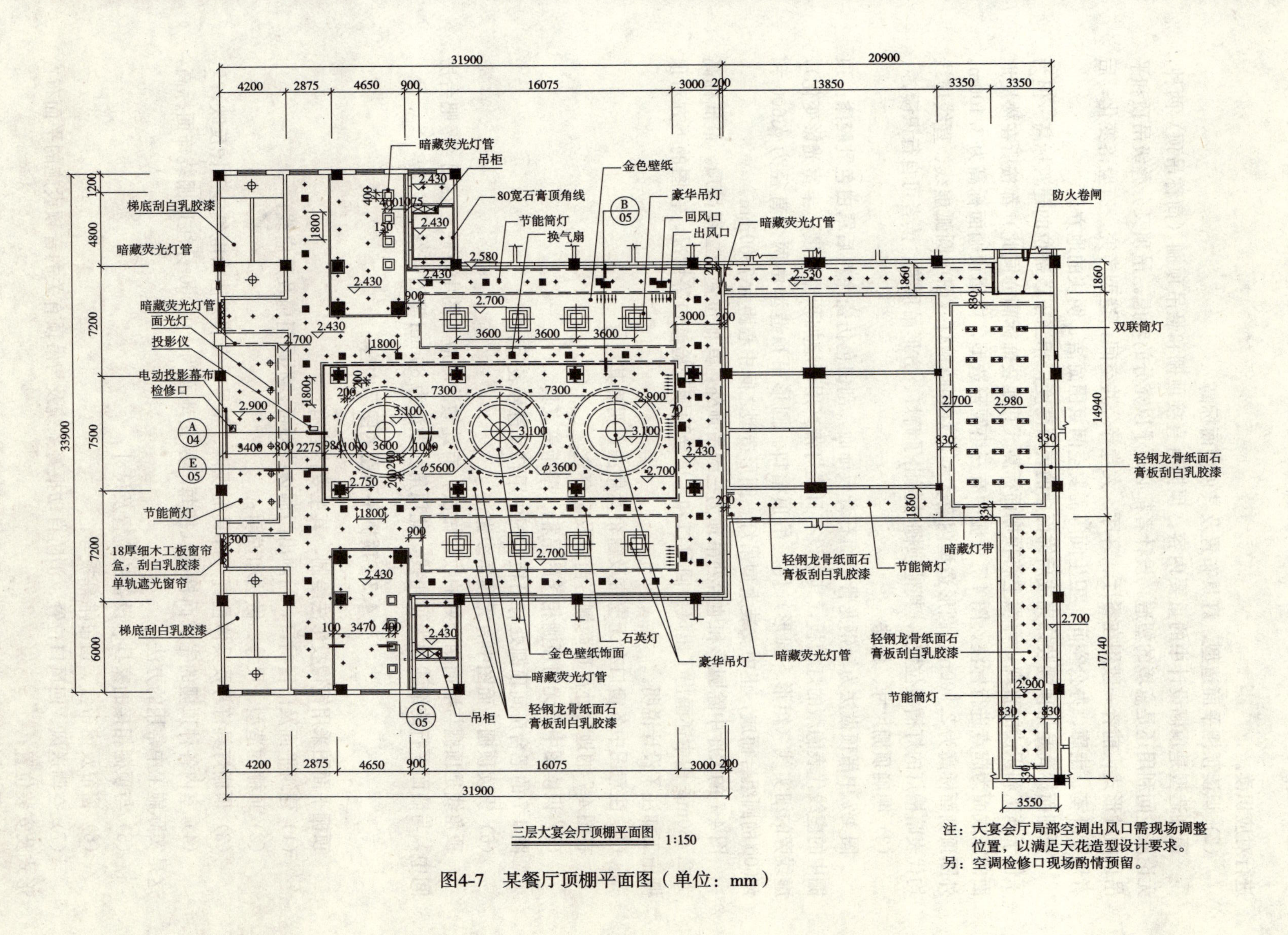

图4-7 某餐厅顶棚平面图（单位：mm）

进行对应识读。

（2）识读顶棚平面造型、灯具布置及其顶棚面标高

顶棚造型是顶棚设计中的重要内容。顶棚有直接顶棚和悬吊顶棚（简称吊顶）两种，无论从空间利用还是意境的塑造，设计者都必须予以充分的考虑。吊顶又分叠级吊顶和平吊顶两种形式，前者一般用在餐厅、客厅、大堂等公共空间，造型考究、有叠落变化；后者用于卧室、走廊、办公空间、卫生间等需要空间氛围简洁、明快的地方。

顶棚面标高是指顶棚装饰完成后饰面层的表面高度，相当于该部位的建筑标高。但为了便于施工和识读的直观，习惯上将顶棚面标高（其他装饰标高亦同此）都按所在楼层地面的完成面为起点进行标注。图 4-7 顶棚中有三组圆形造型，内圈顶棚面标高为 3.100m，外圈顶棚面标高为 2.900m。圆形造型内有大型吊灯和暗槽灯（图中圆弧虚线、直线虚线均代表暗槽灯的灯槽板位置），其他顶棚处画出了筒灯、方形吊顶等，读者可自行识读。

（3）明确顶棚尺寸、做法

图 4-7 中吊顶做法为轻钢龙骨纸面石膏板饰面，刮白色仿瓷涂料后罩白色乳胶漆。顶棚中的虚线代表隐藏的灯槽板，其中设有日光灯带（用于增加顶棚照度、丰富光影变化），虚线旁的细实线（矩形、圆形）代表吊顶檐口。圆形吊顶造型由两个直径为 ϕ3600 和 ϕ5600 的圆组合而成，正中安装大型吊灯。圆形造型之间中心距为 7300mm。

图 4-7 的大厅中除圆形和地台处吊顶为三级吊顶外，其他位置为二级吊顶，最低标高为 2.430m，图中还画出了出风、回风口和主席台顶棚处检修口等情况，在图的下方对顶棚施工加注了设计说明。

（4）注意图中各窗口有无窗帘及窗帘盒做法，明确其尺寸

在图 4-7 的地台处吊顶两侧有窗帘及窗帘盒。

（5）识读图中有无与顶棚相接的吊柜、壁柜等家具

图 4-7 的吧台房间顶棚处有吊柜，图中用打叉符号表示。

（6）识读顶棚平面图中有无顶角线做法

顶角线是顶棚与墙面相交处的收口做法，有此做法时应在图中反映。在图 4-7 吧台房间中，与墙面平行的细线即为顶角线，此顶角线做法为 80mm 宽石膏线。

4.3 顶棚平面图的图示内容

顶棚平面图采用镜像投影法绘制，其主要内容有：

（1）建筑平面及门窗洞口，门画出门洞边线即可，不画门扇及开启线；

（2）顶棚的造型、尺寸、做法和说明；

（3）顶棚灯具符号及具体位置（灯具的规格、型号、安装方法由电气施工图反映）；

（4）室内各种顶棚的完成面标高（按每一层楼地面为±0.000 标注顶棚装饰面标高，这是实际施工中常用的方法）；

（5）与顶棚相接的家具、设备的位置及尺寸；

（6）窗帘及窗帘盒、窗帘帷幕板等；

（7）空调送风、回风口位置、消防自动报警系统及与吊顶有关的音频设施的平面布置形式及安装位置；

（8）图外标注开间、进深、总长、总宽等尺寸；

(9) 索引符号、说明文字、图名及比例等。

课题5 室内立面图

5.1 室内立面图的形成与表达

室内立面图是将房屋的室内墙面按内视投影符号的指向，向直立投影面所作的正投影图。它用于反映室内墙面的装饰设计形式、尺寸与做法、材料与色彩的选用等内容，是装饰工程施工图中的主要图样之一，是确定墙面做法的主要依据。房屋室内立面图的名称，应根据平面布置图中内视投影符号的编号或字母确定，如①立面图、Ⓐ立面图。

室内立面图应包括投影方向可见的室内轮廓线和装饰构造、门窗、墙面做法、固定家具、灯具等必要的尺寸和标高，以及需要表达的非固定家具、装饰物件等。室内立面图的顶棚轮廓线，可根据情况只表达吊顶或同时表达吊顶及顶棚结构。

室内立面图的外轮廓用粗实线（b）表示，墙面上的门窗及凸凹于墙面的造型用中实线（$0.5b$）表示，其他图示内容、尺寸标注、引出线等用细实线（$0.25b$）表示。室内立面图一般不画虚线。

室内立面图的常用比例为1∶50，可用比例为1∶30、1∶40等。

5.2 室内立面图的识读

室内墙面需装饰装修的均需绘制其立面图。图纸的命名、编号应与平面布置图上的内视符号的编号相一致，内视符号及数量决定室内立面图的识读方向，同时也给出了图样的数量。现结合图4-8、图4-9及图4-10所示某餐厅室内立面图，说明识读步骤如下：

(1) 首先明确要识读的室内立面图所属的房间，并弄清房间中绘制有几个内视投影符号。

图4-3是某餐厅的平面布置，明确功能、布局后便去查找图中的内视投影符号。图中沿墙按顺时针方向分别画出"A"、"B"、"C"、"D"四个内视投影符号，箭头指向相应墙面。

(2) 在平面布置图中按照内视符号的指向，从中选择要读的室内立面图。如"A"向表示地台所在墙面，用于反映地台背景墙的造型与做法；"B"、"C"向则为Ⓖ、⑩轴线墙面的相应做法内容。

(3) 再返回平面布置图，明确所选的室内墙面在平面上有无凸凹变化，并注意其定形、定位尺寸。

图4-3所示地台所在的轴线墙面有：中间背景板和两边的水景墙面，水景下配有水池；背景墙和水景之间有突出并涂黑的钢筋混凝土柱（钢筋混凝土柱在≤1∶100时可涂黑），水景墙的外侧柱子是假柱（未涂黑）。地台尺寸、标高都做了标注。

而图4-3中的"B"向反映自动扶梯、吧台一侧的墙面，其中有四个包间门，门旁的柱子突出墙面150mm；"C"向反映"包间一"至"包间三"的墙面，除门洞外墙面平直。

(4) 详细识读室内立面图，注意墙面装饰造型及装饰面的尺寸、范围、选材、颜色及相应做法。

识读图4-8所示"Ⓐ立面图"：该图表示中间地台背景板和水景墙面的装饰形式、选材、

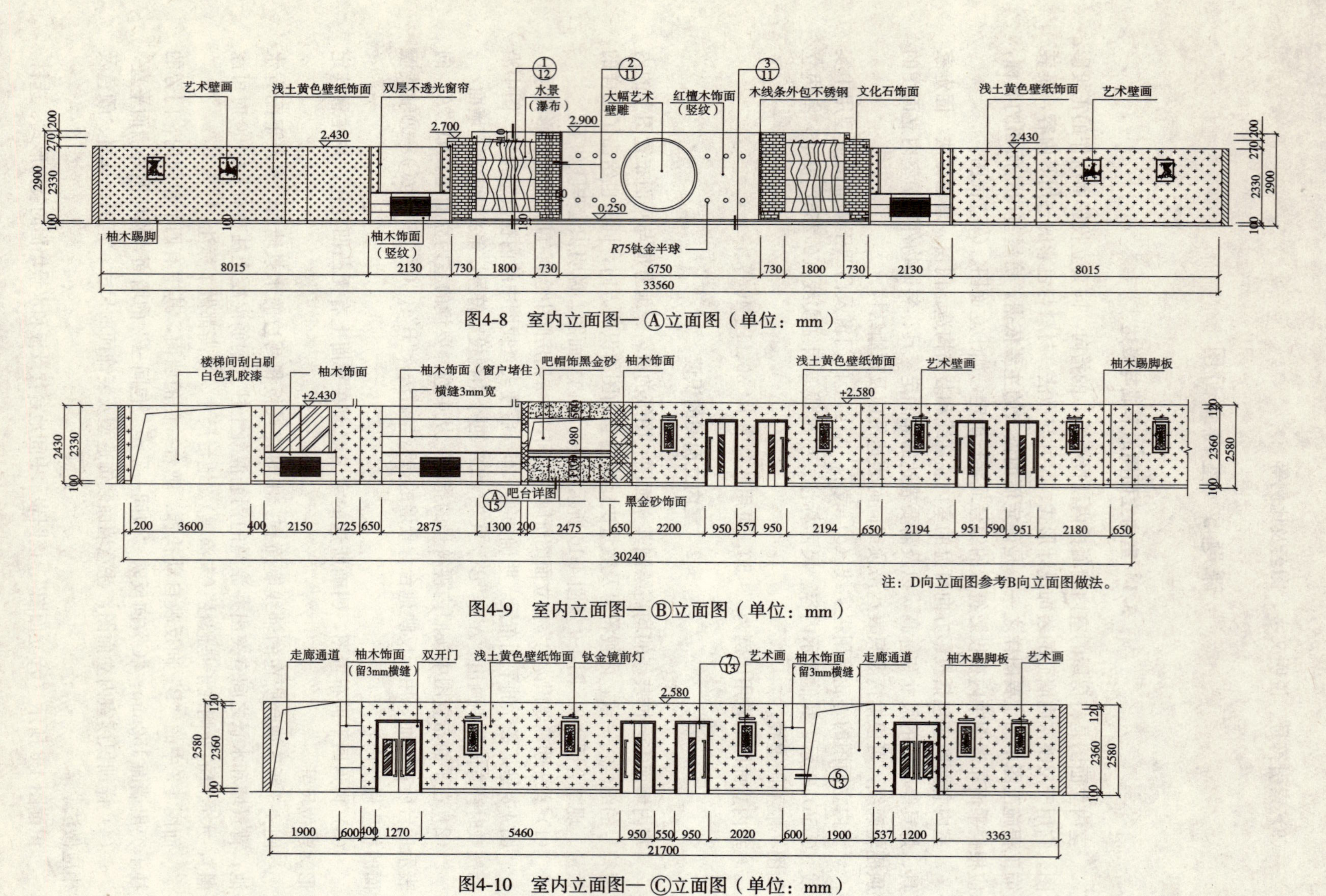

图4-8　室内立面图—Ⓐ立面图（单位：mm）

注：D向立面图参考B向立面图做法。

图4-9　室内立面图—Ⓑ立面图（单位：mm）

图4-10　室内立面图—Ⓒ立面图（单位：mm）

尺寸、标高等，柱面饰有文化石。地台背景饰以壁画，其吊顶标高为 2.900m。水景外侧柱子为假柱，柱顶标高为 2.700m，柱面也饰以文化石。图的最左最右两侧为楼梯间（④轴线）墙面的装饰做法，其上挂有装饰画，墙面均以浅土黄壁纸饰面，踢脚线为胡桃木装饰，高度 100mm。

图 4-9、图 4-10 分别是“B”、“C”向墙面立面图，以壁纸做法为主，包间门均为柚木装饰门，读者可自行识读。

(5) 仔细核对和理解各向尺寸、标高。

注意核对各立面图中的分尺寸之和是否等于总尺寸，明确各装饰体的定形、定位尺寸及标高尺寸。如“C 向立面”中两单扇门的定形尺寸为宽 950mm、高 2050mm、两门之间的定位尺寸为 550mm。

(6) 注意索引符号所反映的内容。

如图 4-10 所示中木作墙面的剖面索引符号。

5.3 室内立面图的图示内容

(1) 室内立面轮廓线，顶棚有吊顶时可画出吊顶、叠级、灯槽等剖切轮廓线（粗实线表示），墙面与吊顶的收口形式，可见的灯具投影图形等。

(2) 墙面装饰造型及陈设（如壁挂、工艺品等），门窗造型及分格，墙面灯具、暖气罩等装饰内容。

(3) 装饰选材、立面的尺寸标高及做法说明；图外一般标注 1～2 道竖向及水平向尺寸，以及楼地面、顶棚等的装饰标高。图内一般应标注主要装饰造型的定形、定位尺寸。做法标注采用细实线引出。

(4) 附墙的固定家具及造型（如背景墙、壁柜）。

(5) 索引符号、说明文字、图名及比例等。

课题 6 装饰详图

6.1 装饰详图的形成与表达

由于平面布置图、地面平面图、室内立面图、顶棚平面图等的比例一般较小，很多装饰造型、构造做法、材料选用、细部尺寸等无法反映或反映不清晰，满足不了装饰施工、制作的需要，故需放大比例画出详细图样，形成装饰详图。装饰详图一般采用 1∶1～1∶20的比例。

在装饰详图中剖切到的装饰体轮廓用粗实线（*b*）、未剖到但能看到的投影内容用细实线（0.25*b*）表示。

6.2 装饰详图的分类

装饰详图按其部位分类有：

(1) 顶棚详图：主要用于反映吊顶构造、做法的剖面图或断面图。

(2) 装饰造型详图：独立的或依附于墙柱的装饰造型，表现装饰的艺术氛围和情趣的构造体，如影视墙、装饰隔断、地台、花台、壁龛、栏杆造型等的平、立、剖面图及线角详图。

(3) 家具详图：主要指需要现场制作、加工、油漆的固定式家具，如衣柜、书柜、储藏柜等。有时也包括移动家具，如床、书桌、展示台等。

(4) 装饰门、窗及门窗套详图：门窗是装饰工程中的主要施工内容之一，其形式多种多样，在室内起着分割空间、明确流线、烘托装饰效果的作用，它的样式、选材和工艺做法在装饰图中有特殊的地位。其图样有门窗及门窗套立面图、剖面图和节点详图。

(5) 楼地面详图：反映地面的艺术造型及细部做法等内容。

(6) 小品及饰物详图：小品、饰物详图包括雕塑、水景、指示牌、织物等的制作图。

6.3 装饰详图

室内装饰空间通常由三个基面构成：顶棚、墙面、地面。这三个基面经过装饰设计师的精心设计，再配置风格协调的家具、绿化与陈设等，营造出特定的气氛和效果，这些气氛和效果的营造必须通过细部做法、通过相应的施工工艺才能实现，实现这些内容的重要技术文件就是装饰详图。装饰详图种类较多且与装饰构造、施工工艺等有着紧密联系，在识读装饰详图时应注意与实际相结合，做到举一反三，融会贯通，所以装饰详图是识图中的重点、难点，必须予以足够的重视。

6.3.1 顶棚详图

图 4-11 是某餐厅吊顶详图，索引符号画在图 4-7 的圆形吊顶处。

此图反映的是轻钢龙骨纸面石膏板吊顶做法的剖面图，共有四层高度不同的顶棚面（最高顶棚标高 3.100m，此处设置圆形吊灯）。详图“A”反映了其中吊杆为 $\phi 8$ 钢筋，其下端有螺纹，用螺母固定大龙骨垂直吊挂件，垂直吊挂件钩住高度 50mm 的大龙骨，再用中龙骨垂直吊挂件钩住中龙骨（高度 19mm），在中龙骨底面固定 9.5mm 厚纸面石膏板，然后在板面批腻刮白、罩白色乳胶漆。图中有日光灯槽做法，灯的右侧为檐口板，灯的左侧为灯槽板，灯槽板由木工板制作。吊顶用木质材料时应进行防火处理，如涂刷防火涂料等。吊顶应标注顶棚面标高。

6.3.2 装饰造型详图

图 4-12 为餐厅地台详图，此图由平面、剖面以及节点图组成。

(1) 识读地台平面图，明确装饰形式、用料、尺寸等内容

地台台口为圆弧，台面做法为钢化夹胶玻璃。中间墙面为木质壁雕，左右为水景。地台中央和水景位置已引出索引符号，将有详图予以表达。

(2) 识读索引详图，明确装饰构造、做法、尺寸等内容

如图 4-13 所示，地台龙骨架用镀锌方钢焊接，台面材料为 8＋1＋8 钢化玻璃，用透明结构胶粘贴。台口前部和后部有索引符号，表明收口做法，如图内的详图①、②所示。详图①反映台口内藏软管灯、玻璃倒角 9mm 及 30 方管后外饰 1mm 厚拉丝不锈钢装饰。

如图 4-14 所示，详图②反映地台与墙面的收口做法，中国黑石材垫透明胶垫，旁边的缝隙嵌填透明玻璃胶。

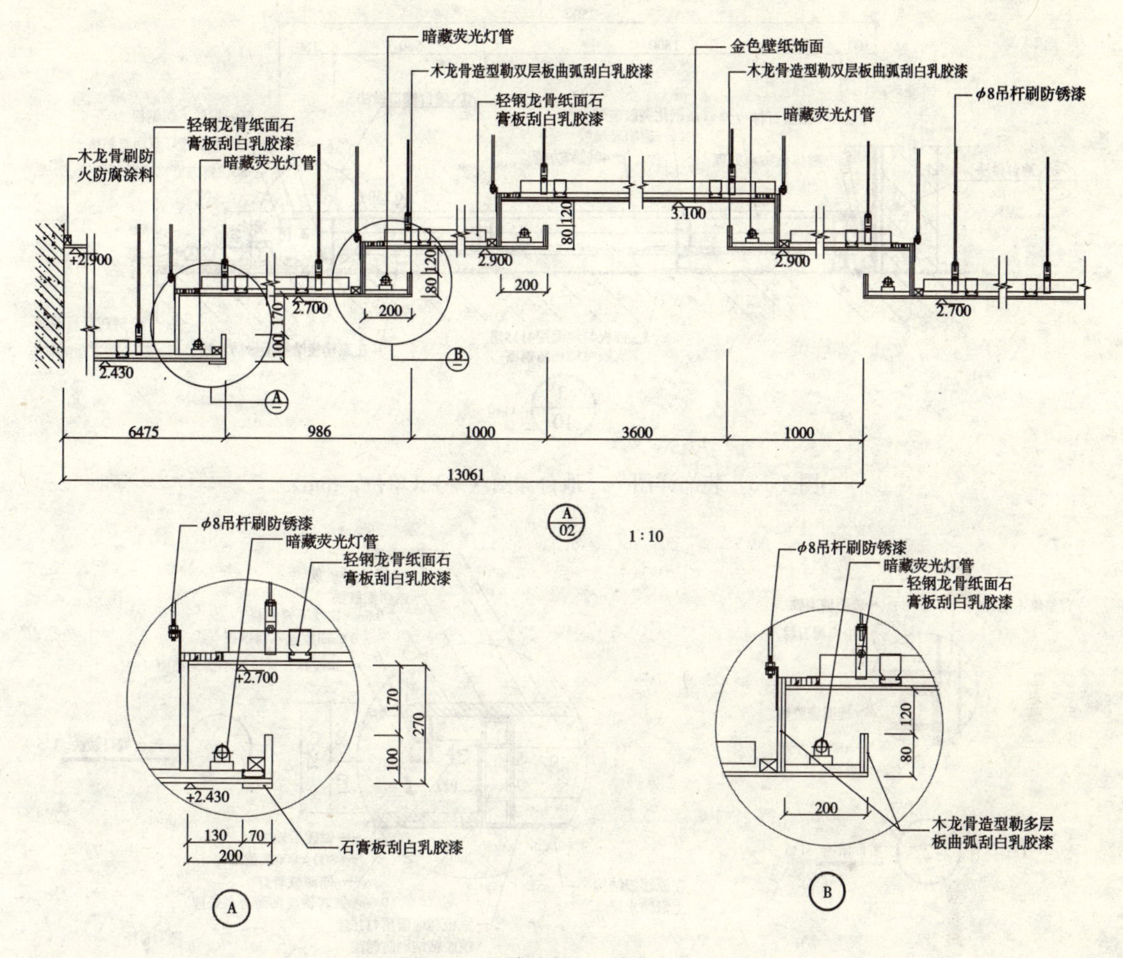

图 4-11　顶棚详图（单位：mm）

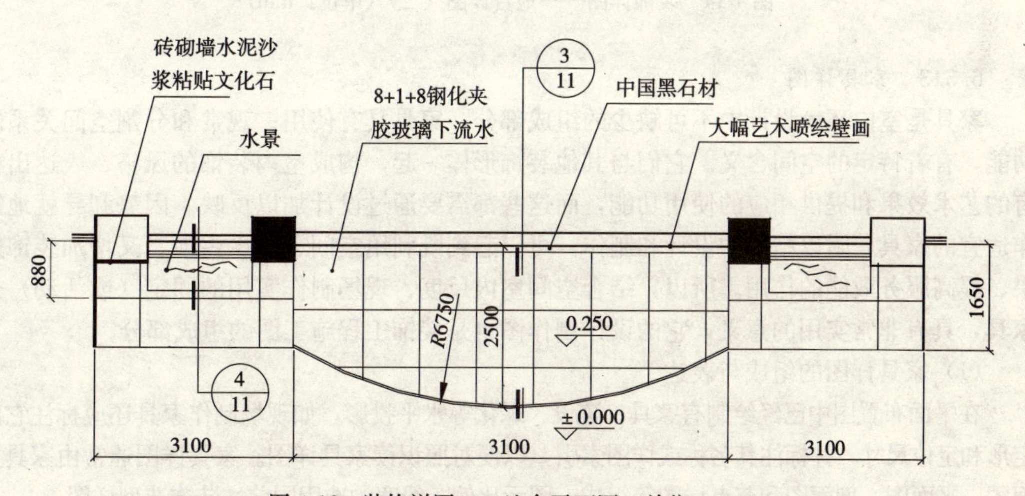

图 4-12　装饰详图——地台平面图（单位：mm）

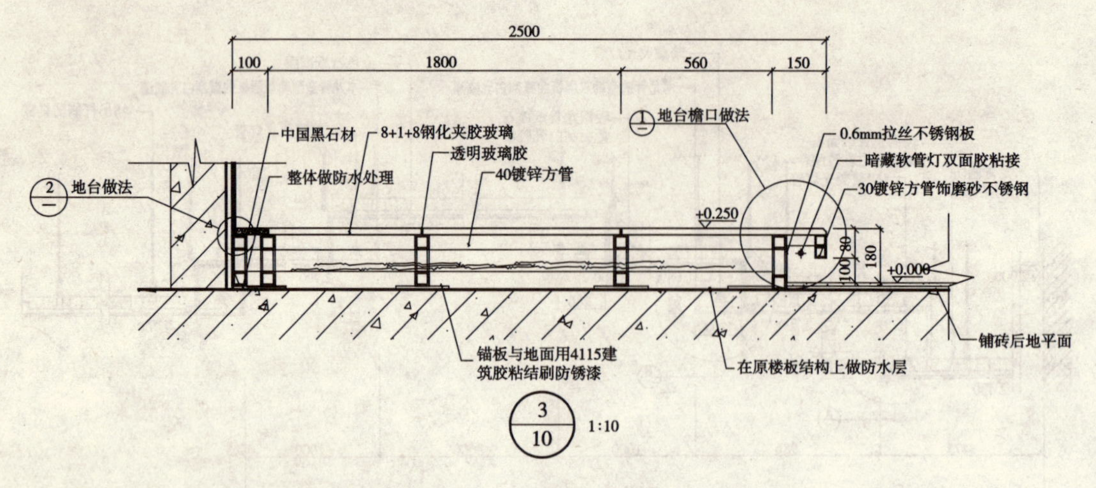

图 4-13　装饰详图——地台详图（一）（单位：mm）

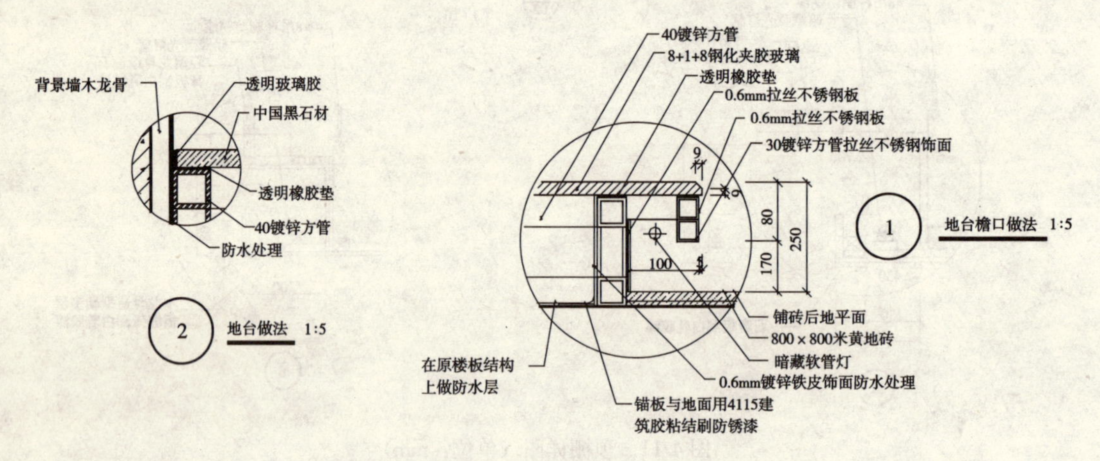

图 4-14　装饰详图——地台详图（二）（单位：mm）

6.3.3　家具详图

家具是室内环境设计中不可缺少的组成部分。家具具有使用、观赏和分割空间关系的功能，有着特定的空间含义。它们与其他装饰形体一起，构成室内装饰的风格、表达出特有的艺术效果和提供相应的使用功能，而这些都需要通过设计加以反映。因势利导就地制作适宜的家具，附以精心的设计和制作，可以起到既利用空间、减少占地，又增加装饰效果、提高服务效能的作用。所以，结合空间室内尺度、现场制作实用的固定（或活动）式家具，具有非常实用的意义，它的设计制作图也是装饰工程施工图的组成部分。

（1）家具详图的组成与表达

在平面布置图中已经绘制有家具、陈设、绿化等水平投影，如现场制作家具还应标注它的定形和定位尺寸，并标注其名称或详图索引，以便对照识读家具详图。家具详图通常由家具立面图、平面图、剖面图和节点详图等组成。图示比例、线宽的选用同前述装饰造型详图。

（2）家具详图的识读

现以图 4-15 为例说明家具详图的识读。

1）了解所要识读家具的平面位置和形状。图 4-15 是酒柜的平、立、剖面图，酒柜位置在图 4-3 平面布置图中的餐厅靠④轴线墙一侧。

2）识读立面图，明确其立面形式和饰面材料。图中酒柜分五部分，左右为带门的储物柜、接着是对称设置的敞开式陈列架、正中间是带玻璃扇的陈列柜。酒柜饰面为胡桃木饰面板，家具线角均为胡桃木实木线。木饰面罩亚光清漆。陈列柜玻璃扇为 5mm 清玻璃（即透明玻璃），在玻璃外表面饰有“×”形胡桃木板装饰线，宽 25mm。为表现其功能，图中还画出了陈列架和柜子中的部分陈设物品。

3）识读立面图中的开启符号、尺寸和索引符号（或剖、断面符号）。酒柜门扇均绘制有“〈”或“〉”开启符号，表示外开平开门。柜体长 3.32m、高 2.15m，各部分细部尺寸见图示。图中有Ⓐ、Ⓑ两个索引符号，Ⓐ对应的是水平投影和Ⓑ对应的是侧立投影。

4）识读平面图，了解平面形状和结构，明确其尺寸和构造做法。图Ⓐ反映酒柜水平方向的剖切平面图，结构为板式结构。其中储物柜长 0.65m、宽 0.35m，侧板结构为

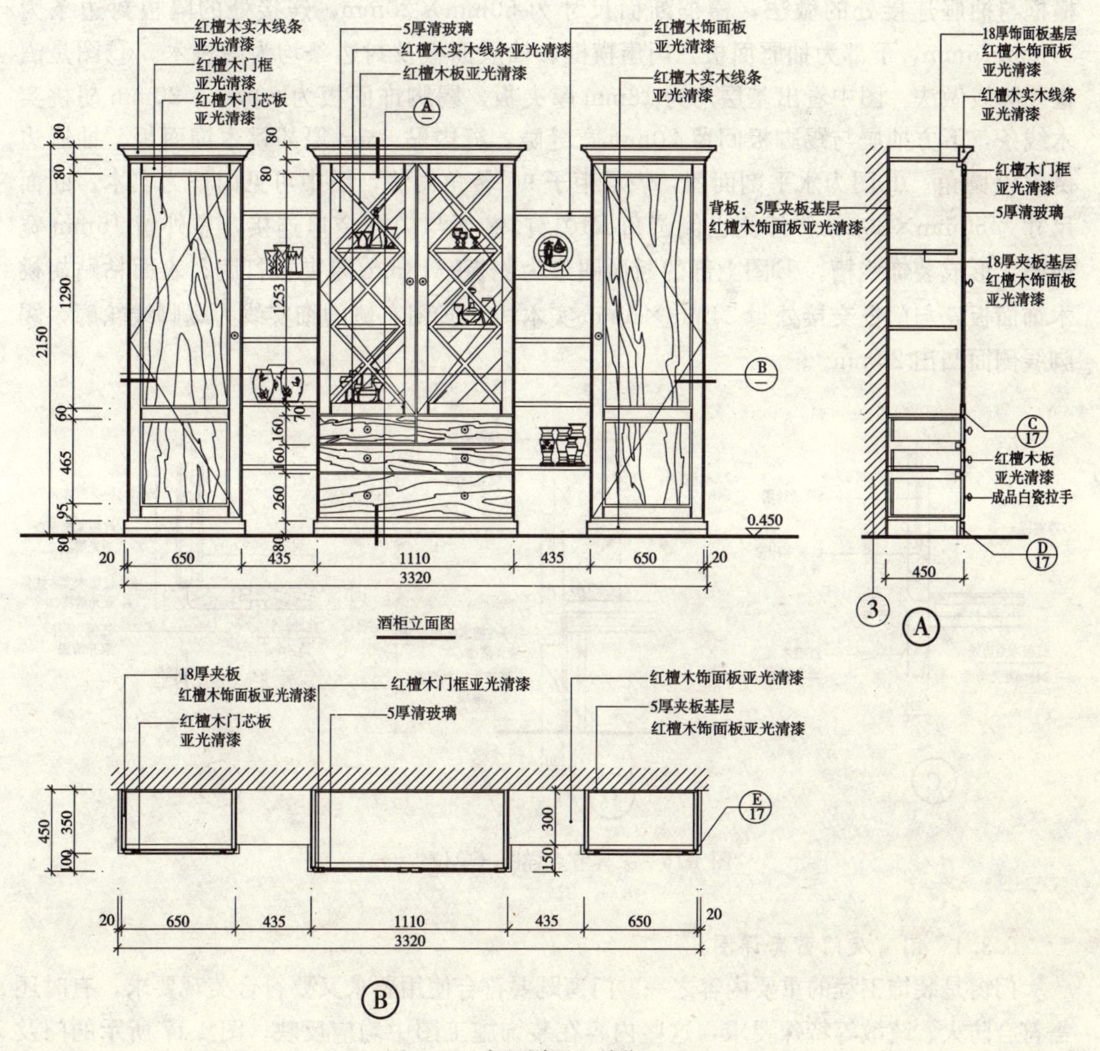

图 4-15　家具详图（单位：mm）

18mm 厚夹板、外贴胡桃木饰面板，柜门为 15mm 厚胡桃木门芯板；中间陈列柜门扇用胡桃木作门框，中间镶嵌 5mm 清玻璃，陈列柜长 4.11m、宽 0.45m；陈列架的隔板为 15mm 夹板，表面饰以胡桃木饰面板，长为 0.435m，宽为 0.30m。柜子中的靠墙背板采用 9mm 夹板打底饰以胡桃木面板。为了反映 90°转角位置做法，右下角引出“Ⓔ”索引号，内容如图 4-15 所示。

5）识读侧面图，了解其纵向构造、做法和尺寸。该图表示的是中间陈列柜纵向剖切后向右投影的剖面图，图中反映了柜子内部的隔板、抽屉的设置等内容。抽屉在柜子的下部，上下共三层，从左侧的立面图可见第一层为水平排列的两个抽屉，以下为每层一个。抽屉拉手为成品白瓷拉手。柜子最上口为胡桃木实木线条装饰、罩亚光清漆。柜子内部靠墙面设置背板构造，用于防潮和保持内部平整、美观。图中为了反映踢脚线和玻璃门扇的做法引出Ⓒ、Ⓓ两个索引号，内容如图 4-15 所示。

6）识读家具节点详图。图 4-16 列出了Ⓒ、Ⓓ、Ⓔ三个详图。Ⓒ图反映玻璃门扇下部横框与抽屉连接处的做法，横框断面尺寸为 50mm×20mm，连接处的隔板封边条为 24mm×6mm，下部为抽屉面板，门扇横框、抽屉面板及封边条均为胡桃木。Ⓓ图是酒柜踢脚线做法，图中看出基层均为 18mm 厚夹板，踢脚饰面板为 80mm×20mm 胡桃实木线条，下方抽屉与踢脚板间留 20mm 宽缝隙，缝内贴 3mm 厚胡桃木饰面板。抽屉边倒 $R10$ 圆角。Ⓔ图为水平剖面图，表示柜子 90°转角做法，图中可见门框为实木、断面尺寸为 60mm×20mm，外侧也倒圆角 $R10$，门芯板与门框企口连接，靠外留 15mm 宽凹槽，形成装饰线槽。Ⓔ图上部的断面图形为侧板：18mm 厚夹板打底、表面粘贴胡桃木饰面板，与门框交接处封 24mm×6mm 实木线。Ⓔ图右侧的细实线为踢脚线轮廓，踢脚线侧面凸出 20mm。

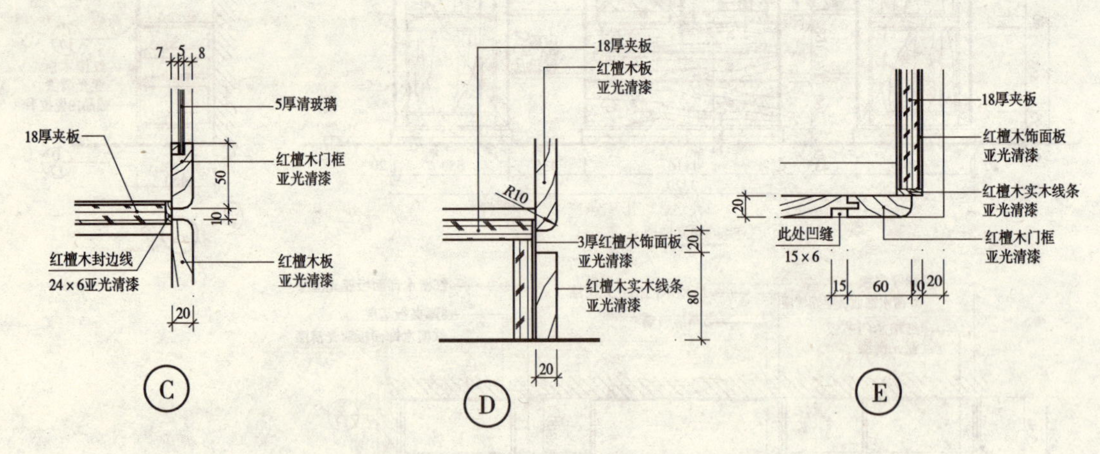

图 4-16　家具节点详图（单位：mm）

6.3.4　门窗及门窗套详图

门窗是装饰工程的重要内容之一。门窗既要符合使用要求又要符合美观要求，有时还需符合防火、疏散等特殊要求，这些内容在装饰施工图中均应反映。图 4-17 所示的门及门套详图是图 4-3 所示餐厅平面布置图中“M-3”门的详图，它们用于包间门。现以图

4-17为例说明其识读方法。

(1) 先识读门的立面图，明确立面造型、饰面材料及尺寸等

图中可见门扇装饰形式比较简洁，门扇立面周边为胡桃木板饰面，门芯板处饰以斜拼红影饰面板，门套饰以胡桃木线，亚光清漆饰面。门的立面高为 2.15m、宽为 0.95m，门扇宽为 0.82m，其中门套宽度为 65mm。图中有“A”、“B”两个剖面索引符号，其中“A”将门剖切后向下投影的水平剖面图，“B”为门头上方局部剖面，剖切后向右投影。

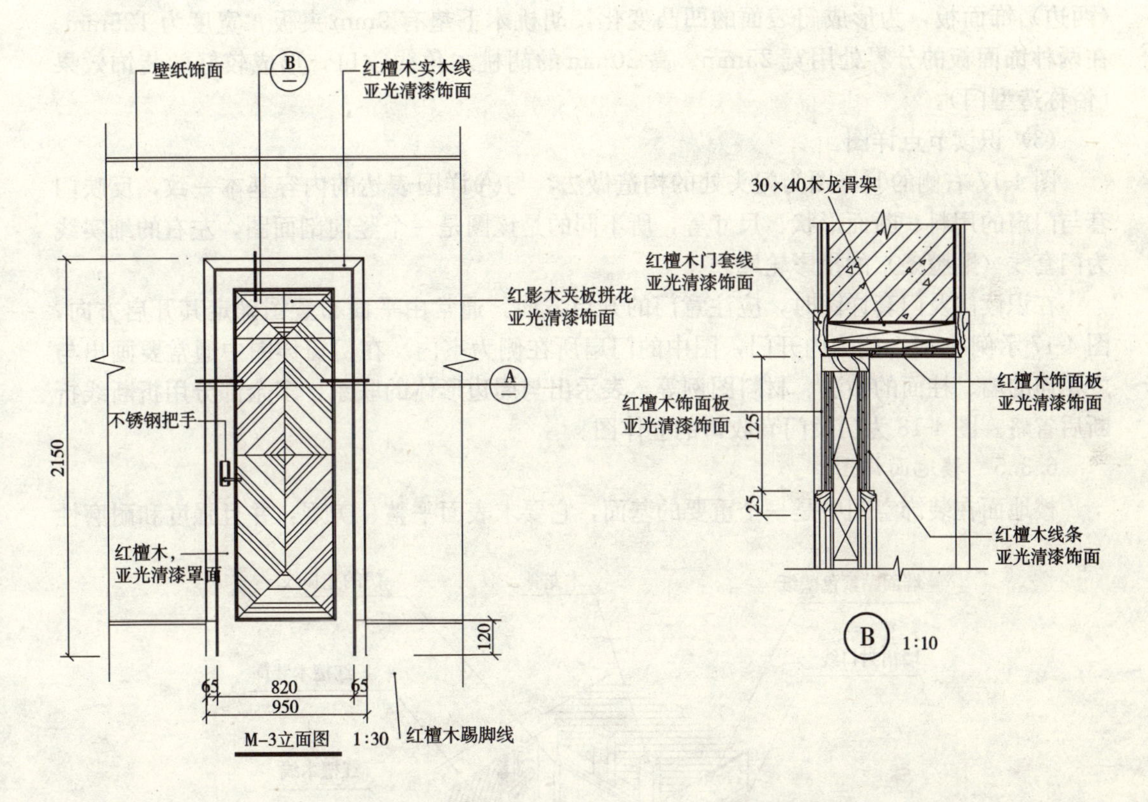

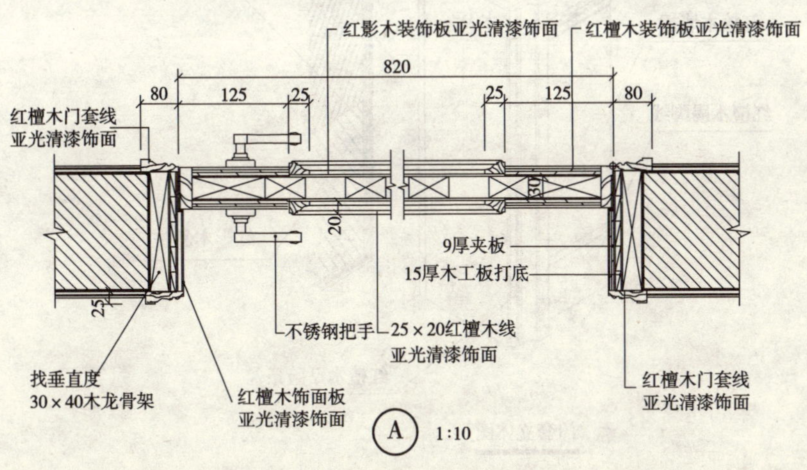

图 4-17 装饰门及门套详图（单位：mm）

(2) 识读门的平面图

图 4-17 下方Ⓐ详图即为门的水平剖面图，它反映了门扇及两边门套的详细做法和线角形式。我们可从图上看到，门套的装饰结构由 30mm×40mm 木龙骨架（30mm、40mm 是指木龙骨断面尺寸）、15mm 厚木工板打底，为了形成门的止口（门扇的限位构造），还加贴了 9mm 夹板，然后再粘贴胡桃木饰面板形成门套，如图 4-18 所示；门的贴脸（门套的正面）做法较简单，直接将门套线安装在门套基层上、表面饰以亚光清漆。门扇的拉手为不锈钢执手锁，门体为木龙骨架、表面饰以红影（中间）和胡桃木（两边）饰面板，为形成门表面的凹凸变化，胡桃木下垫有 9mm 夹板，宽度为 125mm。在两种饰面板的分界处用宽 25mm、高 20mm 的胡桃木角线收口，形成较好的装饰效果（俗称造型门）。

(3) 识读节点详图

图 4-17 右侧的Ⓑ详图为门头处的构造做法，与Ⓐ详图表达的内容基本一致，反映门套与门扇的用料、断面形状、尺寸等，所不同的是该图是一个竖向剖面图，左右的细实线为门套线（贴脸条）的投影轮廓。

在识读门及门套详图时，应注意门的开启方向，通常由平面布置图确定其开启方向，图 4-17 示例的 M-3 门为内开门，图中的门扇所在侧为室内。在门窗详图中通常要画出与之相连的墙、柱面的做法、材料图例等，表示出与周边形体的联系，多余部分用折断线折断后省略。图 4-18 为门及门套收口的立体图。

6.3.5 楼地面详图

楼地面在装饰空间中是一个重要的基面，它要求表面平整、美观，并且强度和耐磨性

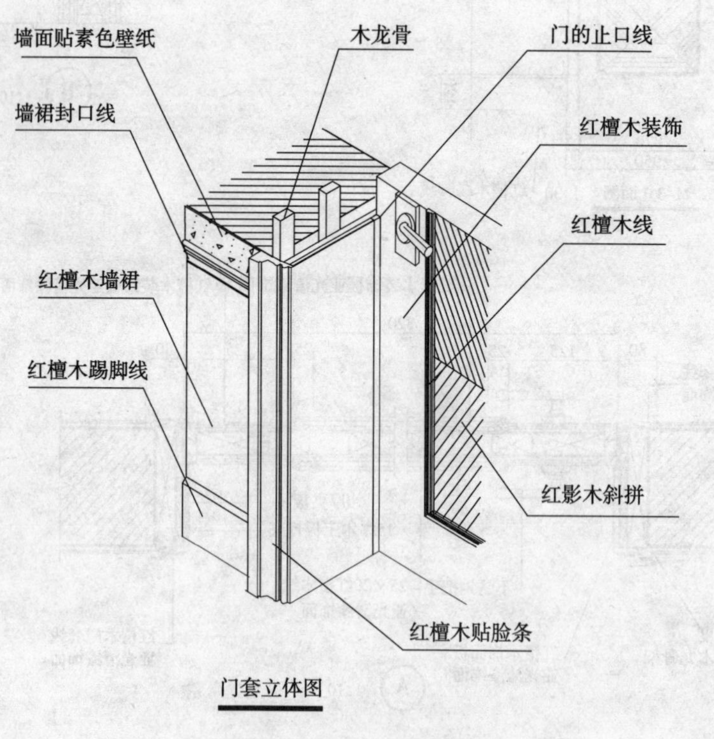

图 4-18 门及门套立体图

要好，同时兼顾室内保温、隔声等要求，做法、选材、样式非常多。限于篇幅只介绍常用做法的识图与制图。

楼地面详图一般由局部平面图、断面图组成。

(1) 局部平面图

图 4-19 详图①是图 4-3 右侧门厅地面的拼花设计图，属局部平面图。该图详细标注了图案的尺寸、角度，用图例表示了各种石材、标注了石材的名称。图案外形为正方形，边长为 3.00m。

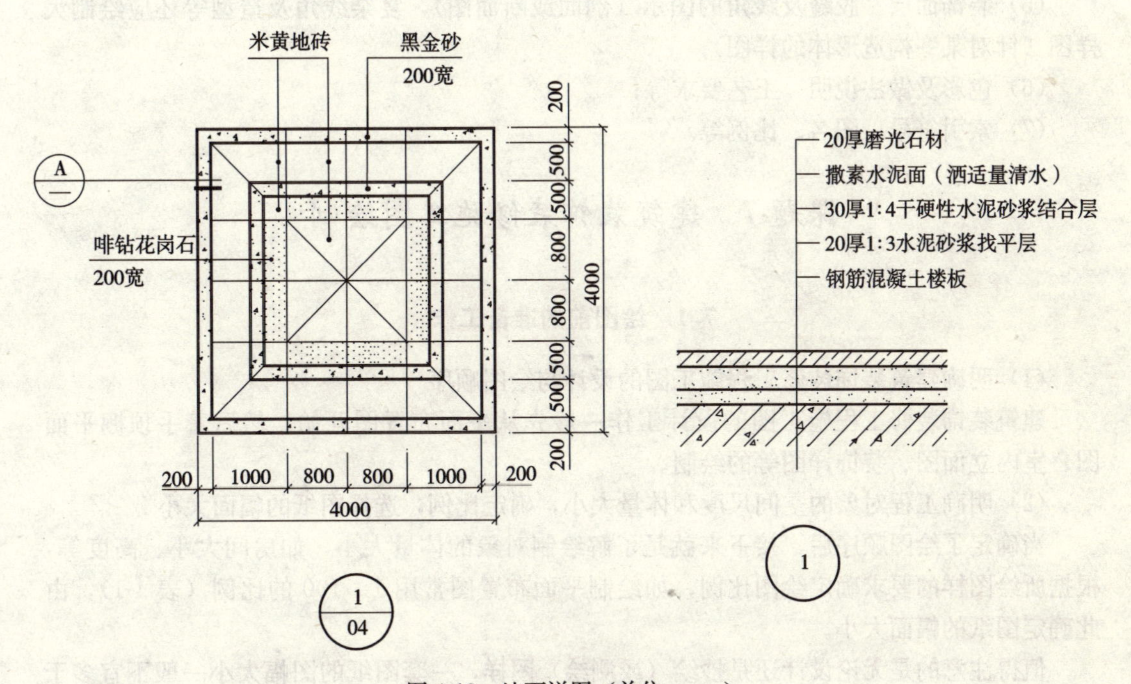

图 4-19 地面详图（单位：mm）

识读局部平面图时，应先了解其所在地面平面图中的位置，当图形不在正中时应注意其定位尺寸。图形中的材料品种较多时可自定图例，但必须有文字加以说明。

(2) 断面图

图 4-19 中的Ⓐ详图表示该拼花地面的分层构造图，图中采用分层构造引出线的形式标注了地面每一层的材料、厚度及做法，是地面施工的依据。图中楼板结构轮廓线采用粗实线（*b*），其他各层采用细实线（0.25*b*）表示。

6.4 装饰详图的图示内容

当装饰详图所反映的形体的体量和面积较大，以及造型变化较多时，通常需先画出平、立、剖面图来反映装饰造型的基本内容。如准确的外部形状、凸凹变化、与结构体的连接方式，标高、尺寸等。选用比例一般为 1∶10～1∶50，有条件时详图的平、立、剖面图应画在一张图纸上。当该形体在上述比例画出的图样不够清晰时，需要选择1∶1～1∶10的大比例绘制。当装饰详图较简单时，如地面装饰详图只画其平面图、断面图即可。

装饰详图一般的图示内容有：

（1）装饰形体的建筑做法图样；

（2）造型样式、材料选用、尺寸标高；

（3）所依附的建筑结构材料、连接做法，如钢筋混凝土与木龙骨、轻钢及型钢龙骨等内部骨架的连接图示（剖面或断面图），选用标准图时应加索引；

（4）装饰体基层板材的图示（剖面或断面图），如石膏板、木工板、多层夹板、密度板、水泥压力板等用于找平的构造层次（通常固定在骨架上）；

（5）装饰面层、胶缝及线角的图示（剖面或断面图），复杂线角及造型等还应绘制大样图（针对某一构造形体的详图）；

（6）色彩及做法说明、工艺要求等；

（7）索引符号、图名、比例等。

课题7　建筑装饰装修施工图绘制

7.1　绘图前的准备工作

（1）明确建筑装饰装修工程施工图的设计与绘图顺序

建筑装饰装修工程施工图的设计工作一般先从平面布置图开始，然后着手顶棚平面图、室内立面图、装饰详图等的绘制。

（2）明确工程对象的空间尺度和体量大小，确定比例，选择图纸的幅面大小

当确定了绘图顺序后，接下来就是了解绘制对象的体量大小，如房间大小、高度等，根据所绘图样的要求确定绘图比例，如绘制平面布置图常用1∶100的比例（表4-1），由此确定图纸的幅面大小。

值得注意的是无论设计还是抄绘（或测绘）图样，一套图纸的图幅大小一般不宜多于3种，含目录及表格所采用的A4幅面在内。

（3）明确所绘图样的内容和任务

作绘图练习前，首先应将示范图纸看懂，明确作图的目的与要求，做到心中有数。

（4）注意布图的均衡、匀称，以及图样之间的对应关系

通常情况下，装饰施工图应按基本投影图的布局来布置图面。但在实际工程中由于工程形体较大，往往一张图纸不能将H、V、W等多向投影绘制在一张图纸上。但若能做到的话，应尽量采用。倘若某图幅能布置两个图样时，如平面布置图和室内立面图，则应将室内立面图布置在平面图的上方，以利于对应绘制，同时也便于识读。当一张图纸只能布置一个图样时，则将此图样居中布置。

（5）准备好手工绘图用的绘图工具、仪器，准备好蒙图纸（遮盖图纸用的干净纸张），着手绘图

7.2　平面布置图的画法

平面布置图的画法与建筑平面图基本一致。这里将绘图步骤结合装饰施工图的特点简述如下：

(1) 选比例、定图幅、图框、标题栏。

(2) 画建筑平面图稿线，顺序为：轴线—墙柱—门窗—楼梯—其他细部—标注尺寸和轴号等—检查，如图 4-20（*a*）、（*b*）、（*c*）所示。

(3) 画出各功能空间的家具、陈设、隔断、绿化等的形状、位置。

(4) 标注装饰尺寸，如隔断、固定家具、装饰造型等的定形、定位尺寸。

(5) 绘制内视投影符号、详图索引符号。

(6) 注写文字说明、图名比例。

(7) 检查并加深、加粗图线。剖切到的墙柱轮廓、剖切符号用粗实线（*b*）；未剖到但能看到的图线，如门扇开启符号、窗户图例、楼梯踏步、室内家具及绿化等用细实线（0.25*b*）表示。

(8) 完成作图，如图 4-20（*d*）所示。

7.3 楼地面平面图的画法

楼地面平面图主要是用于表达楼地面分格造型、材料名称和做法要求的图样。面层分格线用细实线画出，它用于表示地面施工时的铺装方向和地面造型样式。对于台阶和其他有凹凸变化等特殊部位，还应画出剖面（或断面）符号。

(1) 选比例、定图幅；

(2) 画出建筑平面图内容，标注其开间、进深、门窗洞口等尺寸，标注楼地面标高，如图 4-20（*a*）、（*b*）、（*c*）所示；

(3) 画出楼地面面层分格线和拼花造型等（家具、内视投影符号等省略不画）；

(4) 标注分格和造型尺寸，材料不同时用图例区分，并加引出说明，明确做法；

(5) 细部做法的索引符号、图名比例；

(6) 检查并加深、加粗图线，楼地面分格用细实线表示；

(7) 完成作图，如图 4-5 所示。

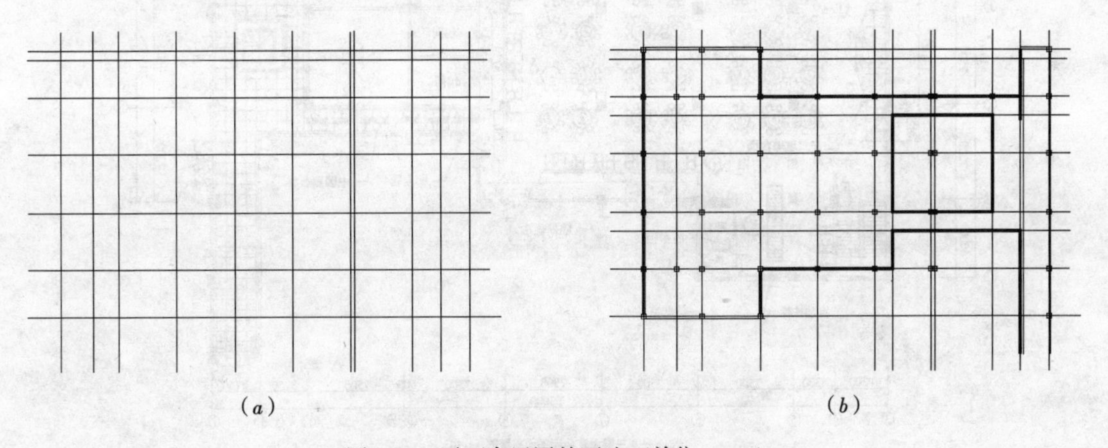

图 4-20 平面布置图的画法（单位：mm）

（*a*）画轴线；（*b*）画墙柱

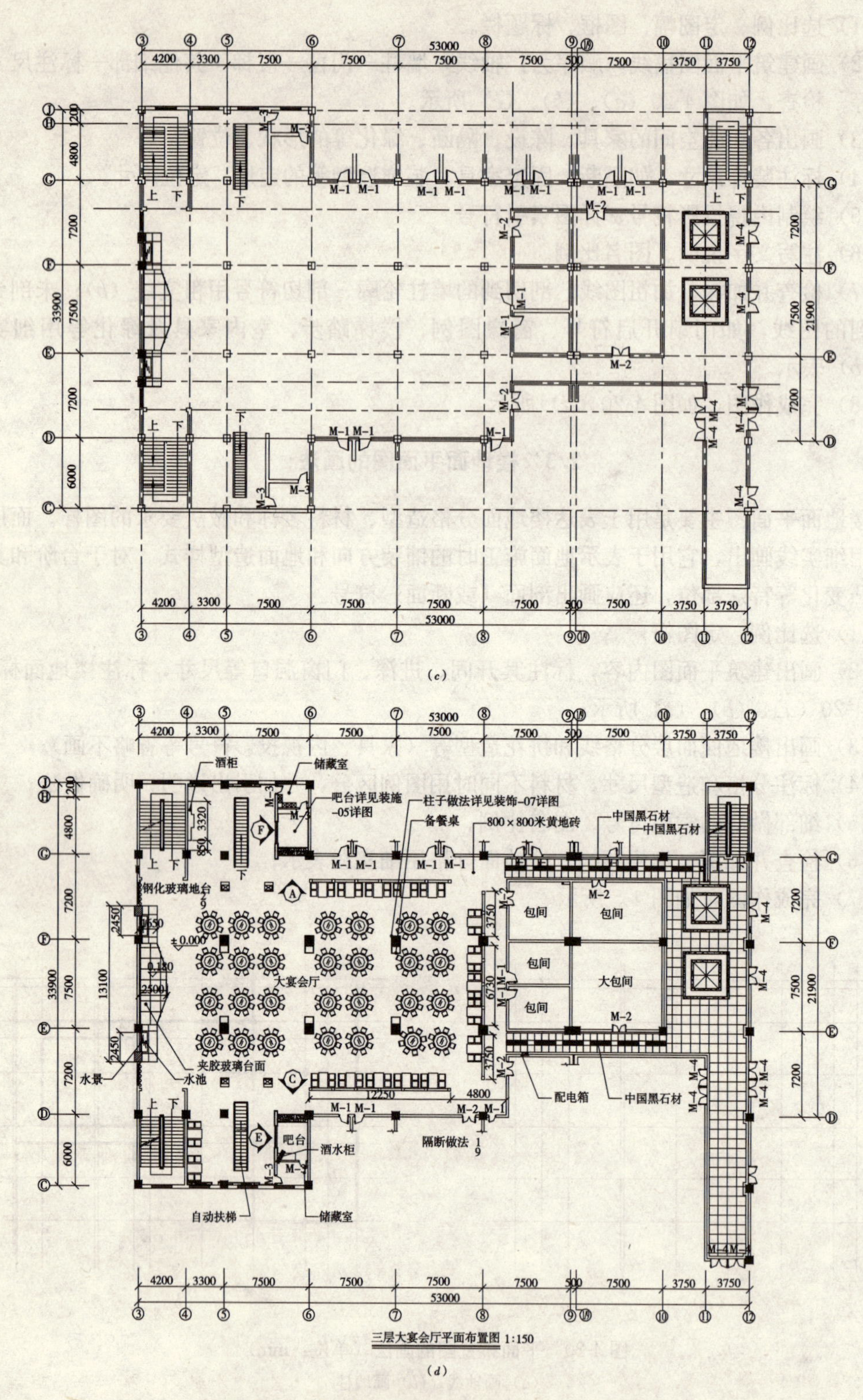

(*c*)

(*d*)

图 4-20　平面布置图的画法（单位：mm）（续）

(*c*) 画门窗、楼梯、尺寸等；(*d*) 画家具、隔断、引出标注等

7.4 顶棚平面图的画法

(1) 选比例、定图幅。

(2) 画出建筑平面图内容(门窗一般只画洞口线 0.25b),标注其开间、进深、门窗洞口等尺寸,如图 4-21 (*a*)、(*b*)、(*c*) 所示。

(3) 画出顶棚的造型轮廓线、灯饰、空调风口等设施(是镜像投影)。

(4) 标注尺寸和相对于本层楼地面的顶棚底面标高。

(5) 详图索引符号、说明文字、图名比例。

(6) 检查并加深、加粗图线。其中墙、柱轮廓线用粗实线,顶棚及灯饰等造型轮廓用中实线、顶棚装饰分格线用细实线表示。

(7) 完成作图,如图 4-21 (*d*) 所示。

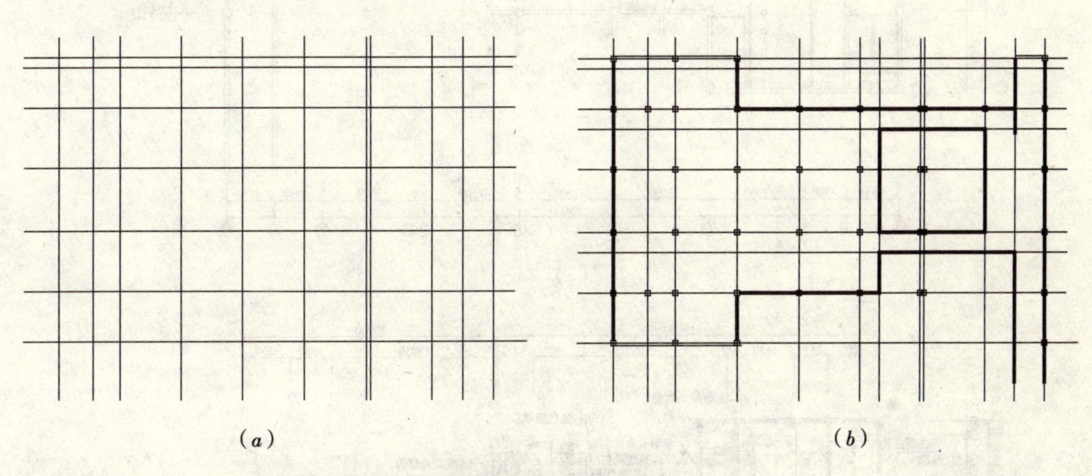

图 4-21 顶棚平面图的画法(单位:mm)
(*a*) 画轴线;(*b*) 画墙柱

7.5 室内立面图的画法

(1) 选比例、定图幅。

(2) 画出楼地面、顶棚、墙柱面等的轮廓线(有时还需画出墙柱的定位轴线),如图 4-22 (*a*) 所示。

(3) 画出墙柱面分格、门及门套及其他造型轮廓等(比例≤1:50 时顶棚轮廓可用单线表示),如图 4-22 (*b*) 所示。

(4) 检查并加深、加粗图线。其中室内周边墙柱、楼板等结构轮廓用粗实线、顶棚剖面线用粗实线,墙柱面造型轮廓用中实线、造型内的装饰及分格线以及其他可见线用细实线表示,如图 4-22 (*c*) 所示。

(5) 标注尺寸、相对于本层楼地面的各造型位置及顶棚底面标高。

(6) 详图索引符号、剖切符号、说明文字、图名比例。

(7) 完成作图,如图 4-22 (*d*) 所示。

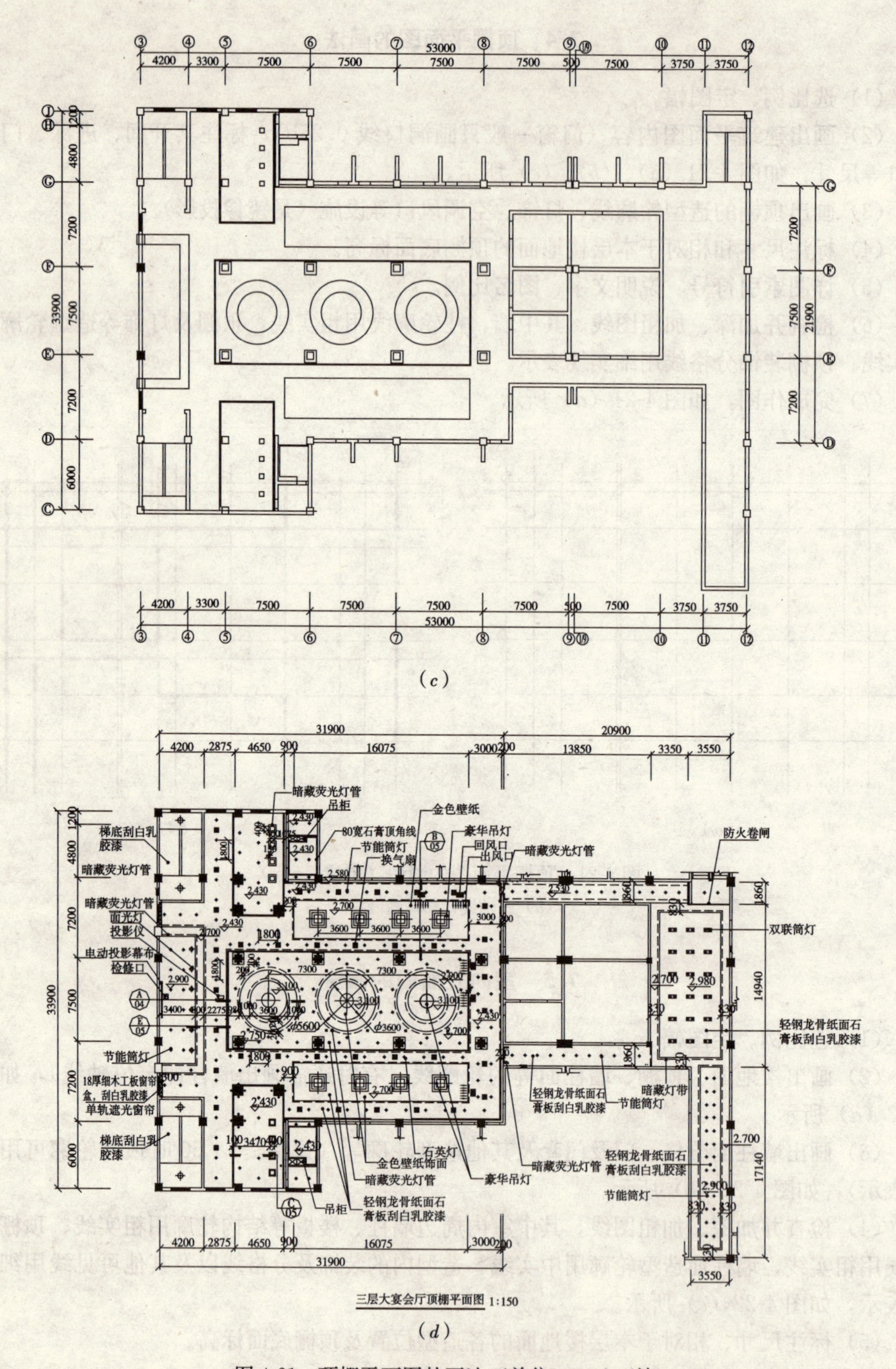

图 4-21　顶棚平面图的画法（单位：mm）（续）

（c）画顶棚的稿线；（d）画细部和灯具，标尺寸、注写说明等

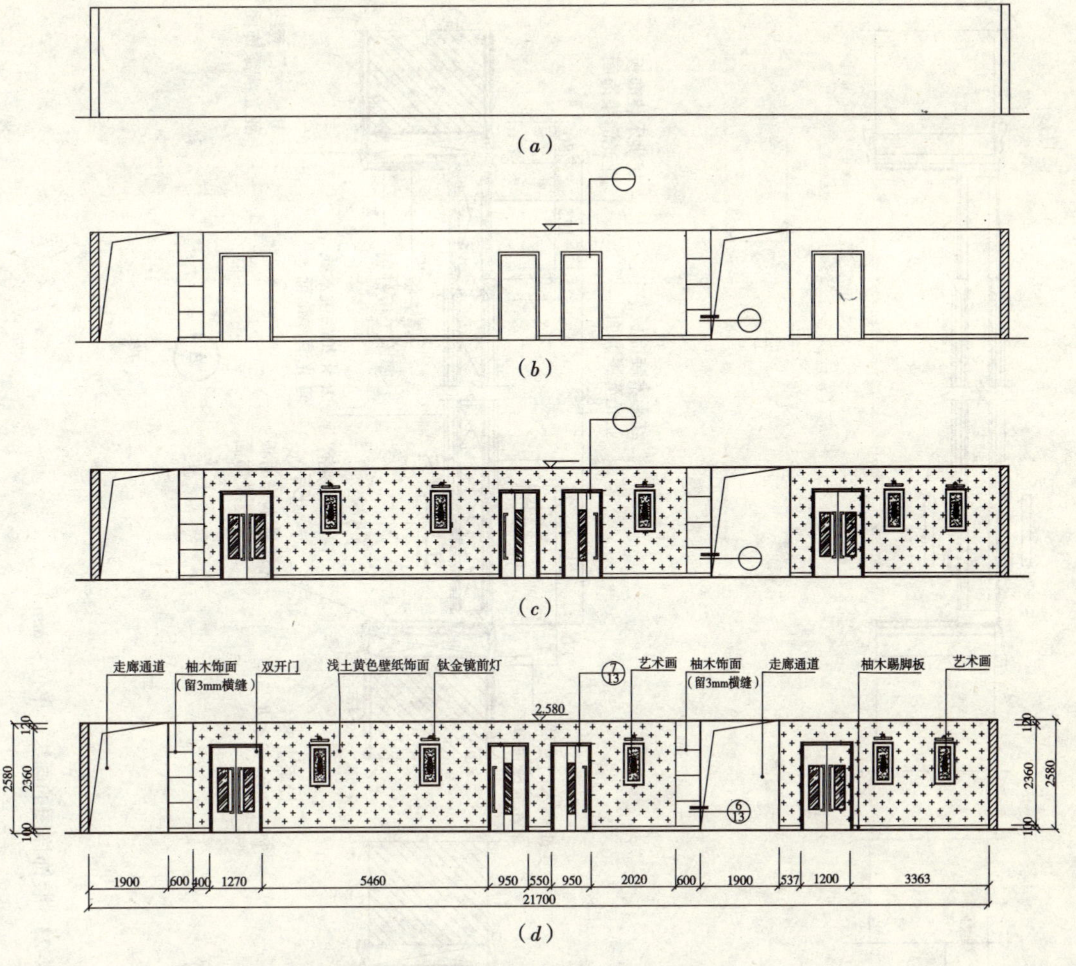

图 4-22　室内立面图的画法（单位：mm）

（*a*）画立面轮廓；（*b*）画墙柱及窗洞口等；（*c*）画细部、加深加粗；（*d*）标尺寸、注说明等

7.6　装饰详图的画法

现以门的装饰详图为例说明其作图的一般步骤。

（1）选比例、定图幅。

（2）画墙（柱）的结构轮廓。

（3）画出门套、门扇等装饰形体轮廓。

（4）详细画出各部位的构造层次及材料图例。

（5）检查并加深、加粗图线。剖切到的结构体画粗实线；各装饰构造层用中实线，其他内容如图例、符号和可见线均为细实线。

（6）标注尺寸、做法及工艺说明。

（7）完成作图，如图 4-23 所示。

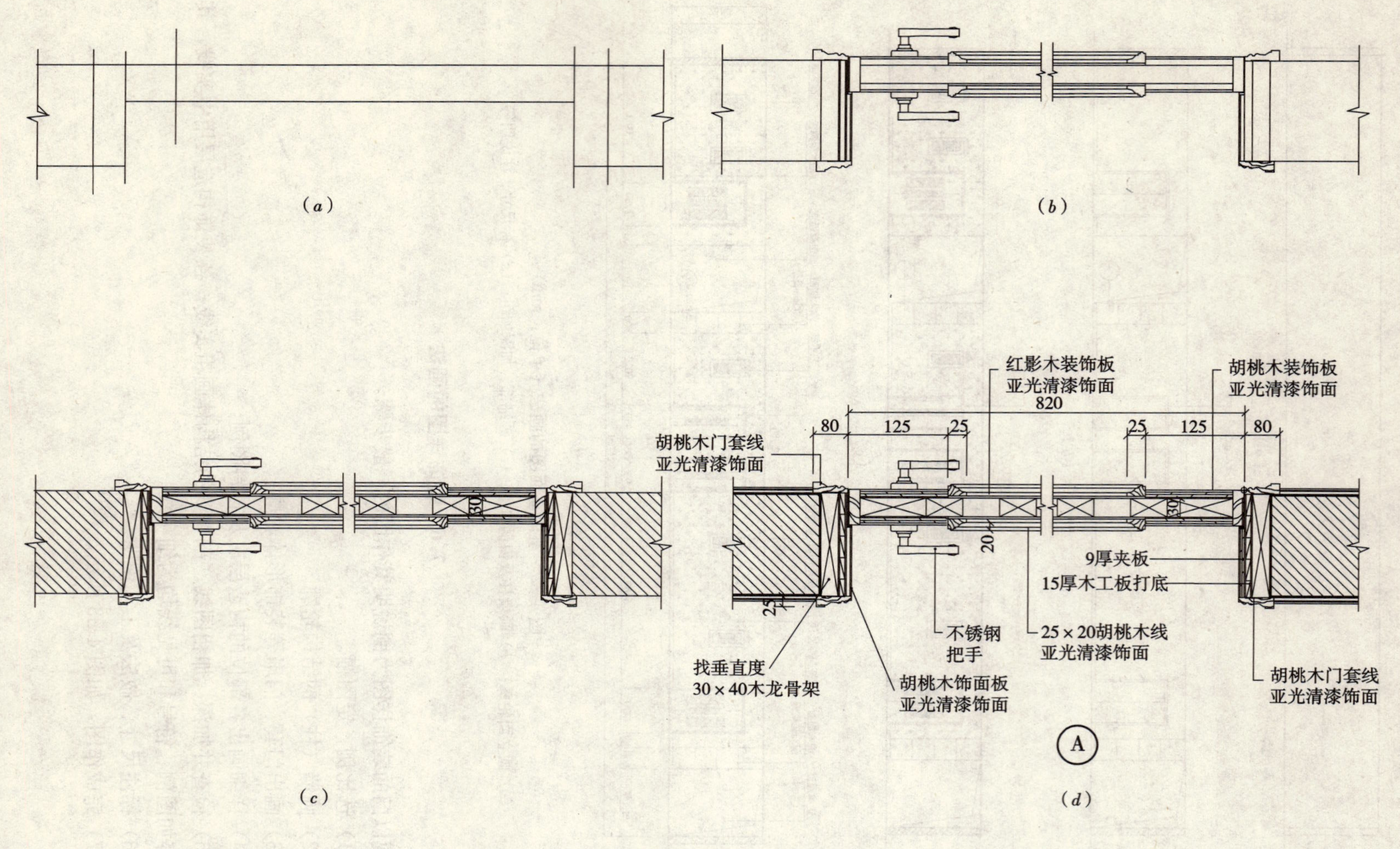

图4-23　装饰详图的画法（单位：mm）

思考题与习题

1. 什么是建筑装饰装修施工图？它有什么用途？

2. 建筑装饰装修施工图有什么特点？

3. 建筑装饰装修施工图由哪些图纸组成？

4. 平面布置图是如何形成的？反映哪些内容？常用比例如何？

5. 在识读平面布置图时一般有哪些步骤？

6. 什么是内视投影符号？如何绘制和表达？

7. 平面布置图上通常有哪些图示内容？

8. 地面平面图是如何形成的？反映哪些内容？常用比例如何？

9. 地面平面图上通常有哪些图示内容？

10. 什么是镜像投影？

11. 试述顶棚平面图的形成和表达，常用比例如何？

12. 顶棚平面图的识图步骤有哪些？

13. 平面布置图是如何形成的？反映哪些内容？常用比例如何？

14. 室内立面图是如何形成和表达的？常用比例和图样上的线宽要求如何？

15. 室内立面图的识图步骤如何？

16. 试述室内立面图的图示内容。

17. 装饰详图是如何形成和表达的？有哪些分类？

18. 家具详图的主要识图步骤有哪些？

19. 识读装饰门及门套有哪些识图步骤？

20. 装饰详图的主要图示内容有哪些？

21. 绘制建筑装饰装修施工图之前有哪些准备工作？

22. 简述建筑装饰装修施工图各图样的主要绘图步骤。

23. 试指出建筑平面图与平面布置图的主要区别。

24. 识读书后附图一（某会议室建筑装饰装修施工图）图样。

25. 用A3绘图纸铅笔抄绘附图一（某会议室建筑装饰装修施工图）图样。

(1) 目的

①熟悉建筑装饰装修施工图的表达内容、图样组成和图示特点。

②掌握常见绘制建筑装饰装修施工图的基本方法，且绘制的图样应符合现行建筑制图标准的要求。

③会识读一般常见的建筑装饰装修施工图。

(2) 作业图名和比例

见各图所示。

(3) 图幅要求

采用A3图幅白色绘图纸，铅笔绘制，并由教师指定适当次数的描图练习（不少于两次）。

(4) 作业内容及标题栏

作业内容详见书后附图。在作业图的右下角绘制标题栏（可选择下图所示的）作业标题栏。

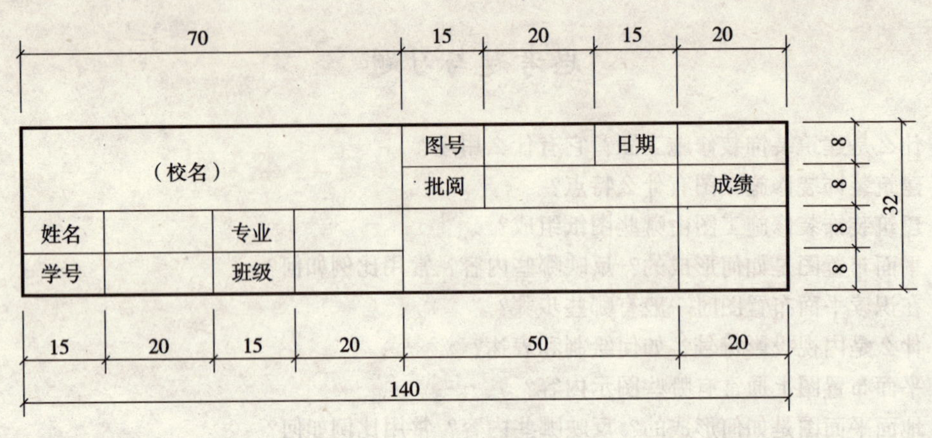

25 题图（标题栏）

（5）作业要求

①认真识图。要在读懂图样后方可开始绘图。

②应按教材中所述的施工图绘图步骤进行绘制。

③注意布图的均衡匀称。绘图时先画稿线，检查无误后再加深加粗图线，最后注写尺寸数字和相应文字。养成良好的绘图习惯。

④绘图时要做到图形准确、线型清晰、粗细分明、注写工整、图面整洁。

⑤绘图时严格遵守《房屋建筑制图统一标准》(GB/T 50001—2001)、《建筑制图标准》(GB/T 50104—2001) 的要求。如有不熟悉之处，需查阅标准或教材。

（6）其他说明事宜

①建议图样的粗线宽度选用 0.7mm，中线 0.35mm，细线 0.18mm。

②汉字应写长仿宋字，字母、数字用标准体书写。

③尺寸数字用 3.5 号字，房间名称及其他说明字用 5 号字，图名字用 7 号或 10 号字。

④在写字前要将文字的位置、大小设计好，并打好相应的字格（尺寸数字可只画上下两条字高线）再行书写。

⑤在作铅笔图和描图时，应备一张蒙图纸，将画好的图样进行遮盖，以保证图面的整洁。

单元5　建筑装饰装修设计基本知识

知 识 点： 建筑装饰装修设计原理、构造特点与方法。

教学目标： 会进行常见居住建筑及一般公共建筑装饰设计，并掌握相应的装饰装修做法。

绪　　论

建筑的产生最早是为了满足人类生存和发展的需要。但随着社会的发展，人们提出了合理、舒适、美观的要求，即人们对建筑的理解已突破了传统实用性的概念，建筑的艺术性和文化性已被愈来愈多的人们所接受，使建筑具有物质和精神双重功能。建筑装饰作为建筑中的一个十分重要而又独立的组成部分，是建筑的物质功能和精神功能得以实现的关键。通过建筑装饰设计各要素的合理组织和运用，使实用性的建筑具备了审美观赏价值和某种性格，同时也表达了人们的思想、愿望和情感。

建筑的种类很多，不同的建筑从使用到形式、从空间到性格，都具有很大的差异；同一种建筑的不同空间之间也各不相同。如何在建筑装饰设计中把握好这种个性，需要具体分析，下面就分别介绍居住建筑和公共建筑装饰设计方法。

课题1　居住建筑装饰装修设计

1.1　居住建筑装饰装修设计原理与内容

居住建筑作为人类生活的重要场所，它为人们提供了工作之外的休息、学习和生活空间。居室装饰体现着人们的审美观念及审美情趣，反映着社会和时代的精神风貌，并且随着社会的发展而不断发生变化。良好的居室设计会使人们在工作之余，精神得到松弛，体力能够迅速恢复，在精神和物质上都得到最大的满足。

1.1.1　居室设计的特点

(1) 居室设计应具有鲜明的个性特征

随着社会生产力的发展，人们对居室空间的要求越来越高，不同的文化修养、生长环境、职业特点，还有经济条件等等都会对居室装饰产生不同的影响，因此个性要求是多样的，这使居室装饰丰富多彩，如图5-1所示。

图5-1　中式风格的主卧室

图 5-2 细部精致的玻璃木框双扇门入口宽敞，不仅连接了整齐的起居室与餐厅、书房，而且使轮椅容易通过

(2) 居室设计要具有时代脉搏

现代社会人们的生活已发生了很大变化，从活动行为到家电设备、家具等等的发展已大大改变了室内设计。要综合运用现代技术手段、艺术手段，设计出符合现代生活特点的居室环境。

(3) 居室设计要注重人性化

建筑是供人们活动的空间，是为了满足人类的需要而产生的，所以居室设计要以人为本，创造充满人性化、舒适健康的居室空间，即人性化设计。如现代居室中的无障碍设计就是人性化的一个很好的体现，而且现在已成为一种国际化趋势，如图 5-2。设计师应根据具体的情况与业主共同探讨，创造出真正适应主人需要和富于人情味的设计。

(4) 居室的生态设计

当代科学技术的发展既给人类带来了巨大的财富，同时也极大的破坏了人类赖以生存的生态系统。但随着生态环境认识的深化，人们日益关注我们的居住空间，生态设计也就应运而生。21 世纪是信息时代，也是一个生态文明的时代，可持续发展的设计道路是室内设计的必然趋势。世界发展到现在，人类都在运用高新技术来探索生产和生活环境的一种可持续发展的模式，按国际社会所承认的原则来进行各项设计。未来设计的重点是重视考虑和解决自然能源、自然材料的合理利用，在室内环境艺术设计中尽量多地利用自然因素和天然材质，创造自然质朴的生活环境，使室内设计更贴近自然。因此室内生态居住设计应注意以下几点：

1) 合理的空间布局

对于室内设计师而言，空间自有其生命，设计师应对空间生命保持一种尊重并赋予其灵魂，使之成为个性化、舒适的居住环境。室内空间的合理组织与设计，能最大限度地满足通风与自然采光的要求，创造出适合人居住的物理环境。如住宅选择坐北向南，并将朝南的窗台降低，朝北窗台适度提高高度，使室内空间更符合空气动力学的特征，促进了室内气流的合理流动，创造南北通风格局，增强室内通透感，减少对空调的依赖性，以达到冬暖夏凉的效果。厨房尽可能地独立布置到套间的北端或西北端，卫生间次之，并在空间设计和门窗的设置方向组织穿堂风，使厨房的油烟不至于扩散到其他房间。在设计中强调空间的功能分区，如动静分区、干湿分区等，减少空间的相互干扰。更加注重室内空间布局的实用性，将储藏室、步入式更衣室等引入普通住宅，甚至在住宅内开始采用立体划分空间的方法，利用空间设计的高差隔出不同的功能区域，大大提高了空间的利用率等。室内设计应该是功能、形式与技术的总体性协调，并满足人们对精神品质的塑造和追求，应避免室内设计对表面形式的推敲和只着眼于装饰的形式、色彩及使用材料的效果，着重研究隐藏在形式背后的更深层的文化和技术内涵，加大室内自然生态设计的力度，使有限的空间拥有大自然的日月星辰、鸟语花香。

2）自然和简约的设计

生态居住设计所提倡的适度消费思想和节约型的生活方式为简约主义设计提供了广泛的空间。简约主义的设计不再强调使用传统建筑中的符号和各种烦琐的装饰，而注重空间形体的构成元素，注重光和色彩的应用和追求几何形体的对比和协调的关系，由此创造出无尽简约的美感。

3）绿色环保材料

室内装修工程的污染源主要有三个方面：建筑本身、装修材料以及室内的新家具。其中甲醛污染物存在于大部分装修材料和家具中。苯存在于各种建筑材料的有机溶剂和各种油漆稀释剂中，大理石地板及石材中含有的放射物氡等。随着人们对室内生态设计的重视，生态环保型装修材料正在逐步实现清洁生产和产品的生态化，在生产和使用过程中对人体及周围环境都不产生危害，使用环保无污染建筑装修材料。如绿色住宅建设不可使用对人体健康有害的建筑材料，以避免带来甲醛、苯、氨、氡等有毒气体，造成居室空气污染。由于植物能够吸收二氧化碳，清除甲醛、苯和空气中的细菌和形成健康的室内环境，具有生态美学方面的作用。因此扩大绿化，把绿化庭院引进室内环境是室内生态设计的重要内容。

4）注重细部设计

为了保证居室里有较好的空气，室内的植物、灯光、家具等的布置都必须注意科学性，使理性秩序与感性意境相结合，使各个物体占有一定的空间，才能创造一个有利于健康的“居住生态”环境。如日本的和式室内设计大量采用与人十分亲近的木材，在建筑设计中不是表现和自然的对抗和对立，而是去努力表现与自然的统一与协调，在空间处理上注意每一个细节都和自然环境紧密结合，其所凝聚的那种天人合一的自然观，正与生态设计的主流思想相吻合。

1.1.2 各种功能居室设计

(1) 门厅

打开房门，“开门见山”直接进入起居室或卧室总是不好，需要有一个过渡空间，这就是门厅的主要功能，它起到了缓冲的作用，它是室内外两个不同空间的中介。同时还兼有贮存、外出整容等功能。门厅是家居总体印象的开始，设计上要加以重视。

1）门厅的布置

门厅一般与起居室相连通，可用矮柜或盆栽植物作隔断，以取得较好的距离感及过渡作用。如设小柜，可储存鞋帽及小杂务，厚度不宜超过 350mm，并注重形式的美观和实用，安放整容镜要特别注意朝向，如图 5-3、图 5-4 所示。

2）照明设计

门厅光线一般依赖人工光源，以吸顶灯、壁灯等占用空间少、光线柔美的灯具为宜。地面装饰材料应以舒适、易于清洁和美观为原则。

(2) 客厅

客厅也称为起居室，是家庭生活的活动中心，具有接待客人、家人团聚、休息、娱乐、视听活动等功能，因此起居室在家庭居室中处于重要的地位。设计的好坏直接影响着整个设计的成败。

1）客厅的布置

客厅是个多用途的空间，按需要可划分为聚谈休息、视听欣赏、娱乐等区域，不同的

图 5-3　门厅的布置（一）

(*a*) 门厅一；(*b*) 门厅二

典型的现代起居室布置

图 5-4　门厅的布置（二）

家庭根据实际做适当的调整。

聚谈休息区是客厅的一个核心区域，接待宾客和家人团聚时使用。空间布置上要求结构合理，利用椅类家具组合，形成一个亲切适意的能够促膝而坐的谈话区。家具的尺寸和数量要根据家庭成员的人数，来客的多少，房间的大小来决定，如图 5-4。

视听欣赏区是人们欣赏电视节目、音乐等休息消遣活动的场所，需考虑音响效果及视觉效果。

起居室的布置因人而异，布置前根据居住者的要求确定其风格，然后再做具体的布置，可结合灯具、音响设备、茶几等生活用品的布置，以创造出独特的氛围，如图 5-5、图 5-6 所示。

图 5-5　客厅的布置（一）

图 5-6　客厅的布置（二）

2）空间界面设计

地面装饰材料很多，常见的有木地板、塑胶地板、石材地板、地毯等。墙面可以粉刷、壁布装饰板等。顶棚的装饰材料要与墙面、地面结合起来考虑。三者无论是材质还是色彩都要协调。

3）照明设计

照明设计有利于氛围的营造。客厅的采光一般富于变化。在会客时，可采用全面照明；看电视时，可在座位后面设置落地灯，有微弱照明即可；听音乐时，可采用低照度的间接光；读书时，可在左后上方设光源。选择灯具时，要选用具有装饰性的、坚固的灯具，并且灯具的造型、光线的强弱要与室内装饰协调。

（3）卧室设计

卧室是居室中最具私密性的一部分，它的主要功能是睡眠和休息，有时也兼作学习、梳妆的活动场所。卧室分为主、次卧室，夫妇居主卧室，子女居次卧室。由于卧室是个人生活的空间，因此在设计上可充分体现个性的创造与发挥，从生活设施布局到家具本身的造型，均可多方加以挑选与布置。一个良好的卧室设计，可以使人得到身心的真正松弛。

1）卧室的布置

床是卧室的最主要的家具，占据较大的面积。一般床头靠墙，三面临空，既方便上下床，又使整理床铺较为方便。梳妆台已逐渐成为卧室的必备部分，其布置一般有三种形式：一是与床头柜连成一体，在墙上安装镜子；二是单独设立兼作写字台；三是作为组合柜的一部分。组合柜用来挂放衣物及储存其他卧室用品，是卧室必备的储存家具，如图 5-7。

2）卧室的隔声与照明

室内外的隔声除了采用隔声效果好的墙体材料外，还要注意门窗的密闭处理。

一般来说，卧室要使人温馨愉悦，因此大多采用暖色的局部照明或间接照明。可在墙上设壁灯或托架壁灯，顶棚装吸顶灯。为了使光线不直接照射眼睛，应选择眩光少的半透明型的灯具。考虑使用方便，可在入口和床旁设三路开关；床头设置台灯，以保证读书时有良好的照度。

3）卧室的界面装饰

卧室的地面要给人以柔软、温暖和舒适的感觉。现在大部分铺设木地板。顶棚应采用吸声性能好的装饰绝缘板或矿棉板等。墙面布置要选择有温暖感和高贵感的材料。窗帘应采用薄厚两层，透光与不透光的落地式。

（4）餐厅设计

常见的餐厅有三种形式：厨房兼餐厅、客厅兼餐厅、独立的餐厅。

在现代生活中，餐厅已日益成为愈加重要的活动场所，它不仅是全家人日常共同进餐的地方，也是宴请亲朋好友谈心与休息享受的地方。所以餐厅的设计不仅要注意从厨房配餐到顺手收拾的方便合理性，还要能体现出家庭团聚、充满欢乐气氛的室内装饰风格。

1）餐厅的布置

餐厅内部家具主要是餐桌、椅和餐具柜等，它们的摆放与布置必须为人们在室内的活动留出合理的空间。根据房间的形状、大小，决定餐桌椅的形状大小与数量。圆形餐桌能够在最小的面积内容纳最多的人；方形或长方形餐桌比较容易与空间结合；折叠或推拉桌

图 5-7　卧室的布置

能够适应多种需求。

餐厅内可适当的布置鲜花、植物、水果及风景照片等小装饰物，以促进食欲，如图 5-8。

2）餐厅界面装饰

餐厅的地面要尽量选用易于清洁、不易污染的地板或面砖等材料，特别是有幼儿或小学生吃饭的家庭还要注意地面的防滑。

顶棚要选择不易粘染油烟污物并便于维护的装饰材料。

墙面的装饰不宜太花哨，否则易将人的视线从饭桌上吸引过去。餐桌可选用合适的桌布，其颜色与图案要利于进餐，增进人的食欲。

餐厅的色彩以明朗轻快为主，最适用的是橙色和黄色，以及相同色相的近似色，这些色彩不仅给人以温馨感，而且有刺激食欲的功效，能提高进餐者的兴致。

3）照明

餐厅要明亮、舒适。一般是在餐桌上方设置悬挂式灯具，保证局部照明，既能突出餐桌的位置，又使菜肴色彩鲜艳。在其他位置适当设置筒灯作为一般照明。整个餐厅的灯光均以暖色调为宜。

图 5-8　餐厅的布置

(5) 厨房设计

调理饭菜的操作空间是厨房，它与人们一日三餐关系密切。现代化的厨房要求光线充足、通风良好、环境洁净、使用方便。厨房空间大致可分为储存、洗涤和烹调三个区域。

1）厨房的布置

厨房的布置主要从方便性出发，使从事炊事劳动者能按照粗加工、洗切、细加工、配制、烹调、配餐这一系列的程序进行活动，避免相互间的干扰，如图 5-9 所示。

①“一”字形

适用于厨房狭长的家庭，储存、洗涤及烹调区一字排开，贴墙布置节省空间。

②“L”形

储存、洗涤和烹调区依次沿两面相接的墙壁展开，“L”式布局适用于较小、方形的厨房空间。

③“U”式

三面贴墙的方式布置储存、洗涤和烹调，适用于厨房相对较大的空间。洗涤在一侧，储存和烹调相对布置，这样形成省时省力的三角形的合理结构。

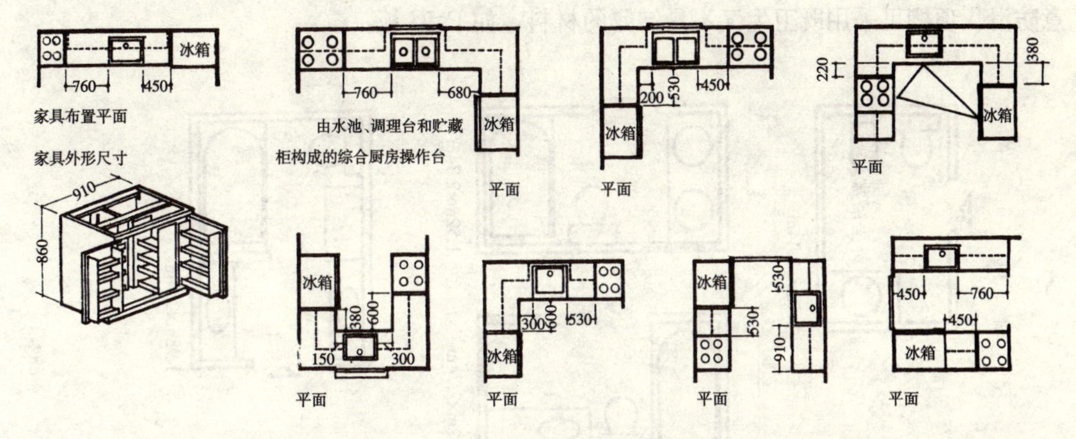

图 5-9　厨房平面布置（单位：mm）

④岛式

适用于厨房较大时，一般还设立一个便餐桌，既可用于备餐、进行烹调准备的工作台面，又可用来充当餐桌。

2）厨房的换气

厨房烹饪会产生油烟，因此应在灶台的上部设置抽油烟机或换气扇。厨房的自然通风也很重要，最好能有两个相对的窗子，借空气的对流而进行自然通风调节。若室内是单面窗，那就要常开换气扇或油烟机，以保持室内的清洁。

3）厨房的装饰、照明

厨房的地面和墙面容易被污染，因此应采用易于清洁的装饰材料，如面砖。地面还应考虑防滑。顶棚现在常用聚氯乙烯（PVC）板。

为了舒适、健康、卫生，厨房内的自然采光是必需的，因此洗涤池前的窗或转角处的角窗都非常必要。

厨房的照明方式，主要为一般的主体照明和工作台面的局部照明。比较典型的是吊柜下方安装槽灯，顶棚中央安装吸顶灯。

（6）卫生间设计

随着生活水平的提高，卫生间不再只是人们生理要求的空间，而发展成为人们的一种享受空间。功能从厕所、盥洗发展到洗浴、美容、休息，成为消除疲劳，使身心同时得到放松的重要空间，家具设备包括洗脸盆、浴缸、坐便器、洗衣机、热水器等设施。

1）卫生间的布置

卫生间的尺度要能放下四件卫生设备，即浴缸、洗脸盆、坐便器、洗衣机为准。卫生间内还要布置附属的镜箱、毛巾架、肥皂架及储藏箱等。国外住宅中卫生间面积越来越大，将电话引入其中。整个卫生间的布置要以合理、紧凑为原则，使小面积的空间获得多种用途，如图 5-10 所示。

2）表面装饰材料

卫生间的墙面应选用光洁易清洁的面砖等防水材料做贴面，它的规格、色彩有多种选择，但一般以素净的色调为宜。地面可采用面砖，亦可用大理石铺面，在选用面砖时要注意防滑。顶棚可采用既卫生又不易结露的材料，如 PVC 板。

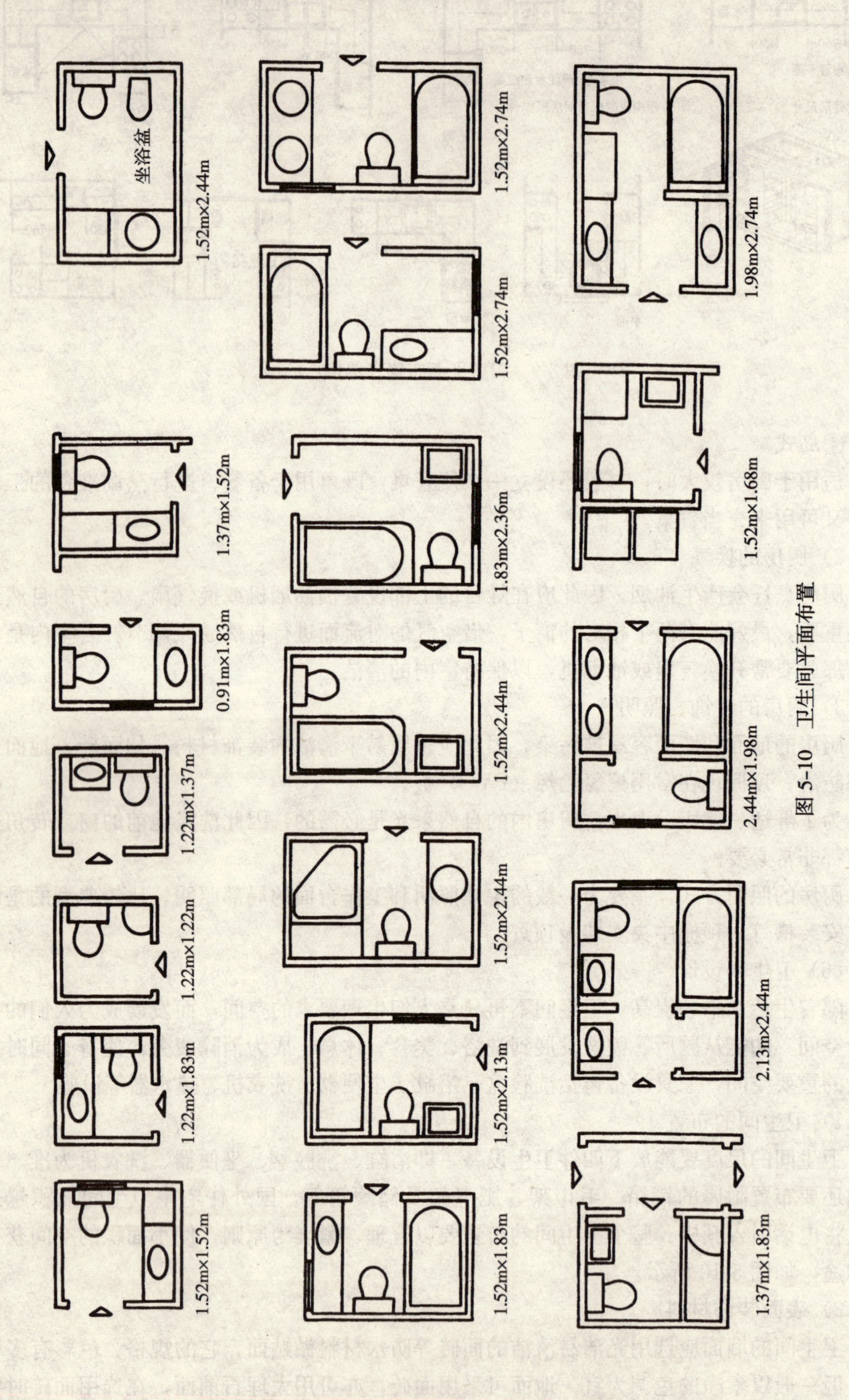

图 5-10 卫生间平面布置

1.2 居住建筑装饰装修构造特点与方法

1.2.1 楼地面装饰构造

(1) 块材式楼地面构造

1) 饰面特点：

①色品种多。

②经久耐用，易于保持清洁。

③施工速度快，湿作业量少。

④对板材的尺寸与色泽要求高；板材的尺寸相差较大，色差特别明显的现象经常发生。

⑤这类地面属于刚性地面，弹性、保温、消声等性能较差。

⑥造价偏高，工效偏低。

2) 做法如图 5-11、图 5-12 所示。

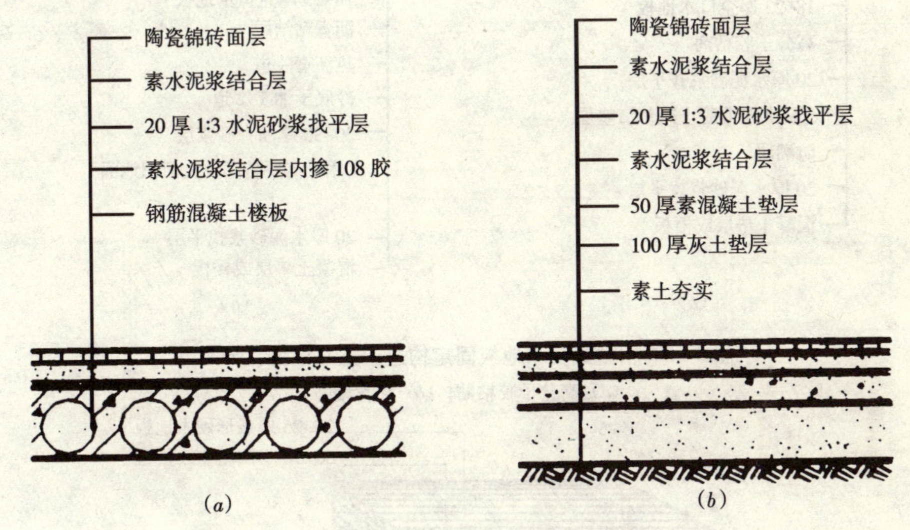

图 5-11 陶瓷锦砖楼地面构造示意（单位：mm）

(a) 楼面；(b) 地面

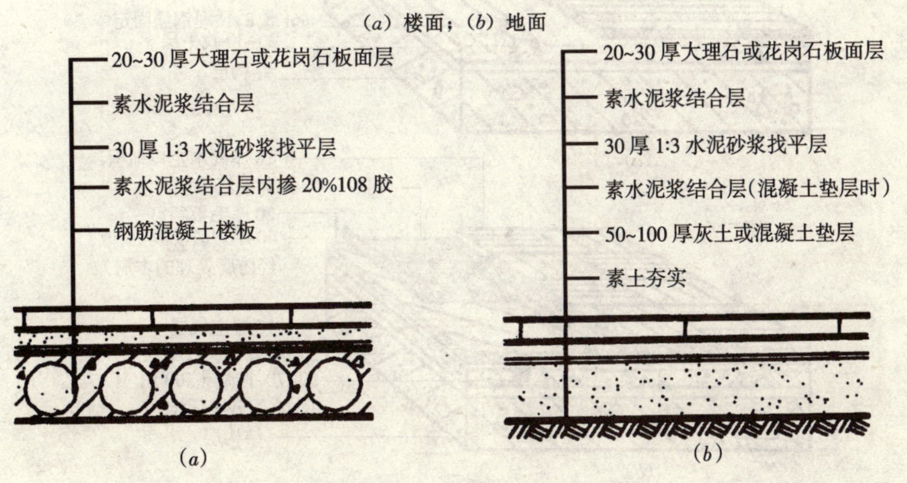

图 5-12 大理石、花岗石块材装饰楼地面构造示意（单位：mm）

(a) 楼面；(b) 地面

（2）木楼地面构造

1）饰面特点：

①木材表面纹理自然，颜色柔和。

②保温性能好。

③具有良好的弹性。

④受潮易变形、裂缝、腐朽，耐火性差。

2）构造做法如图 5-13、图 5-14 所示。

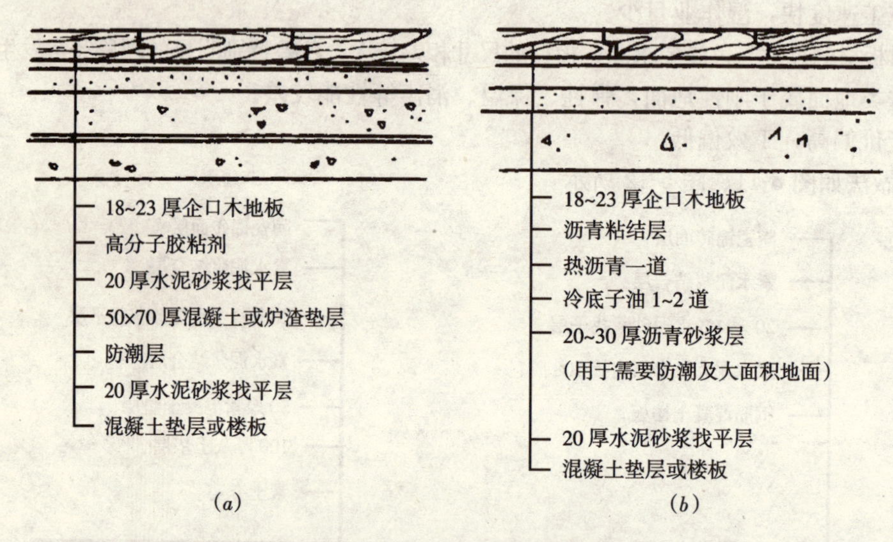

图 5-13　粘贴式实木地板固定构造示意（单位：mm）

（*a*）高分子胶粘贴；（*b*）沥青粘贴

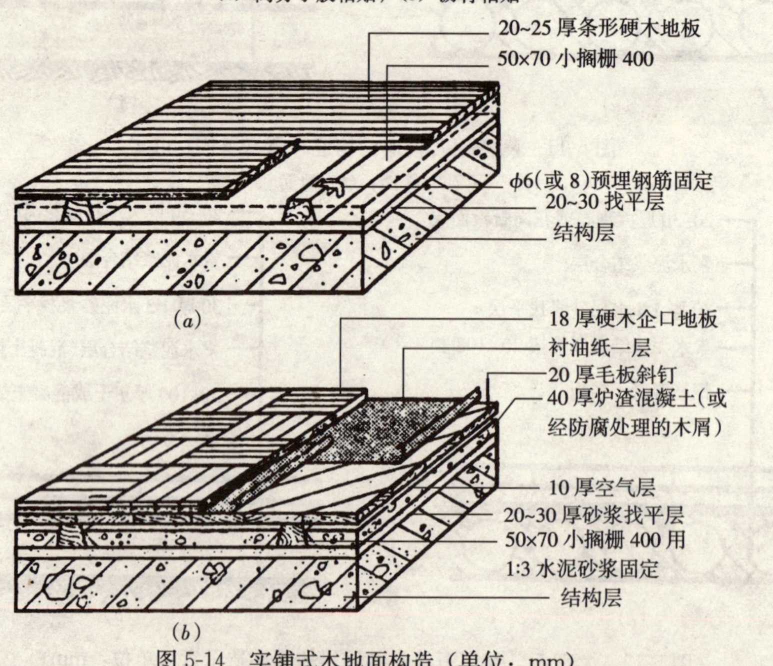

图 5-14　实铺式木地面构造（单位：mm）

（*a*）单层；（*b*）双层

(3) 塑料地板楼地面

1) 饰面特点：

①美观、耐磨、易清洗。

②花样繁多。

2) 做法如图 5-15 所示。

(4) 地毯楼地面

1) 饰面特点：

①弹性好，吸声隔声保温能力好，脚感舒适。

②施工及更新方便。

③清洗不方便。

2) 做法如图 5-16 所示。

(5) 特殊部位装饰构造（图 5-17）

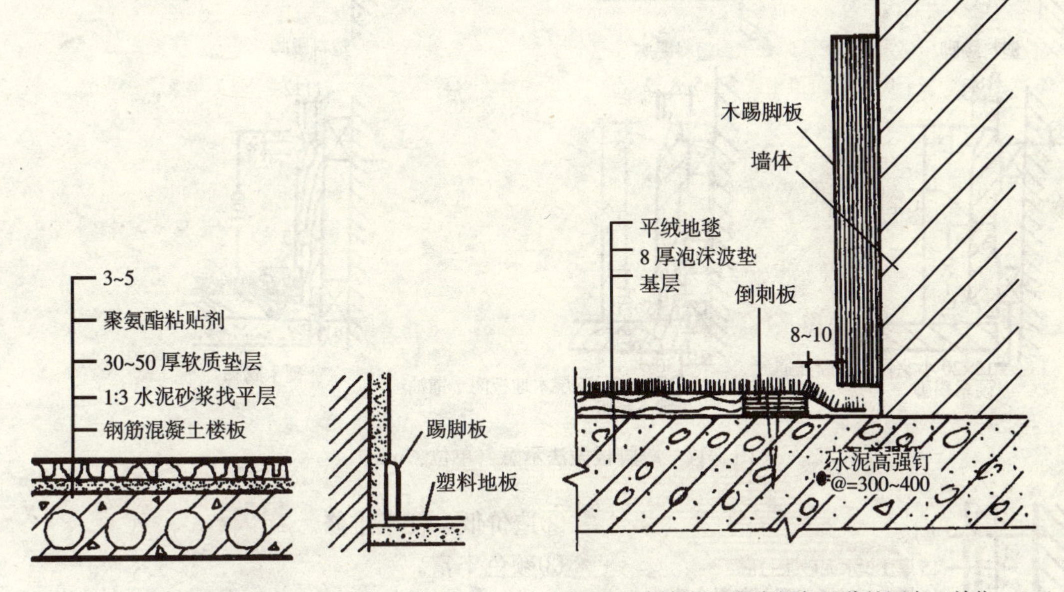

图 5-15　塑料地板楼地面构造示意（单位：mm）　图 5-16　倒刺板、踢脚板与地毯的固定（单位：mm）

1.2.2　墙面装饰构造

(1) 贴面类墙体饰面构造

1) 饰面特点（常见材料如釉面砖、陶瓷锦砖等）：

①色彩丰富，品种多样。

②坚固耐用，色泽稳定，易清洗，耐腐防水。

③价格适中。

2) 构造做法如图 5-18 所示。

(2) 涂料类墙体饰面构造

1) 饰面特点：

①施工简单，速度快。

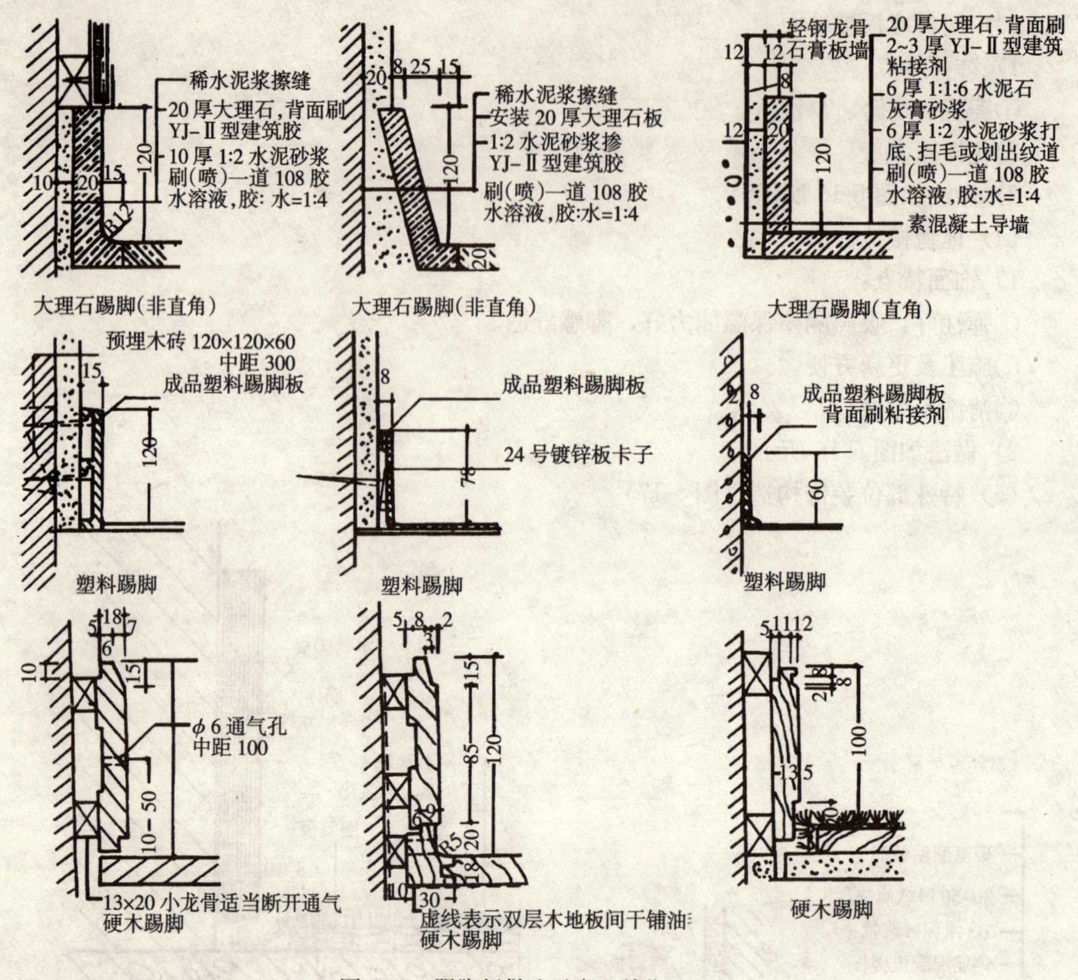

图 5-17　踢脚板做法示意（单位：mm）

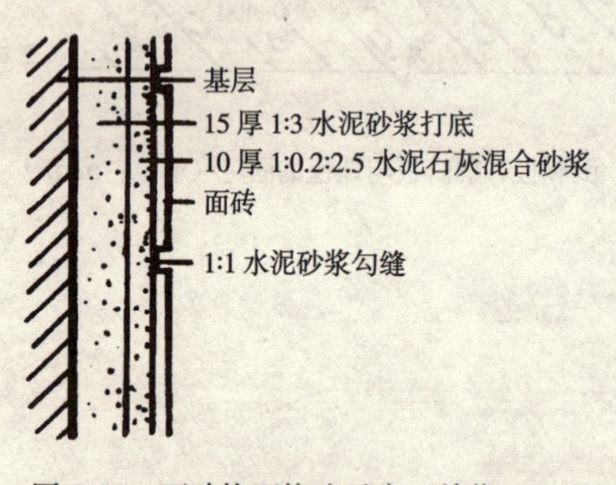

图 5-18　面砖饰面构造示意（单位：mm）

②造价低，便于维修。

③颜色丰富。

④耐久性差。

2）构造做法：

分为底层：主要起与基层的粘结。

中间层：起保护和装饰作用。

面层：体现涂层的色彩和光感。

(3) 卷材类墙体饰面构造

1）墙纸饰面特点：

①品种繁多，色彩丰富，具有很强的装饰性。

②擦洗、更新方便。

2）玻璃纤维墙布饰面特点：

①强度大、韧性好、耐水、耐火、可用水擦洗，装饰效果好。

②盖底力差，容易破损。

3）无纺墙布饰面特点：

①色彩鲜艳，图案雅致，不褪色。

②具有透气性，可擦洗，施工简便。

③有弹性，不易折断，表面光滑有羊毛绒感。

4）丝绒和锦缎饰面特点：

①色彩绚丽、质感柔软温暖、古雅精致、色泽自然逼真。

②易变形、不耐脏、不能擦洗。

5）皮革与人造革饰面特点：

①质地柔软保温，能吸声消震。

②耐磨、易清洁。

6）微薄木饰面特点：

厚薄均匀、木纹清晰，具有天然木材的真实感，可涂刷各种油漆。

7）构造做法如图 5-19、图 5-20 所示。

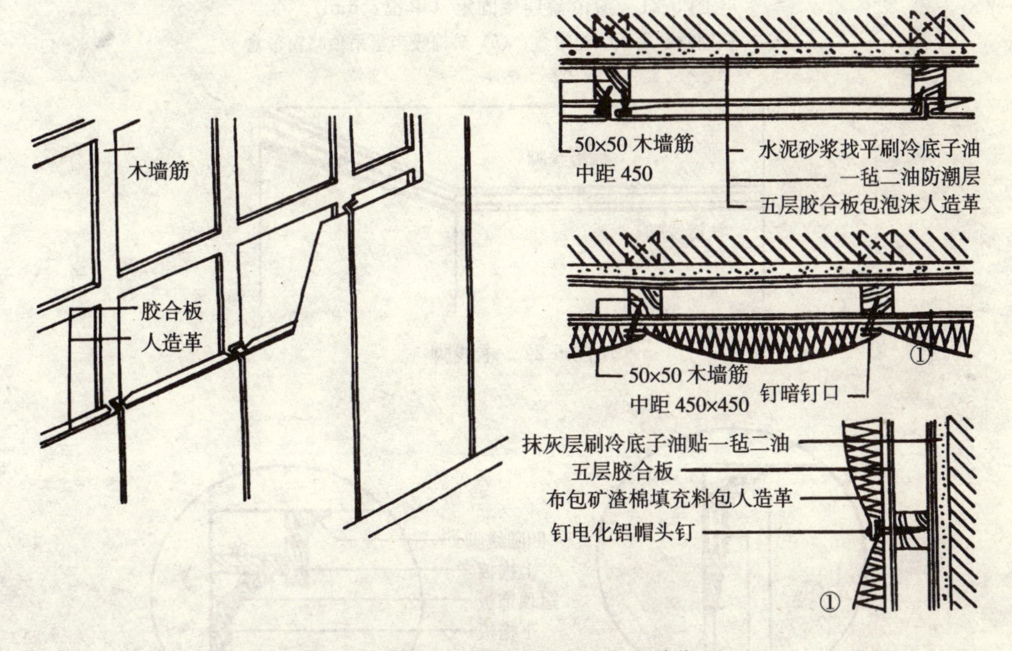

图 5-19　皮革或人造革饰面构造示意（单位：mm）

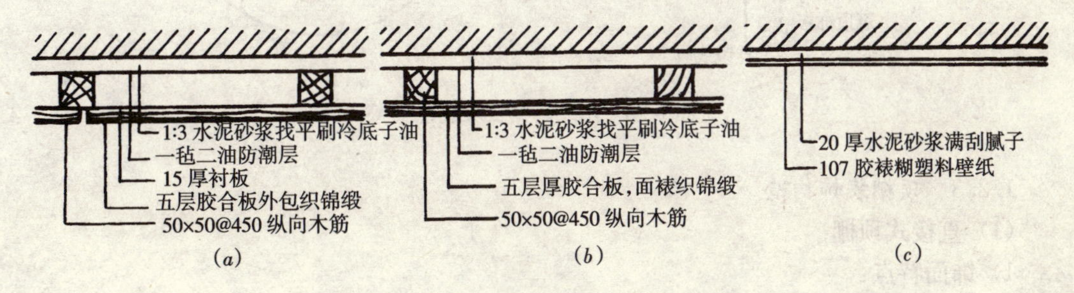

图 5-20　卷材墙面构造（单位：mm）

(*a*) 分块式锦缎；(*b*) 锦缎；(*c*) 塑料墙纸或墙布

(4) 墙面细部装饰构造（图 5-21、图 5-22 及图 5-23）

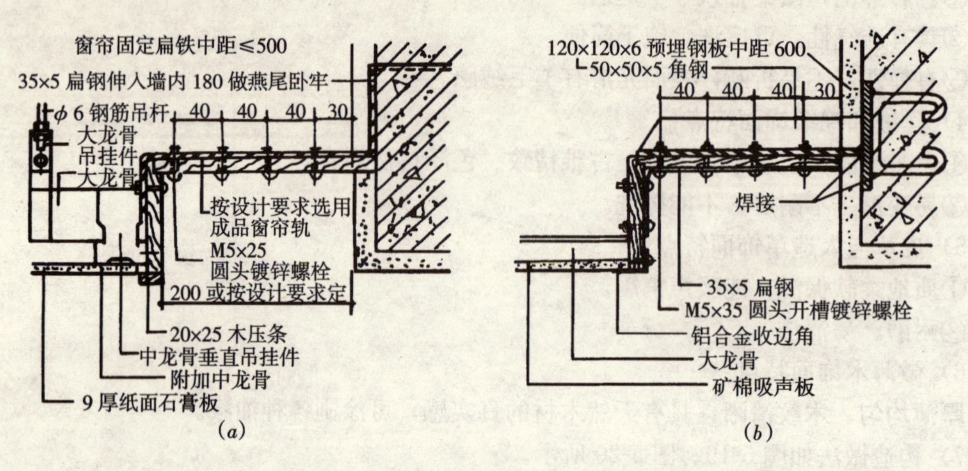

图 5-21　窗帘盒连接固定（单位：mm）

(*a*) 轻钢龙骨吊顶暗窗帘盒；(*b*) 矿棉吸声板吊顶暗窗帘盒

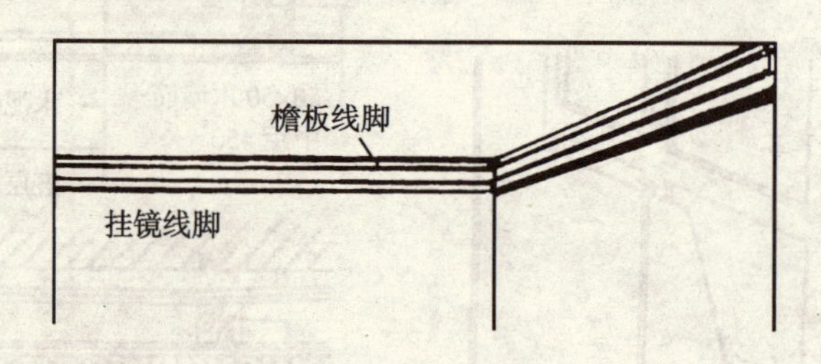

图 5-22　木线脚

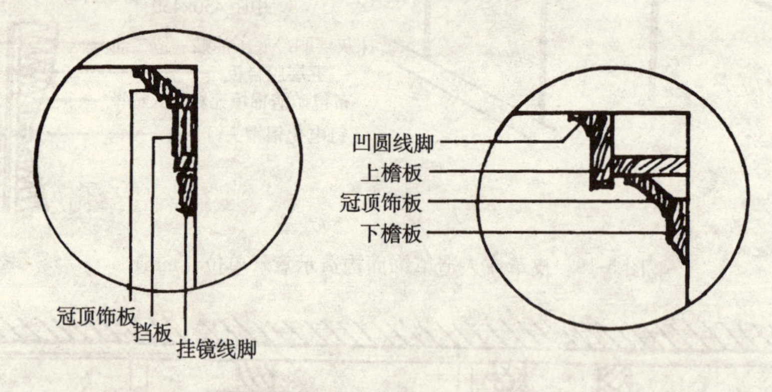

图 5-23　木线脚檐板及挂镜线

1.2.3　顶棚装饰构造

(1) 直接式顶棚

1) 饰面特点：

①构造简单，可充分利用空间。

②装饰效果好，造价低，施工简便。

③大口径的设备、设施无法隐藏。

2）构造做法如图 5-24、图 5-25、图 5-26 及图 5-27 所示。

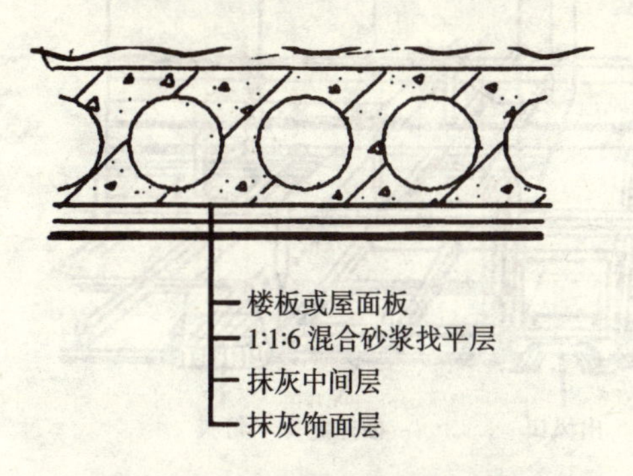

图 5-24　直接抹灰顶棚构造示意

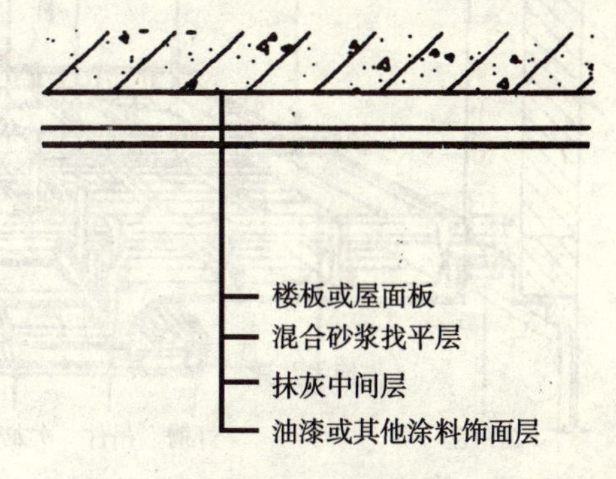

图 5-25　喷刷类顶棚构造示意

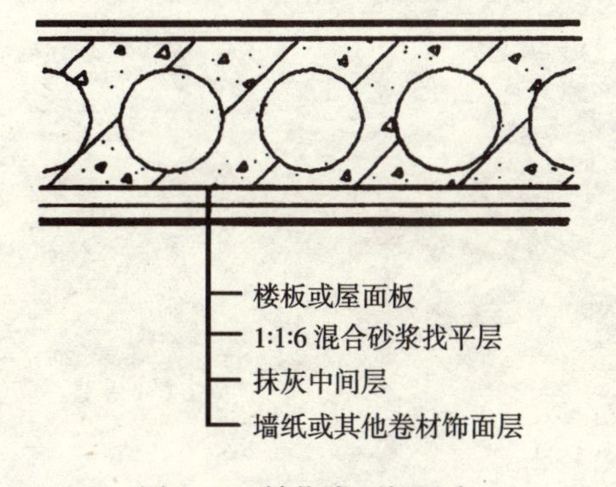

图 5-26　裱糊类顶棚示意

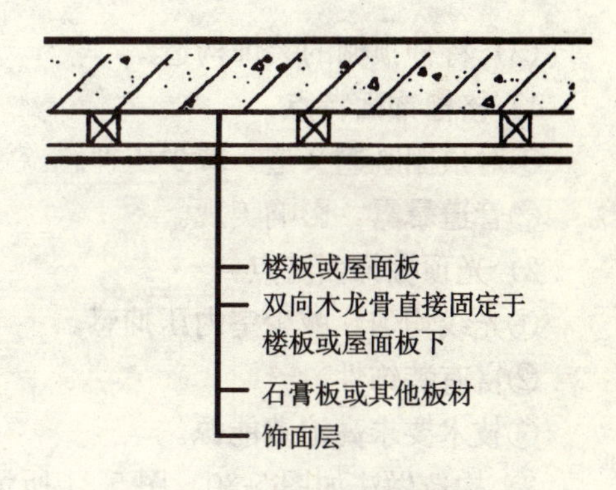

图 5-27　直接式石膏装饰板顶棚构造示意

（2）悬吊式顶棚

1）饰面特点：

①顶棚具有立体感，装饰效果好。

②能隐藏管道。

2）构造做法如图 5-28、图 5-29 所示。

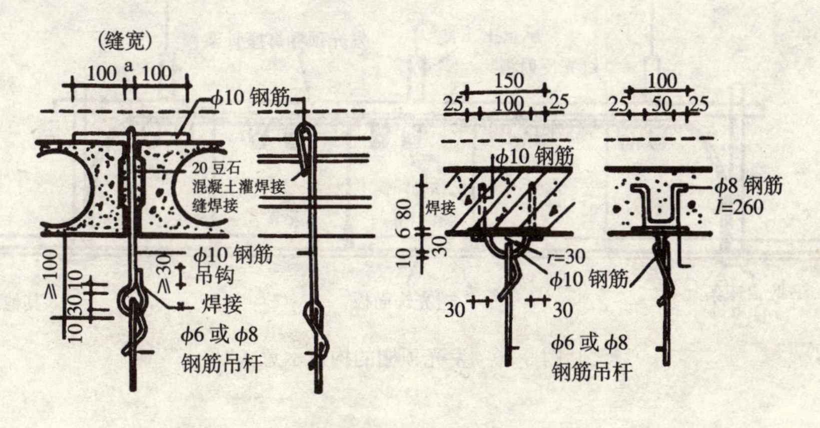

图 5-28　吊杆与楼屋盖连接构造（单位：mm）

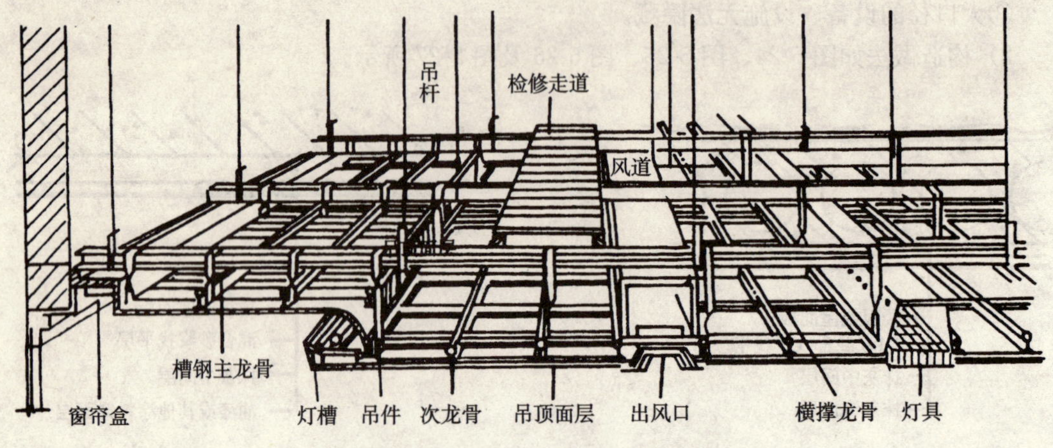

图 5-29　悬吊式顶棚的结构构造组成

(3) 特种顶棚的装饰构造

1) 格栅饰面特点：

①对顶棚既遮又透，减少压抑感。

②管道暴露，影响美观。

2) 光顶棚饰面特点：

①光线均匀，减少室内压抑感。

②富有装饰性。

③技术要求高浪费能源。

3) 构造做法如图 5-30、图 5-31 所示。

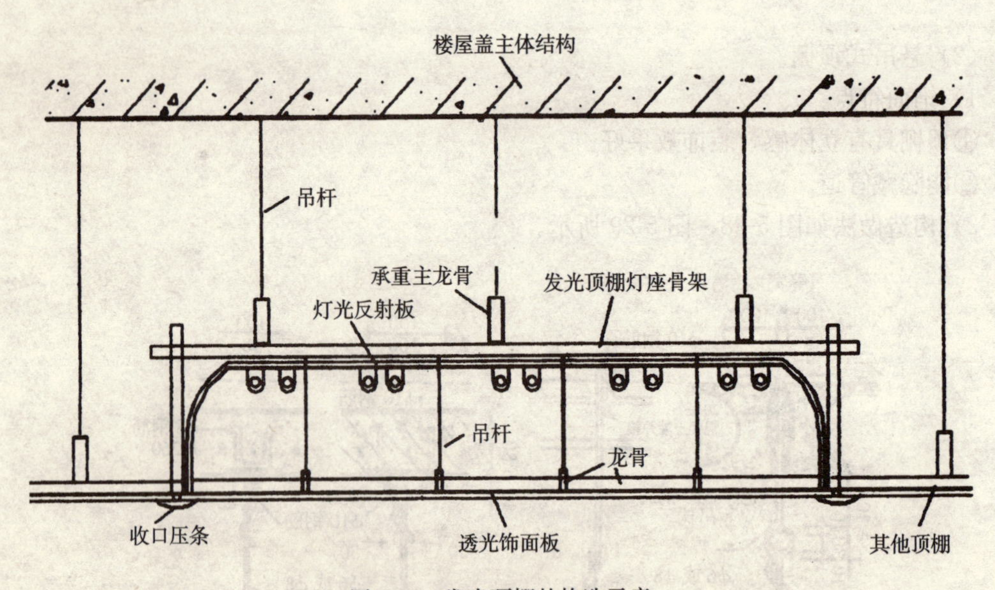

图 5-30　发光顶棚的构造示意

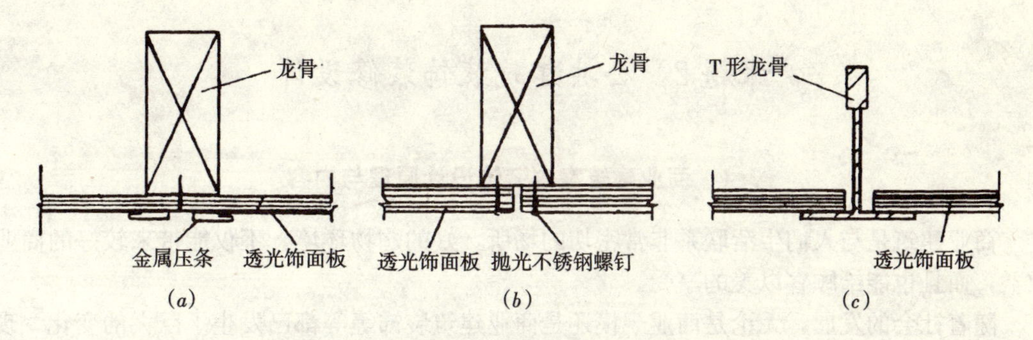

图 5-31　透光面层板与龙骨的连接
(a) 成型金属压条承托；(b) 帽头螺钉固定；(c) T型龙骨承托

1.3　设计实例

设计实例：深圳新天国名苑

本方案为了表现强烈的后现代主义风格，运用了时空对比的方式，用局部的古典元素配以现代工业材质，加以灯光的辅助，使整个空间突现出一种独特的个性。

图 5-32　客厅

玄关空间的鞋柜及鞋柜屏风设计为现代风格的玻璃配上古典的色彩，加上天花仿自然的灯光，使进户后的感觉十分舒畅。

电视主题墙面采用蓝色喷漆点缀中间部分，使人的视线延伸。蓝色象征天空与海，使主人在繁忙的一天中有归家的轻松感。在左边的局部米色墙纸上印有一些古典的图案和文字，在视线上形成强烈的对比，形成具有反差的后现代风格，见图 5-32～图 5-34。

图 5-33　餐厅

图 5-34　卧室

课题2　公共建筑装饰装修设计

2.1　商业建筑室内装饰设计原理与内容

商业建筑是与人们生活联系非常密切的场所，好的购物环境，不仅能带来较好的商业效益，而且也能给顾客以美的享受。

随着社会的发展，无论是商业规模还是商业建筑装饰等等都已发生了巨大的变化。现在的商业建筑装饰已将顾客的各种精神因素考虑进去，使商业环境更趋舒适感，方便人们的休闲购物。

2.1.1　现代商业建筑的发展

（1）规模的变迁

各个时代都存在着商业设施规模的变迁。从20世纪70年代美国的购物中心到日本的商业街的出现以及中庭空间的采用，商业规模已发生很大的变化。但实际上，商业设施的规模是与客流量紧密相关的，应该考虑的是创造出与客流量相应的合适规模的商业空间。

（2）构成形态的变迁

现代商业设施构成形态的一条基本原则，就是要有自己的定位和特色。如休斯顿加勒里亚购物中心以滑冰场为中心构成，圣地亚哥郊外的乡村广场以木构创造出了质朴的商业空间。

（3）现代商业消费心理

现代商业建筑在追求商业利润的同时，也在关注人的精神因素。其中人的消费心理直接或间接影响着人的购买行为。新奇是商业环境保持新鲜感和吸引力的直接原因。偏爱，由于消费者的文化品位、修养、年龄不同，对商品和商店会有不同的选择；习俗，不同的地域，不同的民族会有不同的民风民俗，商业建筑设计要根据这些习俗创造出令顾客满意的空间；求名，对名牌商品的信任与追求，乐意按商标购置商品，是不少消费者存在的一种心理，如鳄鱼、皮尔卡丹等。因此在设计时要注重形象的塑造，保持一种文脉的连续性。

（4）娱乐化

从20世纪80年代开始，电影、餐馆、游艺厅等娱乐设施进入购物中心，同时还通过配置水池、树木、观叶植物，为室内营造出舒适惬意的购物空间。

2.1.2　商业建筑空间设计

（1）功能布局

商业空间一般分为三个部分：引导部分、营业厅、辅助空间部分。

引导部分包括广告标志、橱窗、问询、寄存等，它是人们对商场的第一印象，反映了商品的用途、性质，以及一定程度上商店的风格特点，通过它的提示吸引人的目光，产生强烈的购买欲，促进商品的销售。

营业厅是商业建筑中的核心与主体空间，是顾客进行购物活动、对商店留下环境整体印象的主要场所。应根据商店的经营性质、营业特点、商店的规模和标准，以及地区经济状况和环境等因素，在建筑设计时确定营业厅的面积、层高、柱网布置、主要出入口位置以及楼梯、电梯、自动扶梯等垂直交通的位置。

辅助空间包括商品库房、工作人员办公和辅助设施等。

空间组织与安排以流线组织设计为原则，使顾客顺畅地浏览商品、选购商品、避免死角，并能迅速、安全疏散。柜台布置所形成的通道应形成合理环路流动形式，通过通道的宽幅变化、与出入口的对位关系，垂直交通工具的设置、地面材料组合等形成区分顾客主要流线与次要流线的水平流线。为顾客提供明确的流动方向和购物目标。多层或高层商业空间则围绕主要楼梯扶梯、电梯形成垂直流线，能迅速地运送顾客和疏散顾客人流，与每层平面流线交相呼应，形成现代化、快节奏的购物环境。

辅助空间室内组织与安排，主要考虑商品货物流线与员工流线，目的是使货物和售货员能以最快捷的速度到达每个柜组。

商业空间的形式根据售货方式的不同又可分为开架式布局和柜台式布局。后者具有很强的领域感、安全感。有时甚至以其他围护实体包起来，与周围环境的流动性较差，适用于银行或比较贵重的物品，如首饰、手表等等，如图 5-35、图 5-36 所示。开架售货方式越来越普遍，顾客可以随意选择商品，并且给顾客以开朗、活跃的心理效果，从而增大销售量，但管理有难度，适合于超级市场、自选市场等。

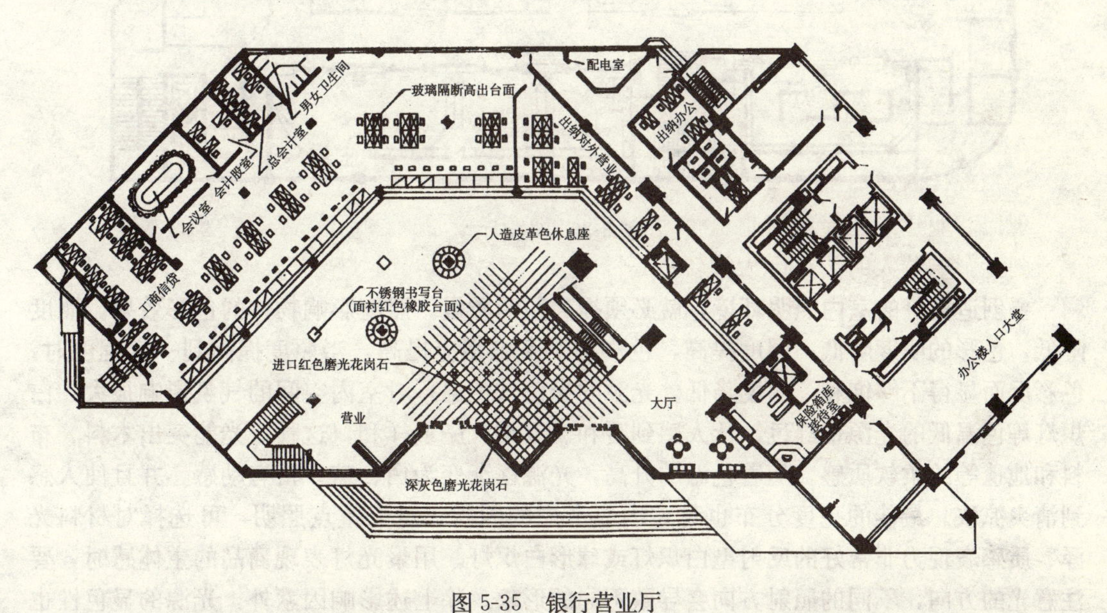

图 5-35　银行营业厅

（2）照明设计

商业空间照明是一项功能与装饰综合性很强的照明，它不仅要保证顾客能看清商品，还应使商品和整个商业空间富有吸引力，创造一个愉快而舒适的购物环境。

商业照明可分为一般照明和重点照明。

一般照明是室内全面的、基本的照明。按照度标准选取，满足人的视觉作业要求。

重点照明，即把室内的主要空间和物品照亮，吸引顾客的视线，增强其购买欲。重点照明是以高亮度、强烈的定向光来突出商品的光泽、质感和立体感。重点照明与一般照明的照度比是 3～5 倍。

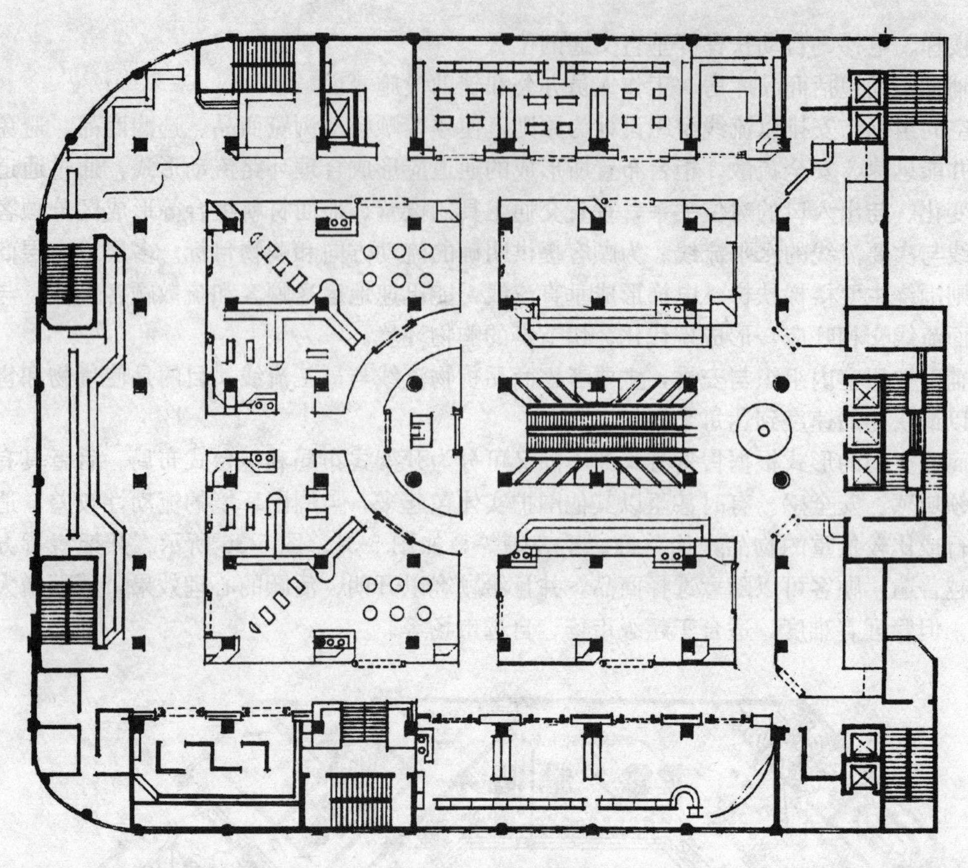

图 5-36　珠宝厅

要创造良好的室内照明环境，就必须提高照明质量。照度影响物体的色彩效果。照度降低，色彩的明度降低，照度提高，色彩的明度也相应提高，当照度提高到一定程度时，色彩反而显得不够饱和，明度降低。光源的光色（色温）对室内空间的气氛影响很大。白炽灯等色温低的光源带红色，让人感到暖和、温柔、庄重祥和，这种灯光能突出木料、布料和地毯等的柔软质感。随着色温的升高，光源逐渐变为白、蓝，富有动感，并且使人感到清爽凉快。最佳的亮度分布也是室内应考虑的因素。对于重点照明，可选择对材料光泽、质感表现力非常好的反射型白炽灯或球形白炽灯。用聚光灯表现商品的主体感时，要注意光的方向，不同的照射方向会导致不同的形象。除上述影响因素外，光源的显色性也是影响因素之一。商品的特性在很大程度上取决于所表现出来的色彩，商业照明应选用显色性高、光束温度低、寿命长的光源。

2.1.3　商业建筑界面处理

室内空间是由空间界面——楼地面、墙面、顶面围合而成的。室内空间环境效果虽然并不完全取决于室内界面，但是室内界面的材料选择、细部处理和色彩应用等，对室内环境气氛的烘托所产生的影响却是很大的。三界面担负的功能不尽相同，它们既相辅相成又有所区别，我们将分类阐述。

（1）顶棚

顶棚是室内空间的重要界面，尽管它不能像地面和墙面那样与人的关系非常直接，但它却是室内空间中最富于变化和引人注目的界面。室内装饰的风格与效果往往同吊顶的造型与材料有着密切关系。尤其是商业建筑空间宽敞，因而顶棚在人的视阈中所占的比例很大。

商店大多数采用吊顶棚，以便综合考虑照明、通风、空调、喷淋等位置，同时要注意这些设备的尺度和构图方式，以美化顶棚。商业顶棚装饰应力求简洁、完整，不宜过分繁琐，结合照明、色彩和质地形成丰富多彩的装饰效果。

（2）楼地面

商业空间楼地面是建筑物中使用最频繁的部位，其主要作用是承受人和室内设施等使用荷载并将其传给承重墙、柱或基础。商业建筑中人流频繁集散，地面必须耐磨、防滑、易于清洁。在平面布局中，地面图案的色彩、质感的塑造在引导人流、配合商品摆放方面起很大作用，但一定要注意和空间的用途、大小相适应。地面常用材料为大理石、花岗石、水磨石、地砖等，在小型商店或局部可使用木地面。

（3）墙、柱面

在人的视觉范围内，室内墙面和人的视线垂直而处于最明显的位置，同时也是人们经常接触的部位。因此，墙面装饰对室内空间效果的影响很大。为了吸引顾客的视线，商业建筑室内墙面往往色彩鲜艳，做法丰富，但要注意不宜过多、过杂，且应有一种主导思想，否则容易造成空间效果无法统一。

2.2 办公建筑装饰设计原理与内容

2.2.1 概述

人们生活在高科技时代，每天都在紧张地工作，良好的办公环境直接影响着人们的工作思维和工作效率。同时还能表现出企业的文化，使人信赖，有亲切感，并能充分表达出企业风格与活动，使办公环境充满祥和、明快、轻松、和谐的气息，达到给人以清爽美的效果。

2.2.2 分类

根据使用性质分为：①行政办公机关；②商业贸易公司；③电话、电报、电信局；④银行金融保险公司；⑤科学研究信息服务中心；⑥各种设计机构或工程事物所；⑦高科技企业机构。

2.2.3 房间组成及设计要求

现代办公环境总体设计，应注意主与次的关系。要把最好的办公室，视线所及的最佳景色留给公司最高行政人员。要求办公管理与设备的使用功能合理，而且交通路线畅通无阻。接待、会客与小型洽谈应与办公区分开，内外有别。由于面积的大小之差，办公用柜及合理的空间利用非常必要，尤其是家具的式样、色调与整体设计有关，并强调其实用性。

（1）门厅与接待处

门厅是用户和客人对公司的第一印象，尤其是接待处既引人注目，又是代表该公司，企业形象的标志。装修的档次直接反映出公司的实力，接待处的标志与文字是设计的重点。周围的绿化与照明能对其起到很好的陪衬作用。但是要注意门厅的整体效果，应考虑全部室内设计的格调，从办公用具、服装到电话式样、色彩，以及烟缸水杯的造型等都应精心设计，如图 5-37 所示。

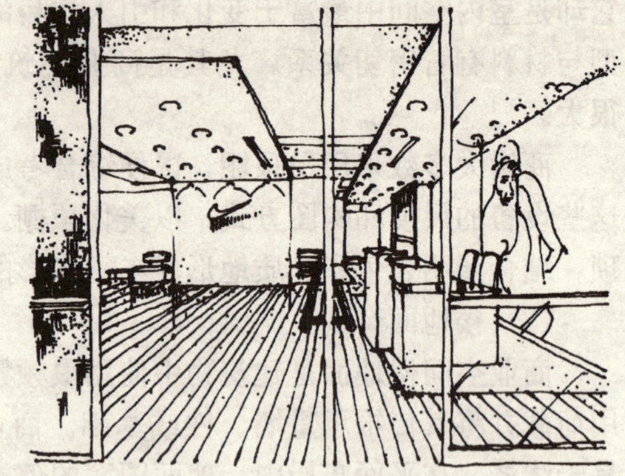

图 5-37　接待区室内设计实例

(2) 走廊与电梯间

走廊既是通道，又是联系各职能房间的交通路线，与电梯间形成一个流通的空间，给来客出入电梯间与走廊一种亲切与坦诚的感受，如图 5-38 所示。

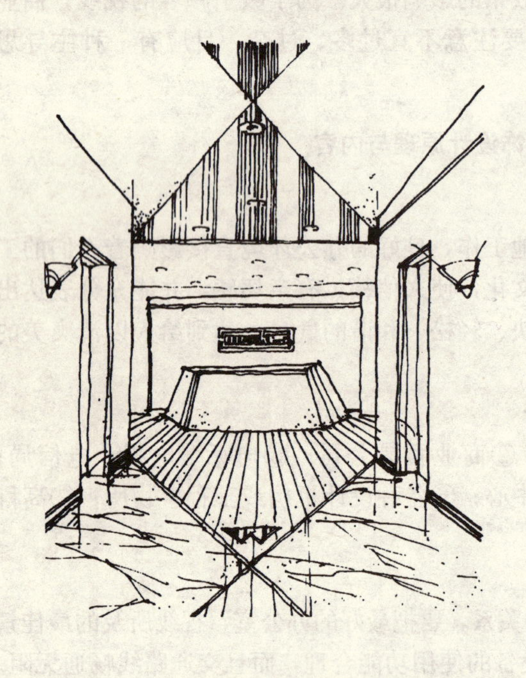

图 5-38　电梯厅室内设计实例

(3) 办公室

1) 设计要求

①办公空间设计的终极目标是为人提供最优的工作、生活环境。其室内设计的成功与否取决于对“人的因素”考虑的多寡，室内设计师应通过选用协调、顺序、变化、运动、自然、水、光、声、色彩、材料的元素，在考虑人的生理、心理需求与感受的基础上，浪

漫地、创造性地但又合理地系统地将它们组合成各种形式，创造出人性化的空间。

②办公室的家具为灵活组装，色调以含灰，宁静为宜，办公室强调舒适性，办公用具形成系列并以能反映出现代化办公为目的，使办公室成为一个更为完善与管理的工作环境。

③我们所处的时代是一个竞争的时代，办公室的设计已被提到能够展示企业形象的高度。办公环境作为企业文化的载体，越来越倾向于表现不同企业，不同行业的差异与特点的办公室文化，着意于用艺术的手法，传达企业的精神理念与个性特征，创造出企业与众不同的形象。好的办公室空间会对工作者起到鼓动的作用，给客户与访问者留下不可磨灭的印象。

④今天的设计师都梦想能够在作品中重塑自然，至少是把清新的绿意带回给人们的身旁。在将绿化植被引入办公空间时，不仅仅是出于对节能的考虑，更是追求一种努力与自然接近的生活，改变办公室空间坚硬、冰冷的表情，有助于员工在紧张的状态下得到适度的放松。

⑤在将植物引入室内时，要事先考虑并评估室内环境的特性，如通风效果、光线、温差、冷气、燥热等等问题，如不能把太阳下生长的植物放在室内。

2）布置

在办公室的布置中，办公桌的排列方式起重要作用，按功能需要可整间统一安排，也可组团分区布置，各工作位置之间，组团内部及组团之间既要联系方便，又要尽可能避免过多的穿插，减少人员走动时干扰办公工作。

①小单间办公室

即较为传统的间隔式办公室，一般面积不大，空间相对封闭。办公室内部安静，但办公室之间的联系少，通常适用于高层次办公主管人员使用，如图 5-39、图 5-40 所示。

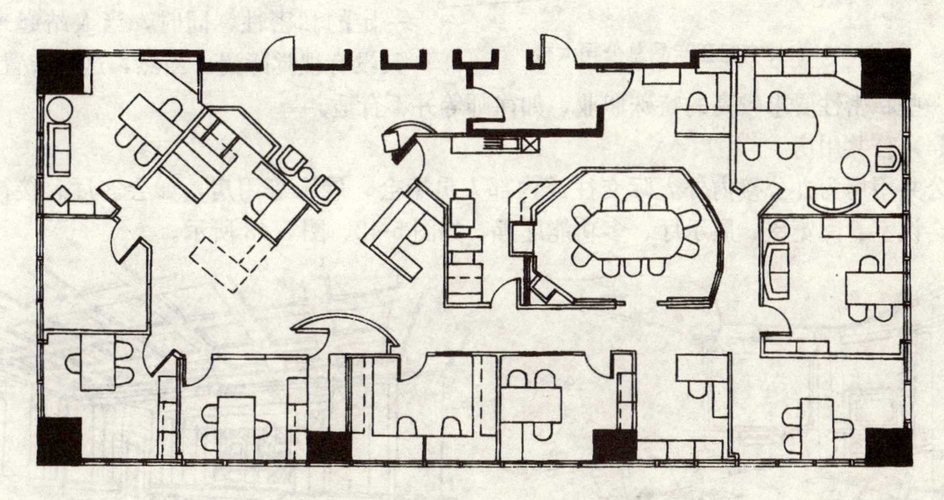

图 5-39　香港音乐（亚洲）有限公司

②大空间办公室

又称为“开敞式”或“开放式”办公室。这种办公空间有利于办公人员之间互相接触，增加交流的机会，提高工作效率。同时，还减少了公共交通和结构面积。不利的是室内容易

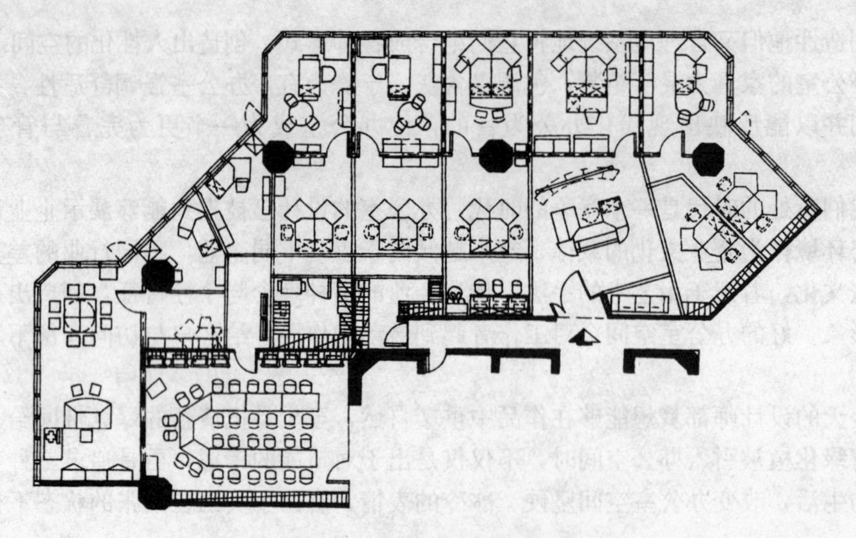

图 5-40　香港德国工商总会

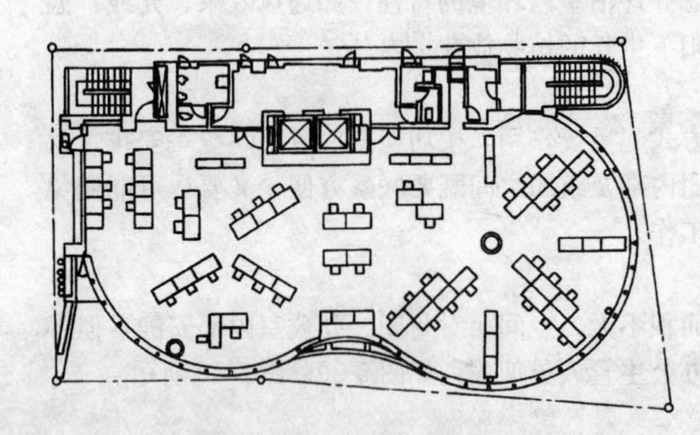

图 5-41　日本配套产品总公司大楼

嘈杂，相互有一定的干扰，如图 5-41 所示。

在设计中，办公室家具根据各种需要用一些符合模数的单元来取代传统的书桌、椅子和储存柜，这些单元结合起来形成工作面、储存柜、座椅、隔断等，布置出一些区域，并可以互换，可以拆卸。通过组合一些低的隔断，保护一定的私密性，同时，当人站起来时，又没有视觉障碍。当然，这种布置方式对于一些私密性要求较高的特殊职业，如律师等并不合适。

(4) 公共用房

公共用房为办公楼内外人际交往或内部人员聚会，展示等用房，如会客厅、接待室、各类会议室、阅览室、展示厅、多功能厅等，如图 5-42、图 5-43 所示。

图 5-42　会议室

图 5-43　美国肯塔基州休曼纳大厦多功能厅

(5) 服务用房

服务用房是指为办公提供资料、信息的收集、编制、交流、储存等用房，如资料室、档案室、文印室、电脑室、晒图室等。

(6) 附属设施用房

附属设施用房是指为办公楼工作人员提供生活及环境设施服务的用房，如开水间，卫生间、电话交换机房、变配电间、空调机房、锅楼房以及员工餐厅等。

2.2.4 界面处理

(1) 地面

办公室的地面应考虑走步时减少噪声、管线铺设与电话、电脑等的连接等的问题。可铺设塑胶类地毯、木地板等。由于办公建筑的管线设置方式与建筑及室内环境关系密切，因此，室内设计时应与有关专业工种相互配合和协调。

(2) 墙面

墙面是室内视觉感受最重要的界面，造型和色彩以简单淡雅为宜。

(3) 顶棚

办公室对照明、空调、消防等均有较高的要求，而吊顶的变化又能显著地改变空间形状和关系，两者间要达到协调和统一需要精心设计。

一般布置方法是将设施排列整齐，这样不仅满足设备的要求，也显得美观，并尽可能考虑吊顶材料的分块模数。

2.2.5 室内环境

(1) 色彩

人们每天要在办公室工作 8h，室内的色彩直接影响着人的状态，一般以浅灰色为主，走廊、休息室及接待处可以活跃一些。高级管理人员的办公室以豪华庄重为主，有时可活跃亲切些。室内色彩还要注意整体上的协调与统一，在统一之中求其变化。

现代办公有个新潮流，就是办公环境设计强调色彩的作用，出现了一些以色彩为变化的装饰与家具，如顶部以暴露空调、电器管线为装饰手法，使空间扩大，家具与办公设施成为室内重心，通过色彩设计协调其他部位。

总之，随着时代与高科技的发展、应用，人的传统习俗与观念在不断的变化之中。

(2) 照明与灯具

室内照明分为整体照明与局部照明，办公室以整体照明为主，结合局部照明。办公室多采用发光顶棚，光投射均匀，而且有白天日光的感觉，无阴影，使人工作舒适。其造型要与平面布局协调。

室内照明要求重视光源照度与配光，并从设备、位置、范围诸因素进行设计，以达到完整与室内空间和谐的效果，而灯具则是满足室内照明的发光体与装饰美的不可分割的组成部分。

(3) 噪声控制

现代的办公尤其是开敞式办公空间，噪声是不可避免的，但它又直接影响着人们的工作，因此，室内要进行噪声控制。

办公室噪声的来源主要有：

1) 电脑、空调等办公设备产生的噪声；

2) 人们交谈、走路、打电话等产生的噪声；

3）周围环境的影响。

噪声控制的方法：

1）地面铺弹性材料；

2）利用隔声板，加强墙体的隔声能力；

3）吊顶及墙上做吸声处理。

2.2.6　家具的选择

(1) 家具形式以简洁为主，体现视觉美感，色彩、质感、造型与室内设计协调统一；

(2) 满足人们的生理和心理需求；

(3) 以拆装变化单元组合为主，适应各种不同的平面设计。

2.3　公共建筑装饰装修构造特点与方法

2.3.1　楼地面装饰构造

(1) 现浇水磨石地面构造

1）饰面特点：

①色彩丰富，图案组合多样。

②坚固、耐磨。

③光滑，易清洁，耐腐蚀，不易起灰。

2）构造做法如图 5-44、图 5-45 所示。

分格条
素水泥浆
13
30°
水泥砂浆找平
混凝土垫层

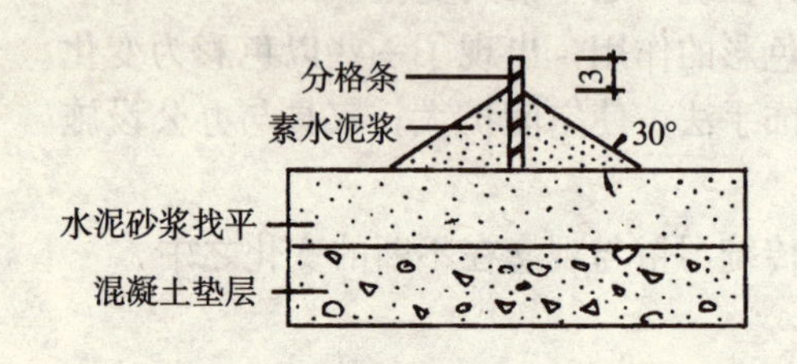

图 5-44　分格条固定示意（单位：mm）

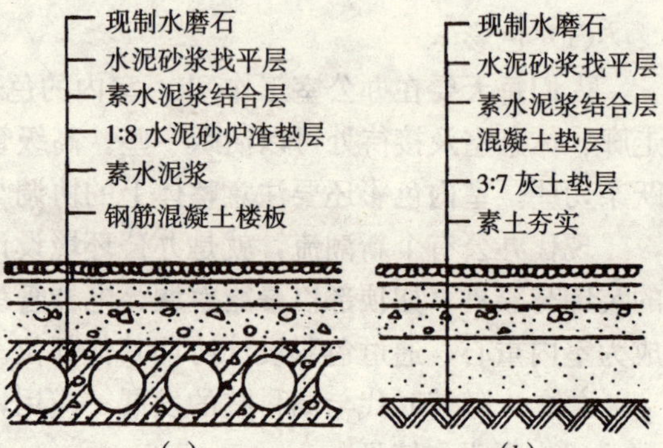

现制水磨石
水泥砂浆找平层
素水泥浆结合层
1:8 水泥砂炉渣垫层
素水泥浆
钢筋混凝土楼板
(a)
现制水磨石
水泥砂浆找平层
素水泥浆结合层
混凝土垫层
3:7 灰土垫层
素土夯实
(b)

图 5-45　现浇水磨石地面构造

(a) 楼面做法；(b) 地面做法

(2) 涂布楼地面构造

1）饰面特点：

①无接缝，易清洁。

②施工简便，维修方便。

③造价低，自重轻。

2）构造做法：

涂布楼地面主要是由合成树脂代替水泥，再加入填料、颜料等混合调制而成的材料，再加入涂布施工，硬化以后形成整体无接缝的地面。

涂布楼地面一般采用涂刮方式施工，故对基层要求较高，基层必须平整、光洁、充分干燥。为保证面层质量，基层还应进行封闭处理。一般根据面层涂饰材料调配腻子，将基层孔洞及凸凹不平的地方填嵌平整，而后在基层满刮腻子若干遍，干后用砂纸打磨平整，清扫干净。面层根据涂饰材料及使用要求，涂刷若干遍面漆，层与层之间前后间隔时间，以前一层面漆干透为准，并进行相应处理。面层厚度应均匀，不宜过厚或过薄，控制在1.5mm左右。后期可根据需要，进行装饰处理，如磨光、打蜡、涂刷罩光剂等。

(3) 油地毡楼地面

1) 饰面特点：

①具有一定的弹性和韧性。

②耐热、耐磨、光而不滑。

③图案多样。

2) 构造做法：

油地毡的厚度一般为2～3mm。它的铺贴方法很简单，若是采用卷材一般为钉结，不用胶粘剂，块材则应用胶粘剂粘贴。

(4) 橡胶地毡楼地面

1) 饰面特点：

①弹性好，隔撞击声。

②耐磨、防滑、保温、不带色。

2) 构造做法：

橡胶地毡表面有平滑和带肋之分，厚度为4～6mm，它与基层的固定一般用胶结材料粘贴在水泥砂浆基层上。

(5) 发光楼地面

1) 饰面特点：

发光楼地面是指地面采用透光材料，光线由架空地面的内部向室内空间透射的一类地面，具有特殊的装饰效果，常用于舞台、舞池、高档建筑的局部。常用的透光材料有双层中空钢化玻璃、双层中空彩绘钢化玻璃、玻璃钢等。

2) 构造做法如图5-46所示。

2.3.2 墙面装饰构造

(1) 斩假石饰面

1) 饰面特点：

斩假石饰面，又名“剁假石饰面”。这种饰面一般是以水泥石碴浆做面层，待凝结硬化具有一定强度后，用斧子及各种凿子等工具，在面层上剁斩出类似石材经雕琢的纹理效果的一种人造石料装饰方法。其特点是：

①饰面质朴素雅、美观大方，有真实感。

②缺点是手工操作，工效低，劳动强度大，造价高。

2) 构造做法如图5-47所示。

(2) 水刷石墙面

1) 饰面特点：

饰面自然、明快、庄重。

2) 构造做法如图5-48所示。

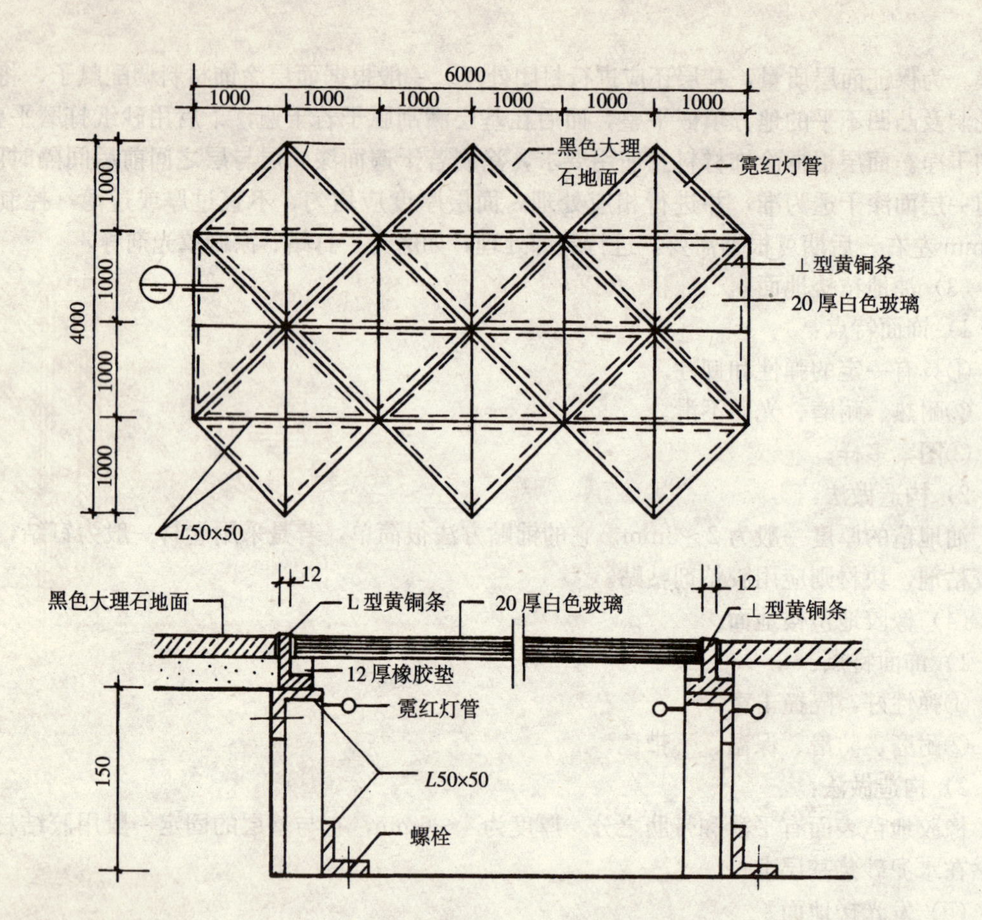

图 5-46　发光楼地面构造示意（单位：mm）

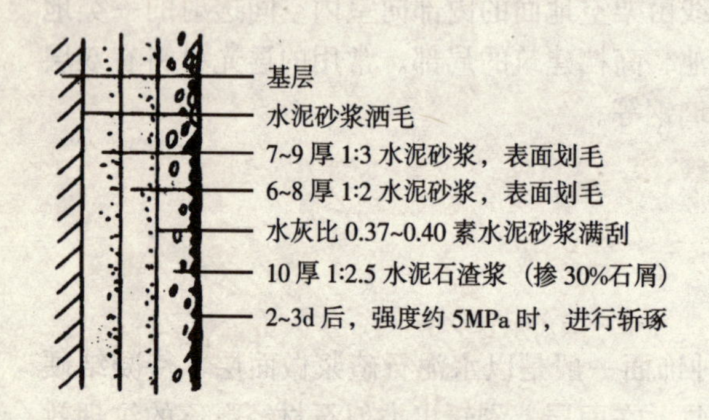

图 5-47　斩假石饰面分层构造示意（单位：mm）

混凝土基层
素水泥浆
0~7厚1:0.5:3水泥石灰混合砂浆
5~6厚1:3水泥砂浆
素水泥浆
20厚1:1水泥大八厘石粒浆

图 5-48　水刷石饰面分层构造（单位：mm）

（3）干粘石饰面

1）饰面特点：

①节约用料。

②减少湿作业提高功效。

2）构造做法如图 5-49 所示。

(4) 大理石饰面

1) 饰面特点：

①强度高，质地密实，色泽雅致。

②价格贵，稳定性不好。

③质量要求高。

2) 构造做法如图5-50所示。

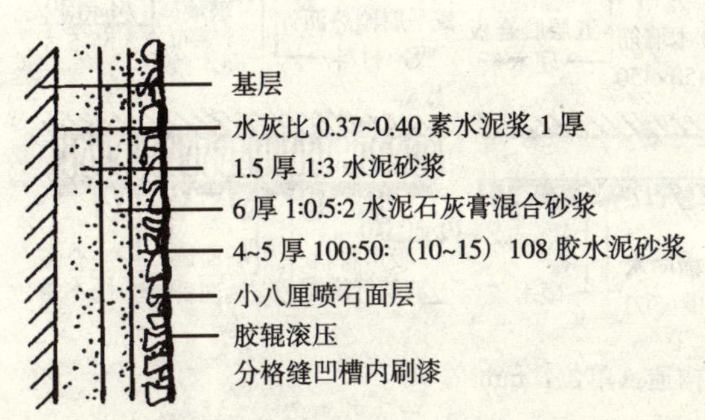

图5-49 喷石饰面构造层次（单位：mm）

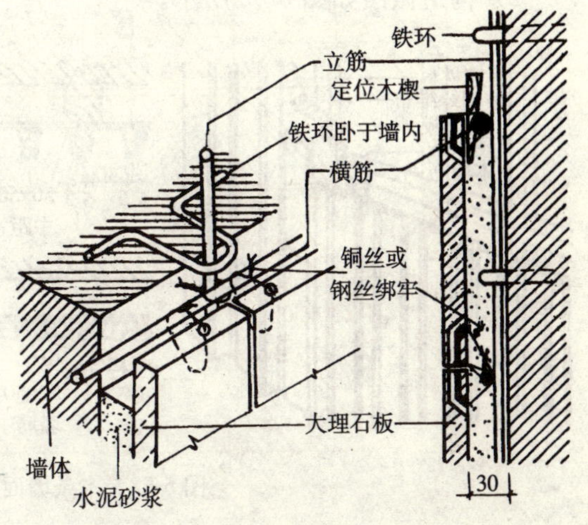

图5-50 大理石墙面安装固定示意

(5) 花岗石饰面

1) 饰面特点：

①构造密实，抗压强度较高。

②空隙率、吸水率较小。

③抗冻性、耐磨性好。

④具有良好的抵抗风化性能。

2) 构造做法如图5-51所示。

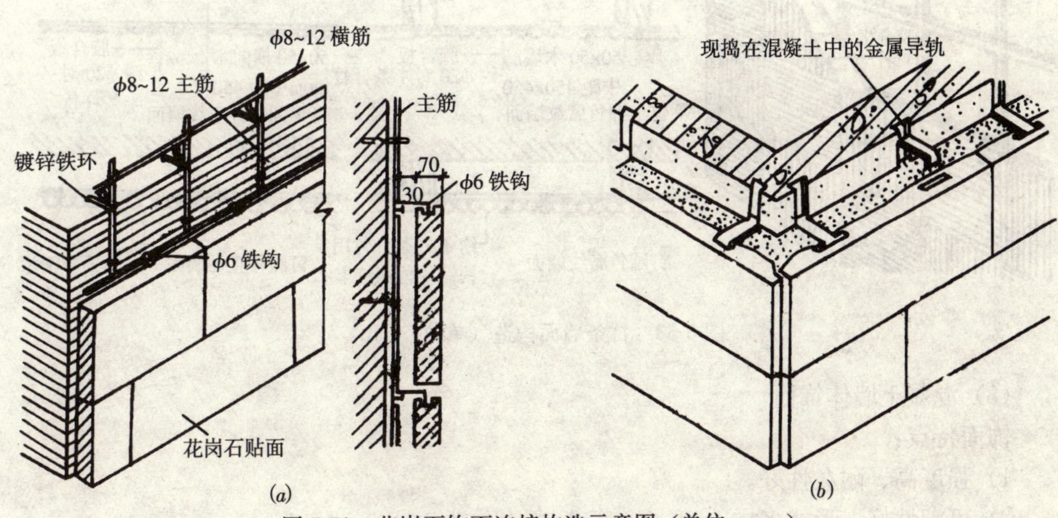

图5-51 花岗石饰面连接构造示意图（单位：mm）

(a) 砖墙基层；(b) 混凝土墙基层

(6) 木条墙面构造

1) 饰面特点：

①具有一定的消声效果。

②纹理色泽自然质朴，使人感到温暖亲切。

2) 构造做法如图 5-52 所示。

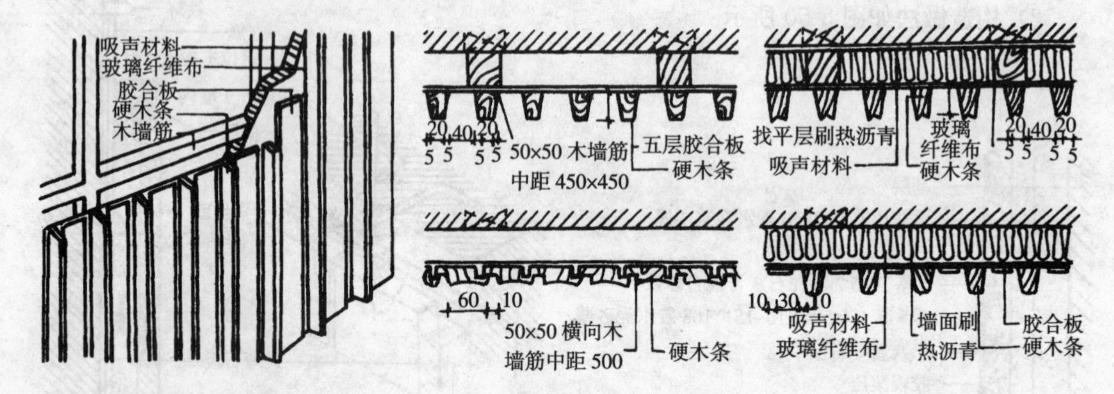

图 5-52 木条墙面构造（单位：mm）

(7) 竹条墙面构造

1) 饰面特点：

①抗拉、抗压性能好，富有弹性和韧性。

②表面光洁、密实。

③易腐烂或受虫蛀，易开裂。

④装饰别具风格。

2) 构造做法如图 5-53 所示。

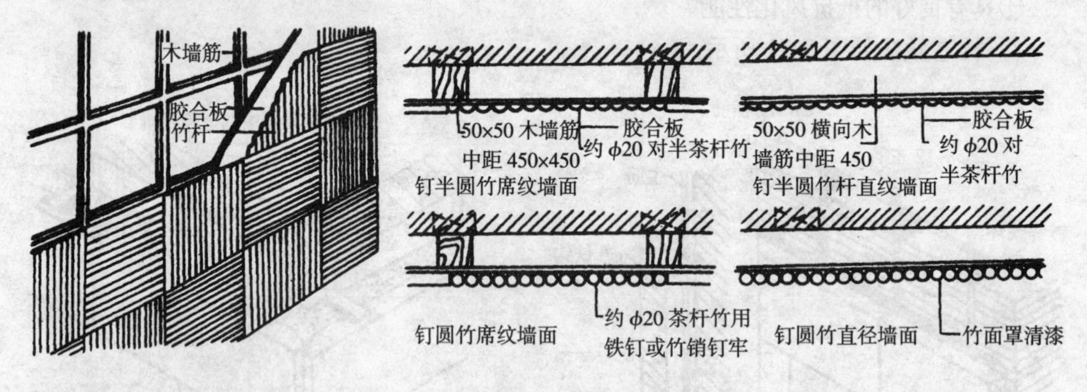

图 5-53 竹条墙面构造（单位：mm）

(8) 混凝土墙体饰面

饰面特点：

1) 强度高、耐久性好。

2) 可塑性好，形式多样。

3) 不需要饰面保护。

2.3.3 顶棚装饰构造

同居住建筑。

2.3.4 幕墙装饰构造

(1) 饰面特点

1) 新颖而丰富的艺术效果。

2) 重量轻。

3) 施工简便、工期短。

4) 维修方便。

(2) 组成材料

1) 框架材料

①型材

分为三类：型钢、铝型材、不锈钢型材。

②紧固件

常用的紧固件主要有膨胀螺栓、不锈钢螺栓、铝拉锚钉、射钉等。

2) 连接件

常见的连接件多以角钢、槽钢及钢板加工而成。

3) 饰面板

饰面板的种类很多，有玻璃、铝板不锈钢和石板等。

4) 封缝材料

通常有三种材料组成，即填充材料、密封固定材料和防水密封材料。填充材料主要用于框架凹槽内的底部，起填充间隙和定位的作用。密封固定材料是在板材安装时嵌于板材两侧，起一定的密封缓冲和固定压紧作用。防水密封材料其作用是封闭缝隙和粘结。

(3) 基本结构类型

1) 型钢框架结构体系

这种结构体系是以型钢做幕墙的骨架，将饰面板或铝合金窗、钢窗等固定在骨架上。

2) 铝合金明框结构体系

这种结构体系是以特殊断面的铝合金型材做幕墙的框架，饰面板镶嵌在框架的凹槽内，框架型材兼有龙骨及固定饰面板的双重作用，结构构造可靠、合理，施工安装简单。

3) 框结构体系这类结构体系

框架结构不露在幕墙饰面外面，使幕墙的外表显得更加新颖、简洁。

4) 无框架结构体系

主要指无框玻璃幕墙，这类幕墙结构的特点是饰面板尺寸大，空间通透、采光效果好。面板本身既是饰面构件又是承重构件。

(4) 构造做法如图 5-54、图 5-55 所示。

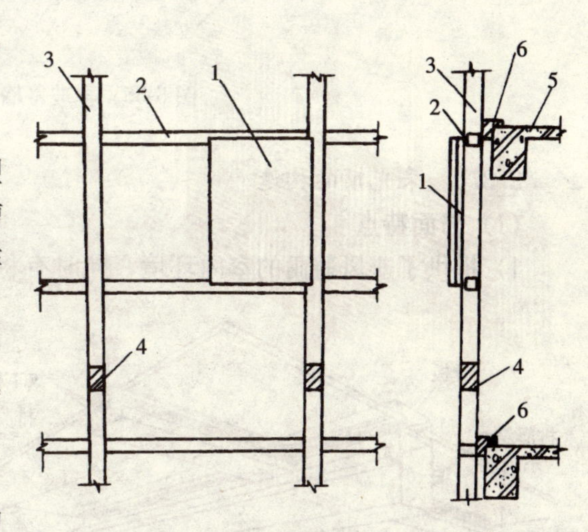

图 5-54 幕墙组成示意图

1-幕墙构件；2-横档；3-竖梃；4-竖梃活动接头；5-主体结构；6-竖梃悬挂点

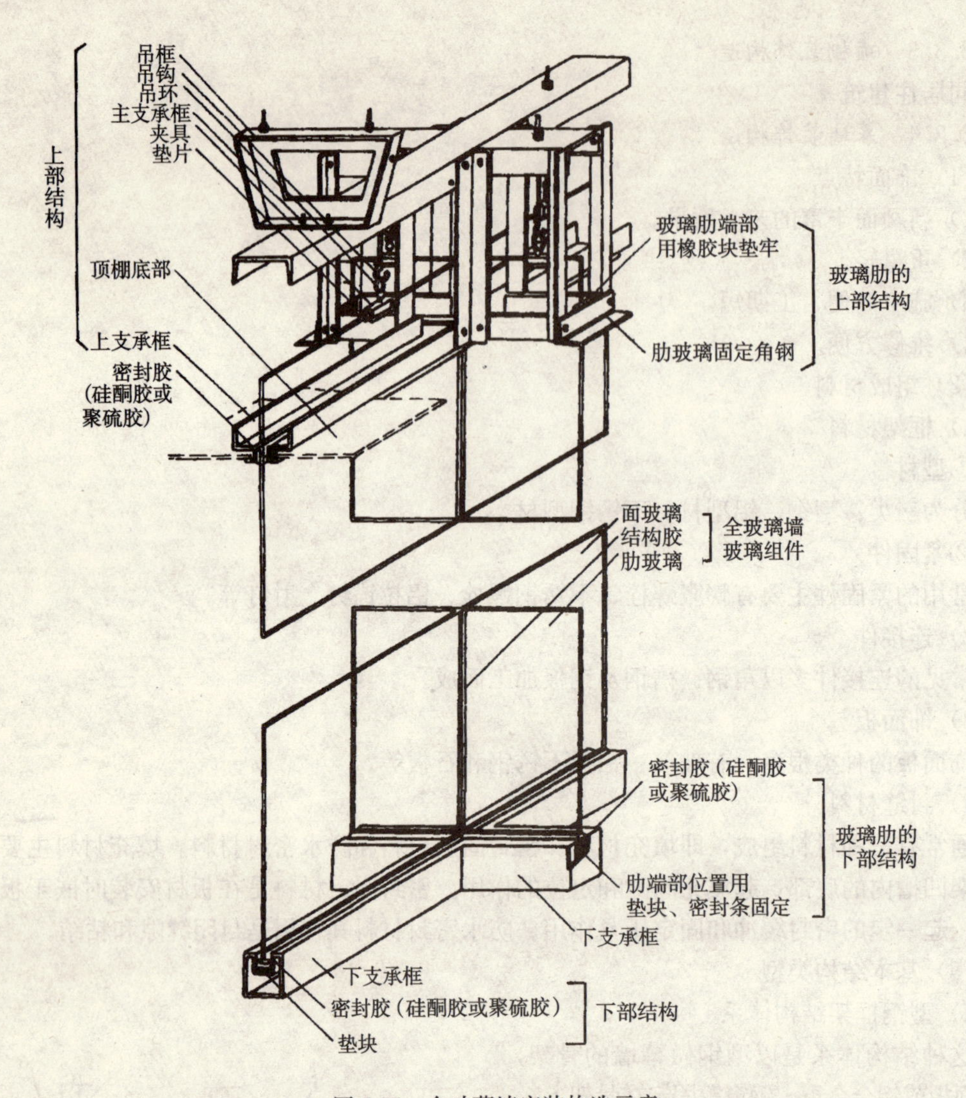

图 5-55　全玻幕墙安装构造示意

2.3.5　采光顶的构造

(1) 饰面特点

1) 提供了避风避雨的室内环境，同时有将室外的光影变化引入室内，使人有置身于室外开放空间的感觉，从而满足了人们追求自然情趣的愿望。

2) 提供了自然采光，减少了照明开支，又能通过温室效应降低采暖费用。

3) 丰富多样的采光顶造型，增强了建筑的艺术感。

(2) 构造做法（图 5-56）

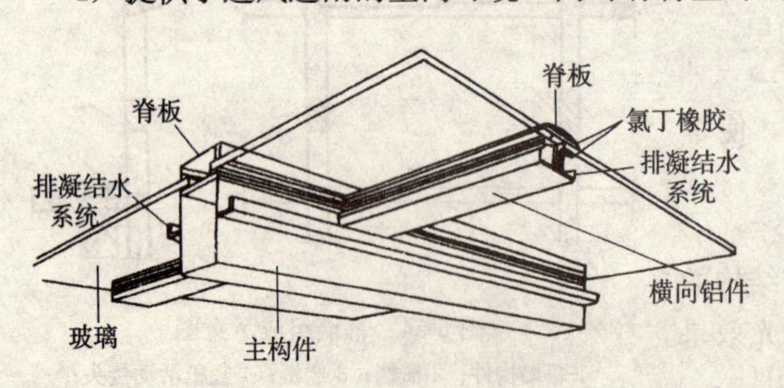

图 5-56　常见采光顶的骨架布置图

2.3.6 隔墙装饰构造

隔墙的装饰构造主要在公共建筑中用于按功能性的要求进行重新分割，在一定程度上满足隔声、遮挡视线等要求。

1）特点：

①重量小，对结构影响小，有利于灵活布置。

②隔声好，隐蔽性好，使各房间互不干扰。

③便于拆除，更好地满足各种功能性布局。

2）基本类型：

①砌块式隔墙

指用黏土砖、各种空心砖、加气混凝土砌块、玻璃砖等块材砌筑而成的非承重墙。图5-57所示为有框玻璃砖隔墙的构造示意与详图。

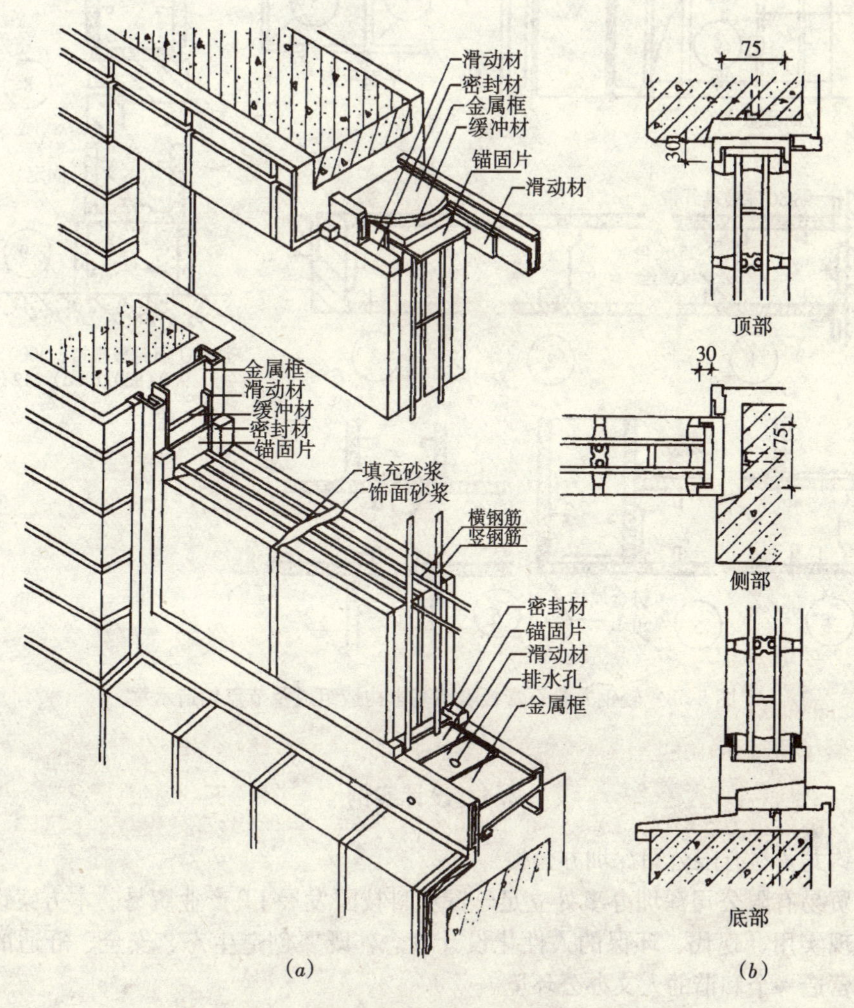

图 5-57 有框玻璃砖隔墙的构造示意与详图

(a) 金属框玻璃砖隔墙的构造示意；(b) 金属框玻璃砖隔墙的构造节点详图

②立筋式隔墙

用木材、金属型材等做龙骨（或骨架），再用灰板条、钢板网和各种板材做面层组合而成的轻质墙体。图 5-58 所示为轻钢龙骨板隔墙基本构造组成及节点构造示意；图 5-59 为板条抹灰隔墙基本构造组成及节点构造示意。

③板材式隔墙

指那些不用骨架，而用比较厚的、高度等于隔墙总高的板材拼装成的隔墙（必要时可设置一些龙骨，提高稳定性）。图 5-60 所示为板材式隔墙的构造示意详图。

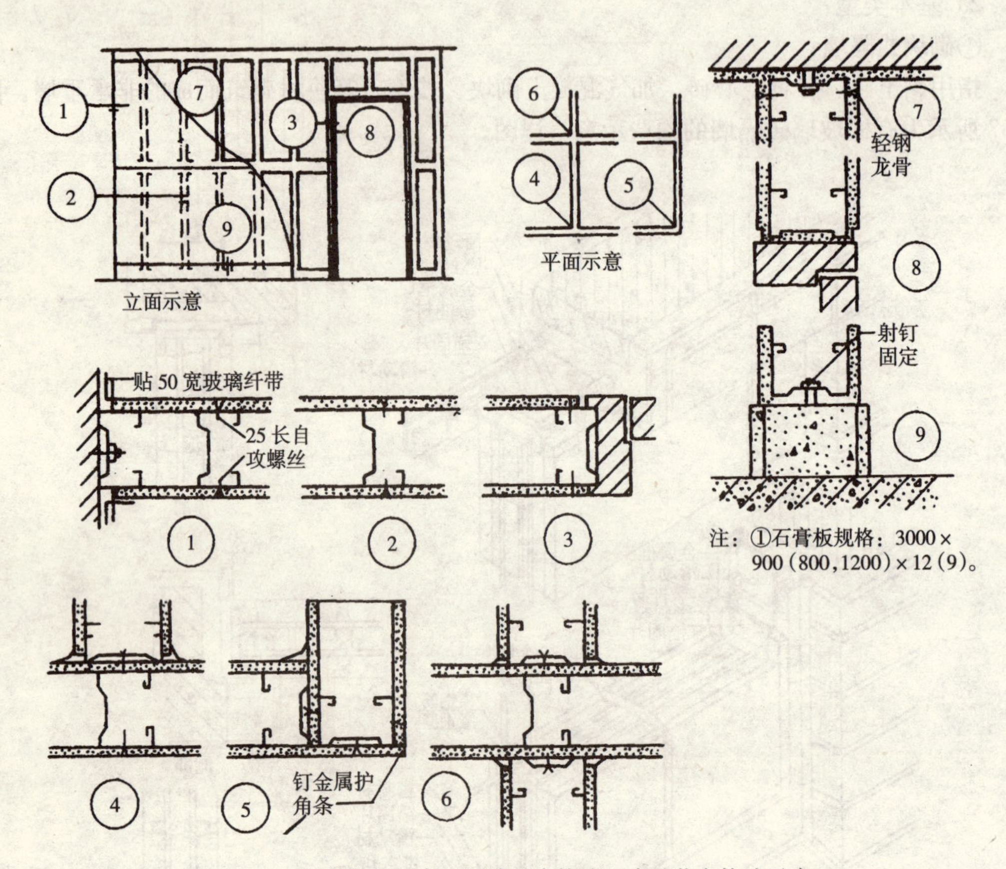

图 5-58 轻钢龙骨石膏板隔墙基本构造组成及节点构造示意

2.4 设计实例

(1) 钧龙贸易有限公司深圳办公楼

钧龙贸易有限公司深圳办事处立足于深圳科技园发展 IT 产业贸易。本方案设计重点致力于体现实用、现代、环保的人性化设计理念，既要创造生态、安全、舒适的工作场所，更要营造一个和谐的人文办公环境。

设计师在平面规划中自始至终遵循实用、功能需求和人性化管理充分结合的原则。在设计中，既要结合办公需求和工作流程，科学合理地划分职能区域，也要考虑员工与领导者之间、职能区域之间的相互交流，体现打造人性化空间的设计意图。

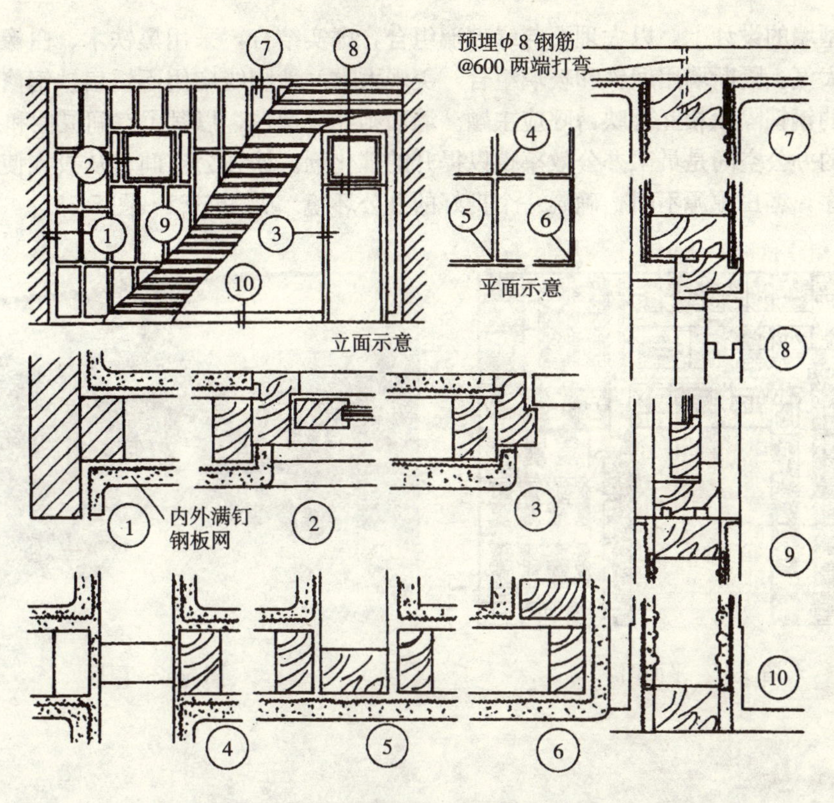

图 5-59 板条抹灰隔墙基本构造组成及节点构造示意

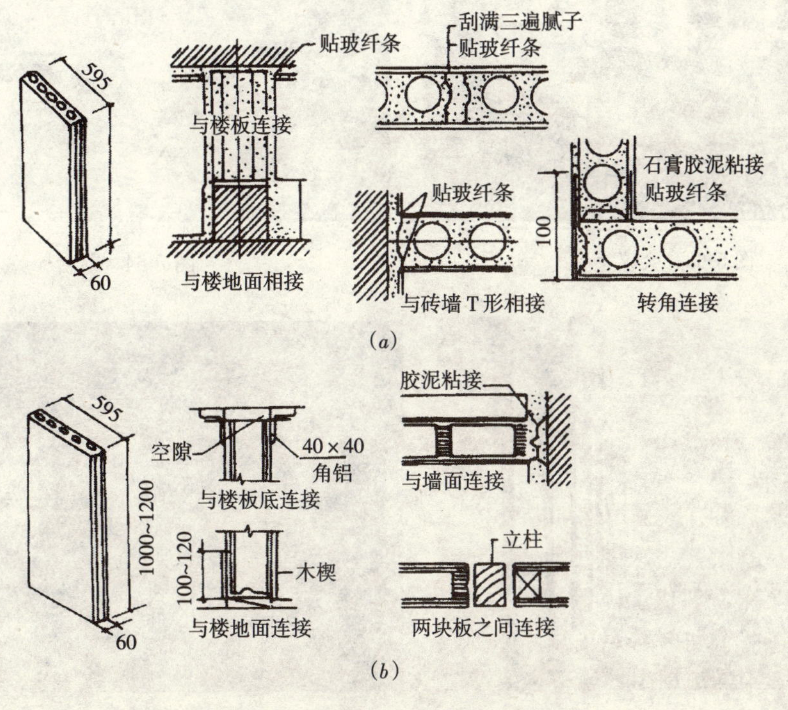

图 5-60 板材式隔墙的构造示意详图

(a) 石膏增强空心条板；(b) 水泥玻纤空心条板

在造型墙的设计上，以大理石与绿玻璃组合，虚实结合，采用黑铁木、白橡木块面组合，恢宏大气。隔断墙用煅铁和玻璃组合，美观大方。地脚线应用不锈扁铁钢修饰，结合做工精细的钢铁隔断相互辉映，呼应主题。墙面则充分留白，以赋予空间灵性和想象力。

良好的办公空间是员工办公效率得以提升的催化剂。该办公空间自从投入使用后，员工工作有序，客户源源不断，确属一个良好的办公环境。见图 5-61～图 5-68。

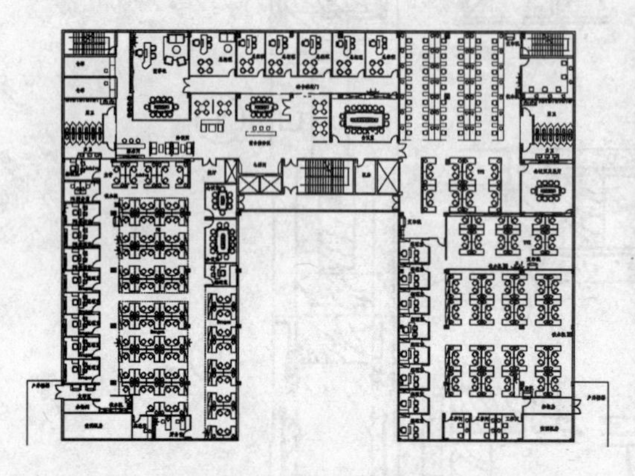

图 5-61　平面图

图 5-62　门厅

图 5-63　会议室

图 5-64　前台

图 5-65　走廊

图 5-66　会议室入口

图 5-67　办公区

图 5-68　展厅

(2) 广东省林业植物标本展览馆

“现代、简约、人文”是广东省林业植物标本展览馆的整体设计理念。本设计最大限度地利用有限空间，大色块应用得体，局部艺术造型语言丰富。充分利用灯光照明，整体效果统一、主题鲜明，比较好地处理了陈列的内容与形式、整体与局部、重点与一般、文物藏品的保护与展示、照明亮度与色温的关系，实现了内容与设计形式的完美统一，从而完成了展品与公众的会面与对话，给人以耳目一新之感。见图 5-69～图 5-71 。

图 5-69　右侧展厅

图 5-70　中间弧形展台

(3) 三水商务广场

人类及其赖以生存的环境发生了重大的变化，修复和创造人类的生态环境，无疑成为本世纪的重要课题，在现代的办公楼中大量使用陶瓷产品，是本案对材料自身价值及在特定环境中产生价值的审视和评估，透过大面积的玻璃界面，内外空间产生流动，满足当代都市人对自然的渴望。室内的空间和设计语汇是建筑的延伸，局部的功能空间以现代构成、装置手法适当夸张，是建筑整体性的深化，可以看到本案所设定的科技含量较高的材

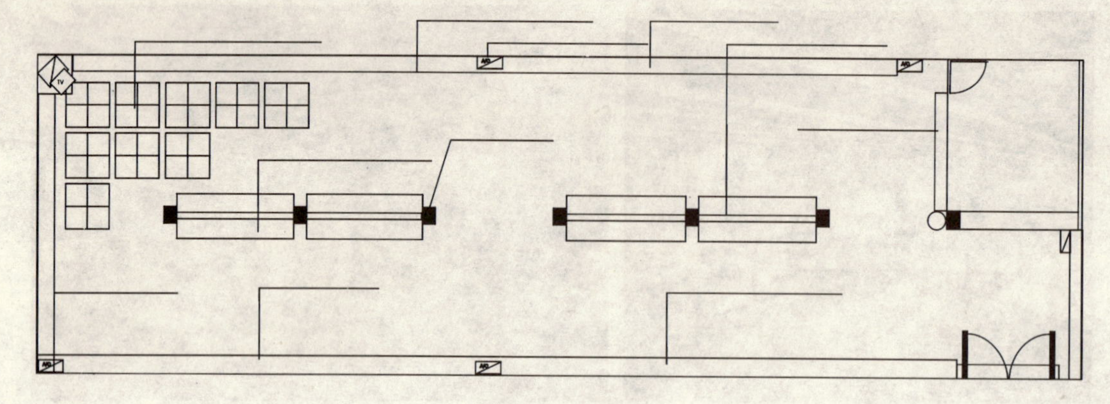

图 5-71　平面图

质是多元的，包含全球共识的环保材质陶瓷，加强了建筑体量感，所产生的肌理、光色关系，确定了主体气氛。见图 5-72～图 5-76。

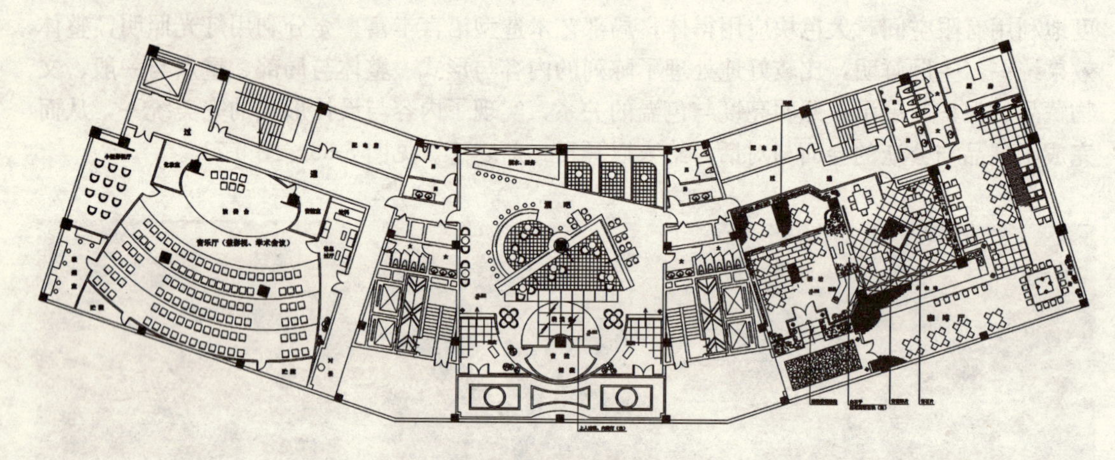

图 5-72　平面图

图 5-73　大堂

图 5-74　办公层

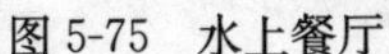

图 5-75　水上餐厅

图 5-76　茶室

思考题与习题

1. 涂布楼地面有何构造特点以及如何施工？
2. 陶瓷锦砖楼地面的特点。
3. 大理石、花岗石块材装饰楼地面的构造图。
4. 实铺式木地面的通风构造做法。
5. 大理石为何不宜用于室外地面装饰？
6. 塑料地板的铺贴有哪些方式？
7. 什么是发光楼地面及构造做法步骤？
8. 一般饰面抹灰的构造层次。
9. 水刷石与干粘石饰面有何区别？
10. 玻璃锦砖饰面构造图？
11. 竹条墙面有什么特点？
12. 裱糊类顶棚的构造图。
13. 悬吊式顶棚吊杆与楼屋盖的连接构造图画出三种。
14. 采光顶有什么特点？
15. 倒刺板、踢脚板与地毯是如何固定的？画图示意。
16. 墙面上如何安装大理石？画图说明。
17. 丝绒和锦缎饰面的特点是什么？
18. 用人造革装饰墙面有什么优点？
19. 格栅顶棚有什么特点？
20. 涂料饰面通常由哪几层组成？它们的作用各是什么？
21. 厨房布置常见的有几种布置形式（画图说明）？各有什么特点？
22. 油地毡楼地面如何铺贴？
23. 什么是斩假石饰面？
24. 混凝土墙体有何特点？
25. 幕墙的组成材料有哪些？有哪几种基本结构类型？

26. 隔墙有哪几种类型？

27. 论述办公建筑室内设计有哪些特点。

28. 论述商业建筑室内设计有哪些特点。

29. 居住建筑室内设计有什么特点？

30. 设计练习题：

设计练习题

设计练习题（1）：普通住宅室内设计

一、设计题目：

住宅室内设计

二、设计目的：

1. 熟悉住宅建筑各类房间的组成，能够合理的进行功能流线的组织，并能够综合运用建筑装饰设计原理于设计内容之中。

2. 掌握室内设计的步骤，规范室内设计制图，培养运用多种方法表达设计意图的能力。

三、设计内容：

设计内容包括住宅的客厅、卧室、厨房、餐厅、卫生间等的装饰、陈设设计和家具布置等。

四、设计要求：

1. 具有好的立意和构思，以人为本，创造舒适的居住环境。

2. 与立意构思相结合，选择合适的家具、陈设、建筑装饰材料等，创造统一的室内设计风格。

五、图纸要求：

1. 图纸规格：

线图：2#水彩纸（规格：594mm×420mm）

效果图：水彩纸（规格：500mm×350mm）

手工绘制。

2. 图纸内容要求：

线图：

(1) 平面布置图（包括家具布置及地面材料的选择）1∶50；

(2) 顶棚平面图 1∶50；

(3) 客厅立面图 1∶50；

(4) 主卧室立面图（两个主要立面）1∶50；

(5) 餐厅立面图（两个主要立面）1∶50；

(6) 各个构造节点详图 1∶20。

针对设计中采用的新材料、新构造、及新工艺进行表达。

效果图：

(1) 客厅室内效果图；

(2) 主卧室室内效果图。

六、附图（设计练习图1）：

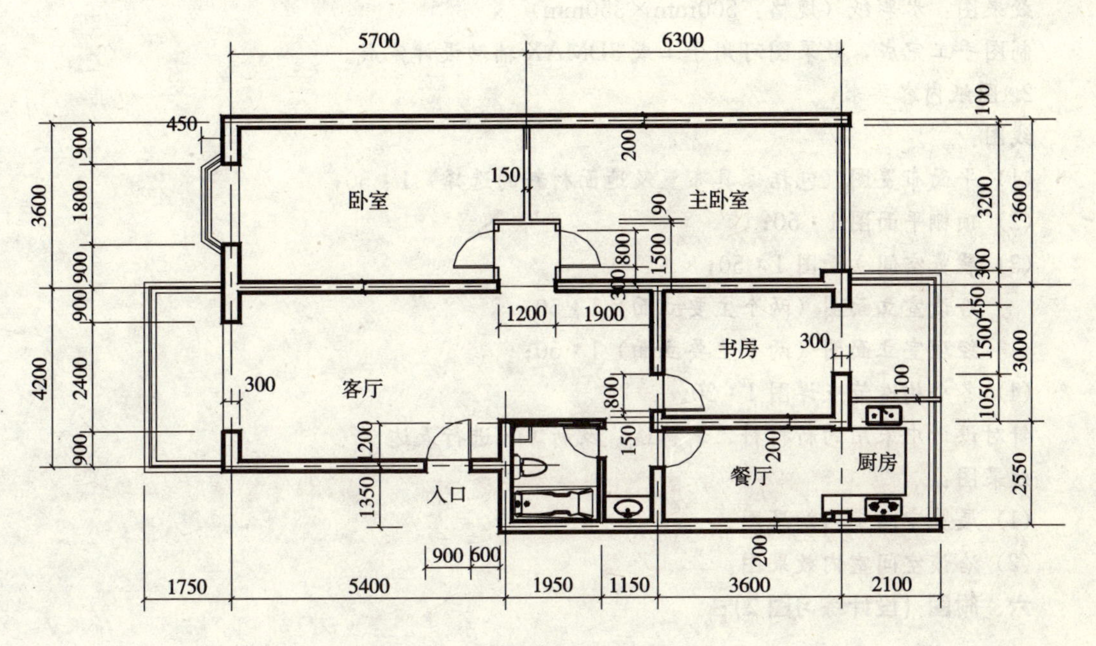

设计练习图1（单位：mm）

设计练习题（2）：某服装公司洽谈展示厅室内设计

一、设计题目：

展示厅室内设计

二、设计目的：

1. 熟悉展览建筑各类房间的组成，能够合理地进行功能流线的组织，并能够综合运用建筑装饰设计原理于设计内容之中。

2. 掌握室内设计的步骤，规范室内设计制图，培养运用多种方法表达设计意图的能力。

三、设计综述：

该展示厅和公司原办公室毗邻，公司要求具备以下功能：展览区、洽谈区、经理室、休息区。

四、设计要求：

1. 合理地进行功能流线的组织，合理地确定各类功能的面积，合理进行空间的分隔，合理地选择分隔方式，合理地利用景观。

2. 具有好的立意和构思，以人为本，创造宜人的办公环境。

3. 与立意构思相结合，选择合适的家具、陈设、建筑材料等，创造统一的室内设计风格。

五、图纸要求：

1. 图纸规格：

线图：2＃水彩纸（规格：594mm×420mm）

效果图：水彩纸（规格：500mm×350mm）

制图手工完成，效果图可用手工或3DMAX辅助设计完成。

2. 图纸内容要求：

线图：

(1) 平面布置图（包括家具布置及地面材料的选择）1∶50；

(2) 顶棚平面图1∶50；

(3) 展览空间立面图1∶50；

洽谈室立面图（两个主要立面）1∶50；

经理室立面图（两个主要立面）1∶50；

(4) 各个构造节点详图1∶20。

针对设计中采用的新材料、新构造，及新工艺进行表达。

效果图：

(1) 展览空间室内效果图；

(2) 洽谈空间室内效果图。

六、附图（设计练习图2）：

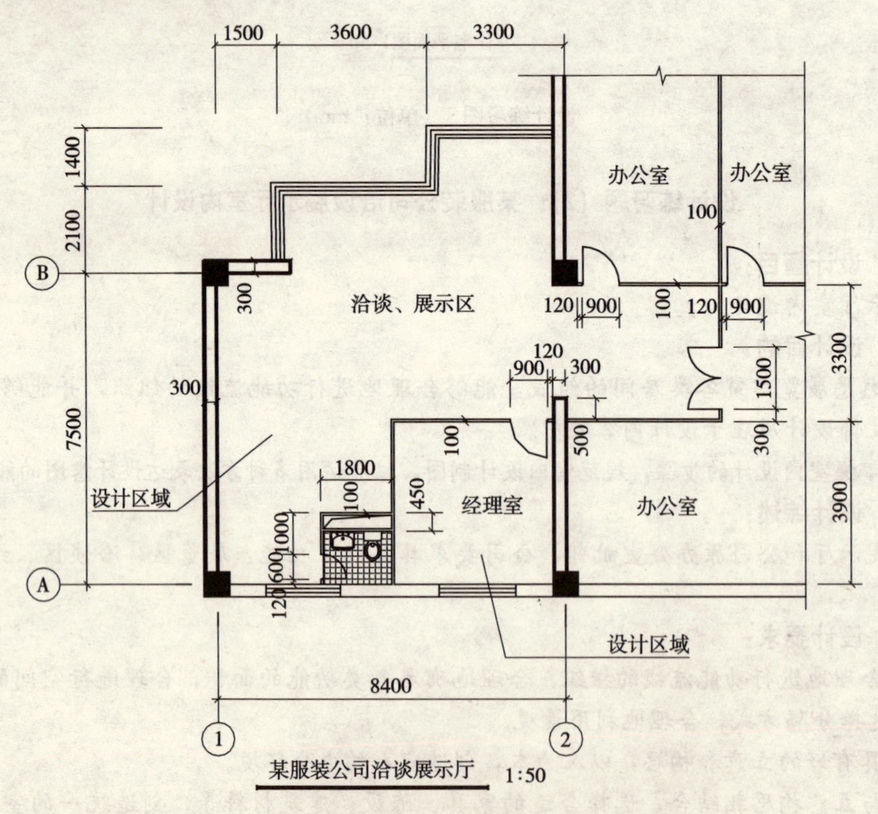

设计练习图2（单位：mm）

设计练习题（3）：办公建筑室内设计

一、设计题目：

办公建筑室内设计

二、设计目的：

1. 熟悉办公建筑各类房间的组成，能够合理的进行功能流线的组织，并能够综合运用建筑装饰设计原理于设计内容之中。

2. 掌握室内设计的步骤，规范室内设计制图，培养运用多种方法表达设计意图的能力。

三、设计综述：

由某公司承租此办公单元，公司要求具备以下功能房间：大办公室（满足12～15人办公）、总经理室、副总经理室、会议室、接待兼休息室、茶水间和卫生间。

四、设计要求：

1. 合理地进行功能流线的组织，合理地确定各类功能房间的面积，合理进行空间的分隔，合理地选择分隔方式，合理地利用景观。

2. 具有好的立意和构思，以人为本，创造宜人的办公环境。

3. 与立意构思相结合，选择合适的家具、陈设、建筑材料等，创造统一的室内设计风格。

五、图纸要求：

1. 图纸规格：

线图：2＃水彩纸（规格：594mm×420mm）

效果图：水彩纸（规格：500mm×350mm）

制图手工完成，效果图可用手工或3DMAX辅助设计完成。

2. 图纸内容要求：

线图：

（1）平面布置图（包括家具布置及地面材料的选择）1∶50；

（2）顶棚平面图1∶50；

（3）大办公空间立面图1∶50；

会议室立面图（两个主要立面）1∶50；

经理室立面图（两个主要立面）1∶50；

（4）各个构造节点详图1∶20。

针对设计中采用的新材料、新构造及新工艺进行表达，外墙厚300mm、内墙厚200mm，外窗根据需要设置。

效果图：

（1）大办公空间室内效果图；

（2）经理室或会议室室内效果图。

六、附图（设计练习图 3）：

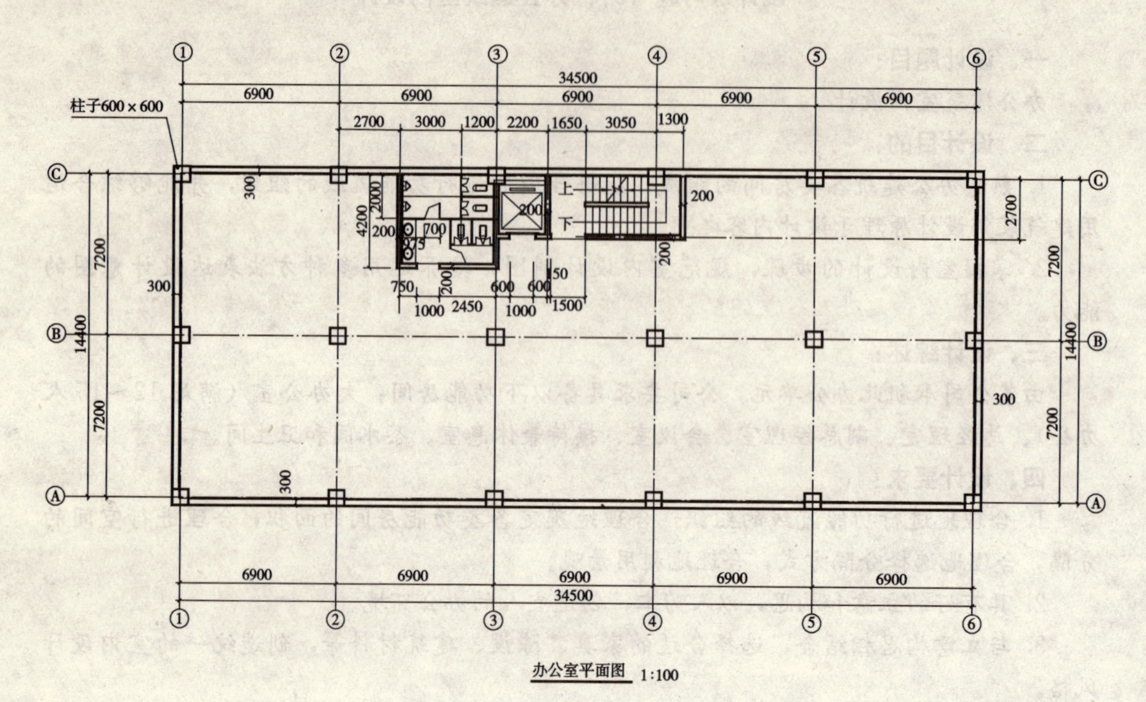

设计练习图 3（单位：mm）

单元6　设备工程施工图的识读

知 识 点：室内设备施工图的特点、组成及主要内容，基本识读方法和步骤，常见的设备施工图图例等。

教学目标：理解设备施工图的特点，熟悉常见给水排水、空调、室内电气设备在设备施工图中的图例、符号，会识读一般的室内设备施工图。

建筑物是满足人们生产、生活、学习、工作等的场所，为了达到相应的使用要求，除了建筑本身功能合理、结构安全、造型美观外，还必须有相应的设备来保证，也可以说有了相应的设备才能更好地发挥建筑的功能、改善和提高使用者的生活质量（或生产者的生产环境）。所以除了建筑工程、装饰工程外，还包括给水排水、采暖空调、电气照明等设备工程。设备工程施工图主要由给水排水施工图、采暖施工图、空调施工图、电气施工图等组成。

设备施工图的主要内容有：施工说明、平面布置图、系统图（反映设备及管线系统走向的轴测图和原理图等），以及安装详图。

图示特点是以建施图为依据，采用正投影、轴测投影等投影方法，借助于各种图例、符号、线型、线宽来反映设备施工的内容。本章主要介绍室内设备施工图的识读。

课题1　室内给水排水施工图的识读

1.1　概　　述

给水排水工程包括给水和排水两个方面。给水工程是指水源取水、水质净化、净水输送、配水使用等工程。排水工程是指各种污水（生产、生活污水及雨水等）的排除、污水处理等工程。城市水源、城市排污及城市给水排水管网属市政工程范围。建筑工程一般仅完成建筑物室内给水排水工程和一个功能小区的室外给水排水工程（如一个学校、一个住宅小区等），属建筑设备工程。

给水排水工程一般由各种管道及其配件和卫生洁具、计量装置等组成，与房屋建筑工程（包括装饰工程）有密切的联系。因此阅读给水排水施工图前，对建筑施工图、结构施工图、装饰施工图都应有一定的认识，同时应掌握绘制和识读轴测图的有关知识。

给水排水施工图一般包含施工说明、给水排水平面图、给水排水系统图和安装详图四个部分。在阅读过程中，要注意掌握以下内容：

（1）在给水排水施工图上，所有管道、配件、设备装置都采用统一规定的图例符号表示。由于这些图例符号不完全反映实物的形状，因此，我们应首先熟悉这些图例符号所代表的内容，常见的给水排水图例符号见表6-1。

给水排水施工图图例　表 6-1

名　称	图　例	名　称	图　例
管道		存水弯	
交叉道		检查口	
三通连接		清扫口	
坡向		通气帽	
圆形地漏		污水池	
自动冲洗水箱		蹲式大便器	
放水龙头		座式大便器	
室外消火栓		淋浴喷头	
室内消火栓		矩形化粪池	HC
水盆水池		圆形化粪池	HC
洗脸盆		阀门井、检查井	
浴缸		水表井	

（2）给水排水管道的敷设是纵横交错的，为了把整个管网的连接和走向表达清楚，需用轴测图来绘制给水排水工程系统图，通常采用斜等轴测图表示。

（3）给水排水工程属于建筑的设备配套工程，因此要对建筑或装饰施工图中各种房间的功能用途、有关要求、相关尺寸、位置关系等有足够了解，以便相互配合，做好预埋件和预留洞口等工作。

1.2　室内给水排水施工图

1.2.1　给水排水平面图

给水排水平面图应按建筑层数分层绘制平面图，若干层相同时，可用一个标准层平面图表示，一般应包括以下内容：

1）建筑物平面轮廓及轴线网，反映建筑的平面布置及相关尺寸，用细实线绘制。

2）用不同图例符号和线型所表示的给水排水设备和管道的平面布置。

3）给水排水立管和进出户管的编号。

4）必要的文字说明，如房间名称、地面标高、设备定位尺寸、详图索引等。

阅读平面图时，可按用水设备→支管→竖向立管→水平干管→室外管线的顺序，沿给水排水管线迅速了解管路的走向、管径大小、坡度及管路上各种配件、阀门、仪表等情况，图 6-1 所示为某职工住宅厨房和卫生间的给水排水平面图，由于设备集中，采用 1∶50比例绘制。

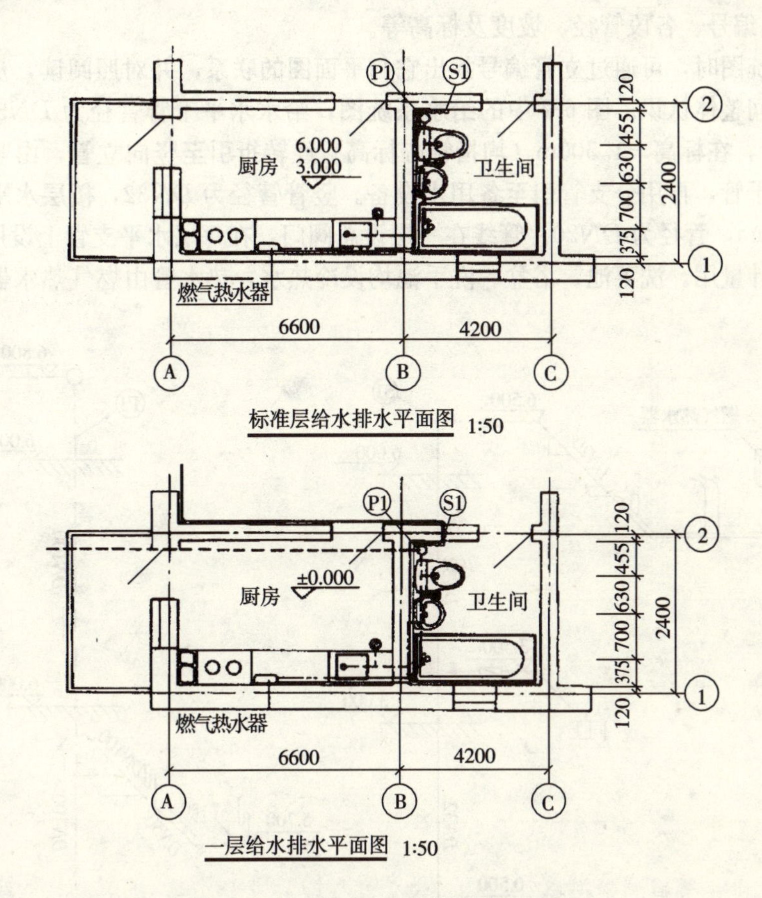

图 6-1 给水排水施工图（单位：mm）

图 6-1 中卫生间有浴盆、洗手盆、坐便器三件卫生设备和一个地漏，厨房内有洗菜池和燃气热水器两件设备和一个地漏。燃气热水器、洗菜池、浴盆、洗手盆、座便器共用一根水平给水干管，水平干管通过水表和阀门与竖立干管 S1 相接（图中用粗实线画出）。洗菜池、浴盆、洗手盆共用一根给水热水干管，如图中双点画线所示，热水干管接至燃气热水器引出管。排水水平干管最前端为洗菜池，依次为厨房地漏、浴盆、洗手盆、卫生间地漏、座便器，最后接至排水竖立管 P1，管线用粗虚线表示。给水排水竖向立管贯通房屋的各层，之后由一层埋入地下后引至室外，与室外给水排水管网相接。

给水排水平面图中不反映水平管高度位置及楼层间管道连接关系，也不反映管线上如存水弯、清扫口等配件，这些内容一般在系统图中表达。

1.2.2 给水排水系统图

给水排水系统图按给水系统、排水系统分别绘制。采用斜轴测投影方法，管线采用相应线型的单线表示，各种配件等用图例表示。相同层可只画一层，在未画处标明同某层即可。

给水排水系统图一般包括以下内容：

1）整个管网的相互连接及走向关系，以及管网与楼层的关系。

2）管线上各种配件的位置及形式，如存水弯形式、检查口位置、阀门水表等。

3）管路编号、各段管径、坡度及标高等。

阅读系统图时，可通过立管编号找出它与平面图的联系，并对照阅读，从而形成对整个管线的空间整体认识。图 6-2 中的给水系统图，给水水平干管管径为 *DN*32（*DN* 为公称直径符号），在标高－1.500m（均指管心标高）经转折引至竖向立管，由竖向立管引上至各层水平干管，再用分支管引至各用水设备。竖管管径为 *DN*32，楼层水平支管中心距楼面高 500mm，管径为 *DN*20。管线在一层设总阀门，在每层水平支管上设用户阀门并设一个水表作计量用。洗菜池、浴盆、洗手池均设冷热水，热水管由燃气热水器引至各用水

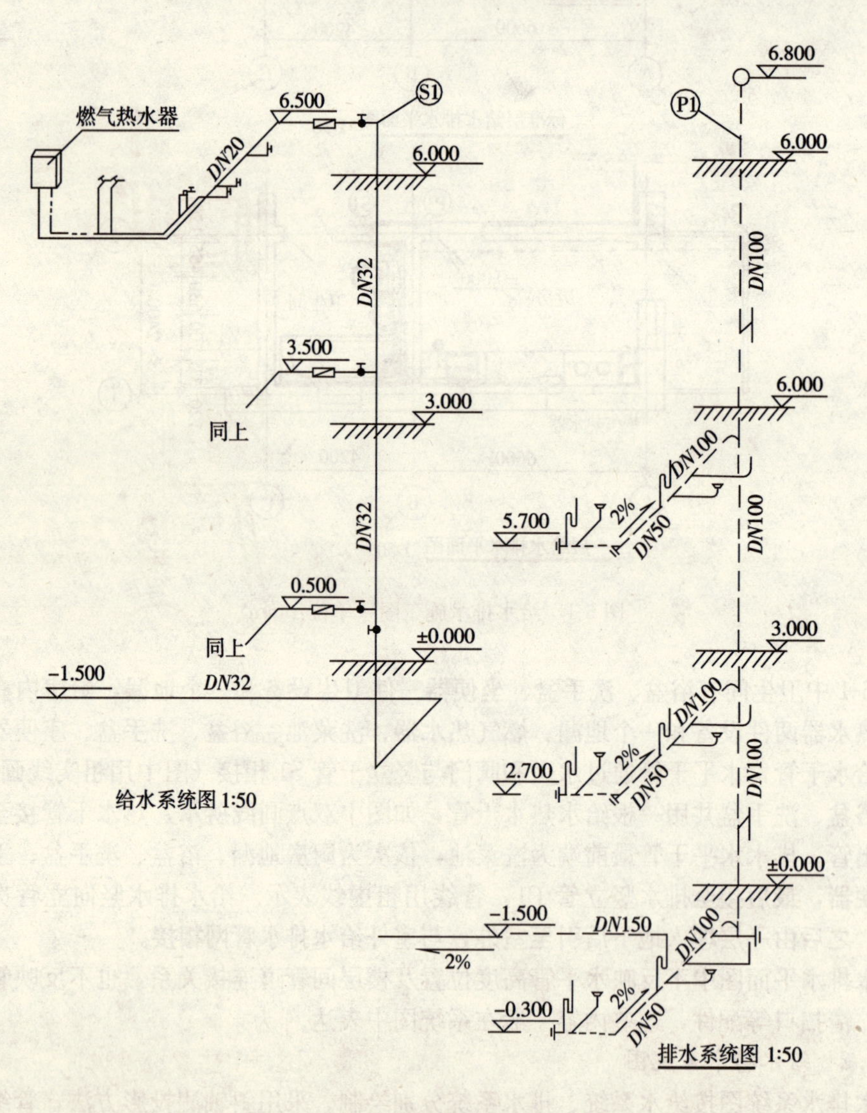

图 6-2　给水排水系统图（单位：mm）

设备（双点划线为热水管）。现在来看图 6-2 中的排水系统图，各层均设一条水平干管，末端管径为 $DN50$，坐便器至竖立干管采用管径 $DN100$，水平干管均做 2%坡度坡向立管以方便出水，竖立干管采用管径 $DN100$，顶部做通气管伸出屋面 0.8m 高，端部设通风帽，竖立干管上检查口隔层设置，检查口做法及距地高度均有标准图集可供选用，所以不做标注，水平管端部均设清扫口，以方便检修。

1.2.3　给水排水设备安装详图

给水排水工程中所用配件均为工业定型产品，其安装做法国家已有标准图集和通用图集可供选用，一般不须绘制。阅读设备安装详图时，应首先根据设计说明所述图集号及索引号找出对应详图，了解详图所述节点处的安装做法，图 6-3 为浴盆安装详图，本图用 4 个图样表达了浴盆的安装方法。

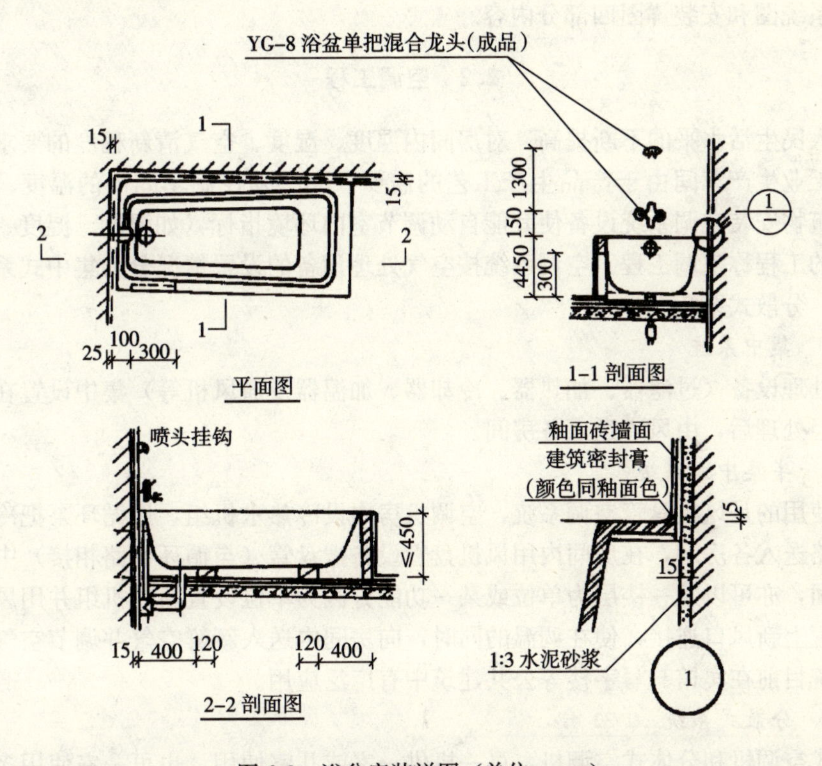

图 6-3　浴盆安装详图（单位：mm）

课题 2　采暖与空调施工图的识读

2.1　采暖工程

在天气寒冷的时候，为使室内保持适当的温度，人们采用各种能产生热量的设施如火炉、火坑、火墙、壁炉等给房间提供温暖，这一过程就称为采暖。在现代建筑中上述传统的采暖方式已不能适用。取而代之的是一种集中供暖系统，由热源、供暖管道和散热器等组成。热源可由城市供热管网提供或由区域热源锅炉提供。热源产生的热量通过供暖管道中“热媒”的流动传至散热器，散热器把热量散发出来，使室内气温升高，达到采暖的目的。给建筑物安装供暖管道和散热器的工程称为采暖工程，属建筑设备安装工程。

采暖工程中传热的介质称为“热媒”，有热水和蒸汽两种。以热水作为“热媒”时称热水采暖，以蒸汽作为“热媒”时称蒸汽采暖。一般民用建筑以热水采暖方式居多。

采暖系统的工作过程为：热源把“热媒”加热，“热媒”通过供热管道送入建筑物内的散热器中把热量散发出来，以加热室内空气。放热后的“热媒”沿回水管道流回热源再加热，循环往复，使建筑物内得到连续不断的热量，从而保证适宜的温度，以满足人们需要。

采暖工程传统采暖方式有如下优点：①不用自己管理热源；②空气温度适宜、稳定；③卫生条件好，污染少。

采暖工程施工图是安装与敷设采暖设备及管道的依据，一般包括施工说明、采暖平面图、采暖系统图和安装详图四部分内容。

2.2 空调工程

随着人民生活水平的不断提高，对房间内温度、湿度、空气清新程度的要求亦日益提高。某些工业生产车间由于产品生产工艺的需要，亦必须控制车间内的温度、湿度等指标。给建筑物安装空调系统设备使其能自动调节室内环境指标（如温度、湿度、空气清新程度等）的工程称空调工程。空调系统按空气处理设备的设置情况分为集中式系统、半集中式系统、分散式系统三类。

2.2.1 集中系统

空气处理设备（过滤器、加热器、冷却器、加温器及通风机等）集中设置在空调机房内，空气经处理后，由风道送入各房间。

2.2.2 半集中式系统

较多使用的是风机盘管空调系统，空调机房内设冷热水机组，用循环泵把冷水或热水沿循环管路送入各房间，在房间内用风机盘管设备把盘管（与循环管路相接）中的冷或热量吹入房间，亦可以某一楼层为单位或某一功能分区为单位设置新风机组并用风管与各房间风机盘管上新风口连接，使在调温的同时，向房间内送入新鲜空气并调节空气湿度。风机盘管系统目前在宾馆、写字楼等公共建筑中有广泛应用。

2.2.3 分散式系统

如窗式空调机和分体式空调机，可一机供一室或几室使用，也可一室使用多台，此形式无新风系统仅能调温使用。此类空调安装方便，以电作为能源，目前住宅使用较多。

空调工程图亦由施工说明、空调平面布置图、空调系统图和详图四部分组成。

2.3 采暖施工图和空调施工图

在阅读采暖施工图或空调施工图时，应注意掌握以下特点：

(1) 二者均为设备施工图，因此应注意它与建筑、装饰施工图的联系，并应熟悉各种图例符号，对于空调施工图还应对风管尺寸及设备配件的形状尺寸有充分了解，以便与土建配合。

(2) 采暖、空调施工图均采用斜等轴测图绘制系统图。

(3) 采暖、空调工程均为一闭合循环系统，阅读图纸时应按一定的方向、顺序去阅读，如采暖热媒的流向等，以了解系统各部分的相互联系。

(4) 对于空调工程，还应对系统上的电气控制部分与电气工程的关系有所了解，以便与电气专业做好配合，如风机盘管的风速控制、各种防火阀门的控制等都为电气控制。

(5) 采暖施工图及空调施工图图例见表 6-2。

采暖空调施工图图例　　表 6-2

名　称	图　例	名　称	图　例
管道	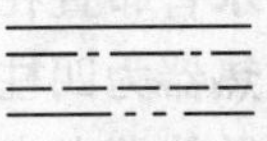	温度计	
截止阀	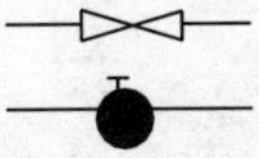	止回阀	
回风口	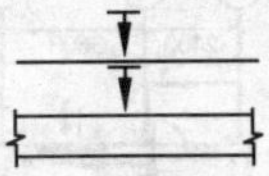	散热器	
保温管		集气罐	
风管检查孔		对开式多叶调节阀	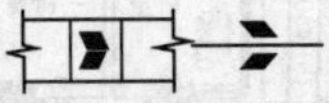
弯头	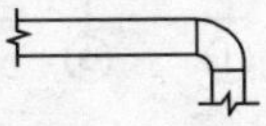	空气过滤器	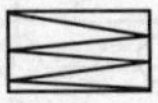
矩形三通	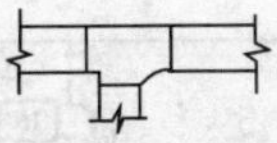	加湿器	
防火阀	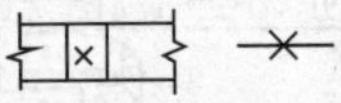	风机盘管	
风管	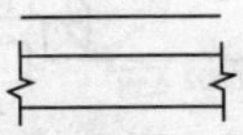	窗式空调器	
送风口	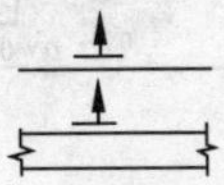	风机	
方形疏流器		压缩机	
风管止回阀	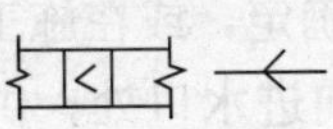	压力表	

2.3.1 采暖施工图的识读

(1) 采暖平面图

采暖平面图一般应表达如下内容：

1) 定位轴线及尺寸，建筑平面轮廓、轴线、主要尺寸、楼面标高、房间尺寸。

2) 采暖系统中各干管支管、散热器及其他附属设备的平面布置。

3) 各主管的编号，各段管路的坡度、尺寸等。

如图 6-4 中某单位职工住宅楼的一至三层采暖平面图，本工程采用同程式上给下回热水采暖系统，水平供热管布置在三层顶部。水平回水管布置在地下架空层内窗口下部，散热器一般布置在窗或门边，以利于室内热对流。散热器为四柱式铸铁散热片，每组由多片组合而成。散热器前的数字表示片数。顶层、底层散热器考虑到它们的散热量大，所以选用暖气片数亦略多。

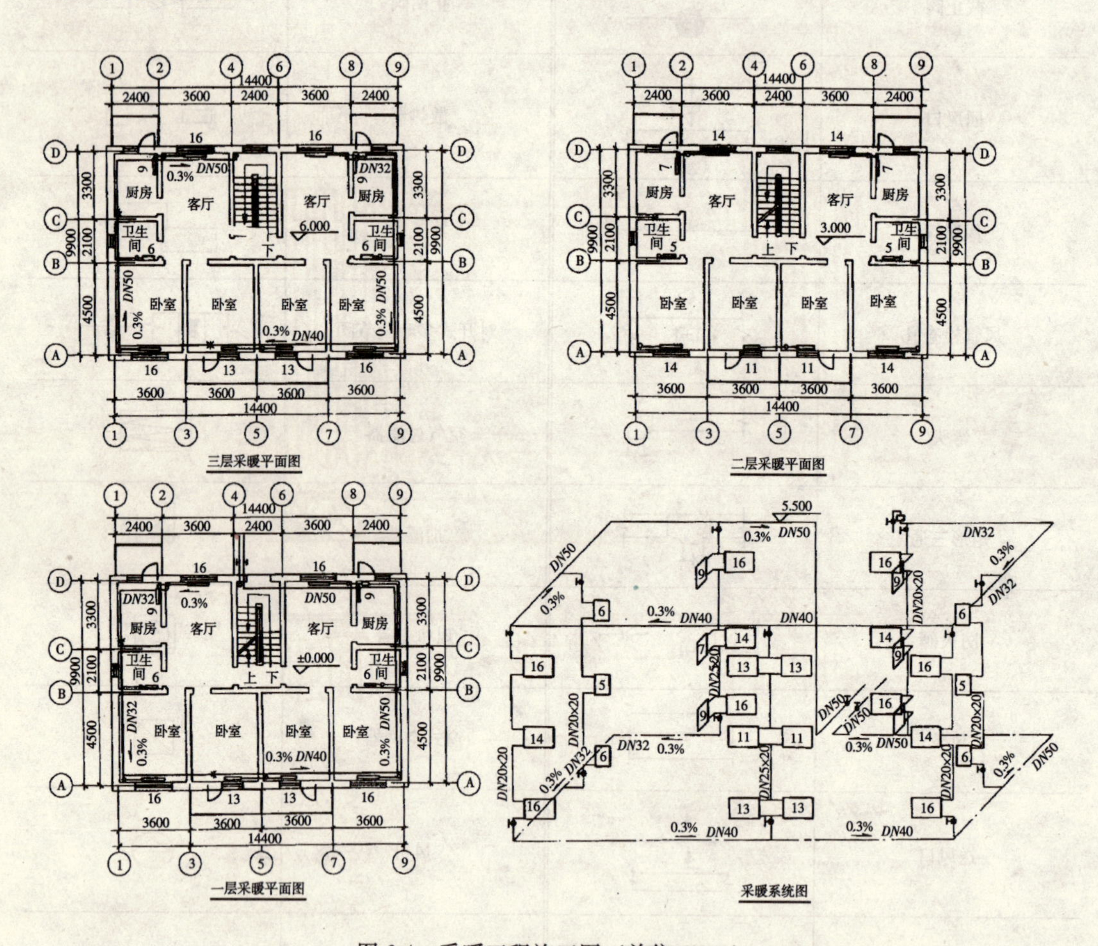

图 6-4 采暖工程施工图（单位：mm）

在水平管上应注有各段管径如 $DN50$ 表示管的公称直径为 50mm，“*”表示管路支架；支架一般仅作示意，具体间距等由施工规范确定，或在施工说明中予以说明；水平管上一般要注明管路坡度，坡度一般为 3‰且应坡向进水口处；供热管最末端即管路最高点处设有一个集气罐做系统内气体排放用（在⑧、⑨轴间的厨房内）。平面图上“·”表示立管的位置，但详细尺寸如距墙距离等均由施工说明及施工规范来确定，一般不做标注。

(2) 采暖工程系统图

采暖工程系统图采用斜轴测方式绘制，如图 6-4 中的采暖系统图。系统图反映了采暖系统管路连接关系、空间走向及管路上各种配件及散热器在管路上的位置，并反映管路各段管径和坡度等。读采暖系统图应与采暖平面图对照阅读，由平面图了解散热器、管线等的平面位置，再由平面图与系统图对照找出平面上各管线及散热器的连接关系，了解管线上如阀门等配件的位置。散热器片数或规格在系统图中亦有反映，如散热器上数字即反映该组散热器的片数。通过系统图的阅读应了解，以供热上水口至出水口中每趟立管回路的管路位置、管径及回路上配件位置等。

(3) 采暖工程安装详图

采暖安装详图按正投影法绘制，有时亦配有轴测图以求表达清楚，一般亦有大量国标及地区性标准可供选用。图 6-5 为散热器安装详图及有关尺寸，由图可见管线连接管穿墙穿板做法及散热器距墙距地尺寸，散热器形式及固定构造等亦一目了然。采暖工程图中有许多不易图示的做法，如表示刷漆、接口方式等一般用言语字在施工说明中叙述。

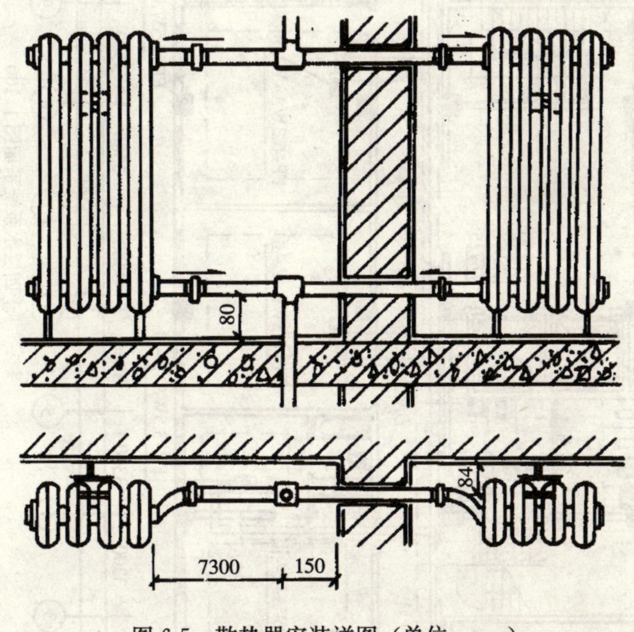

图 6-5　散热器安装详图（单位：mm）

2.4　空调工程施工图识读

2.4.1　空调工程平面图

空调工程平面图一般应表达如下内容：

(1) 建筑平面、定位轴线及尺寸，楼面标高、房间名称等。

(2) 空调系统中各种管线、风道、风口、盘管风机及其他附属设备的平面布置。

(3) 各段管路的编号、风道尺寸、控制装置型号、坡度等标注。

图 6-6 为某办公楼的空调平面图，本工程为半集中式中央空调，中央空调机房及新风

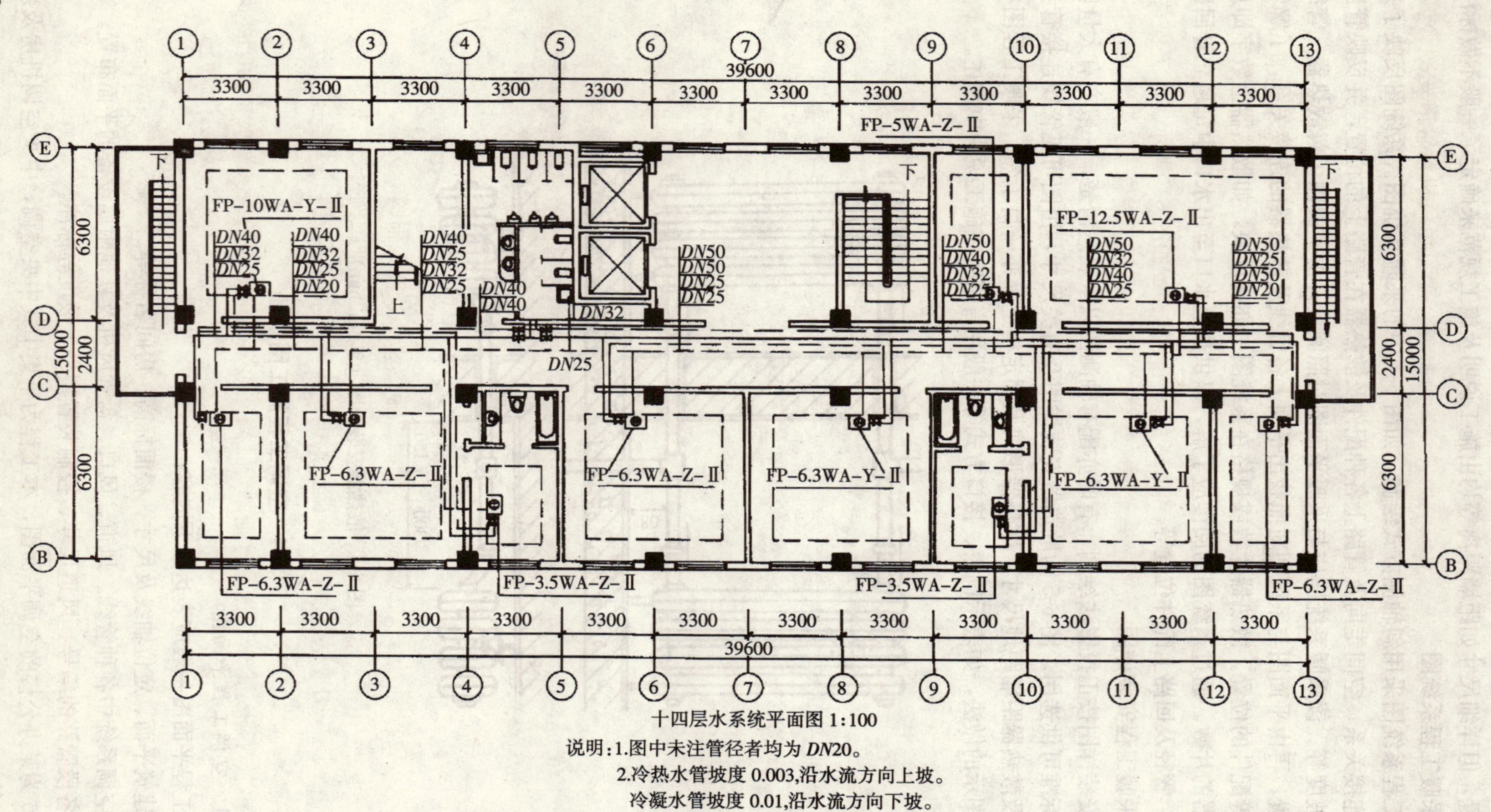

十四层水系统平面图 1:100

说明:1.图中未注管径者均为DN20。

2.冷热水管坡度0.003,沿水流方向上坡。

冷凝水管坡度0.01,沿水流方向下坡。

图6-6 十四层水系统平面图(单位:mm)

机房均设在地下一层，空调采用风机盘管加送新风系统，即制冷（热）机在使水产生低（高）温后，用循环泵把水送入水系统中，流动冷（热）水流经风机盘管散发冷（热）量到房间内，之后经回水管再流回空调制冷（热）设备中，与此同时由新风机产生新风沿风管送入各房间，使空气保持清新。

如图 6-6 所示水管上 *DN*50 为水管直径 50mm，图中左下所注 FP-6.3WA-Z-Ⅱ为风机盘管的型号及规格，新风管的立管设在电梯井下侧的管道井里。循环水管的主管设在卫生间下侧墙上。

2.4.2　空调工程系统图

空调工程系统图，也分新风系统和循环水系统两部分，如图 6-7 所示。本工程系统以立管为主干，水平管及风道在平面已能表示清楚，所以仅绘制了立管系统及各层水平管接口关系，并标注了各层标高及各层接口管径及风道尺寸。

2.4.3　空调工程安装详图

空调工程的详图较为复杂，有厂家提供的设备图纸、空调机房安装工程图纸、设备基础图纸、设备布置平面图、剖面图等等，一般均为正投影方式绘制。但设备图纸是依机械制图标准所绘，识读时应予注意。

课题 3　电气施工图的识读

3.1　概　　述

由于电能的广泛应用，建筑中需设置各种电气设施来满足人们生产和生活的需要，如照明设施、动力电源设施、电热设施、电信设施等，给建筑安装电气设施的工程称为电气安装工程，属建筑设备安装工程。

电气工程，根据用途分两类：一类为强电工程，它为人们提供能源及动力和照明；另一类为弱电工程，为人们提供信息服务，如电话和有线电视等。不同用途的电气工程应独立设置为一个系统，如照明系统、动力系统、电话系统、电视系统、消防系统、防雷接地系统等等。同一个建筑内可按需要同时设多个电气系统。

电气工程图有如下特点：

(1) 电气工程图为设备工程图，应注意它与土建及装饰工程图的关系。

(2) 大量采用图例符号来表示电气设施，因此应熟悉各种图例符号，见表 6-3。

(3) 电气系统图以电路原理为基础，依电路连接关系绘制，因此应掌握一定的电气基础知识。

(4) 电气详图一般采用国家标准图集，因此应掌握根据图纸提供索引号去查阅标准图的方法，才能了解各电气设施的安装方法。

3.2　电气工程施工图

3.2.1　电气工程平面图

电气工程平面图一般应表达如下内容：

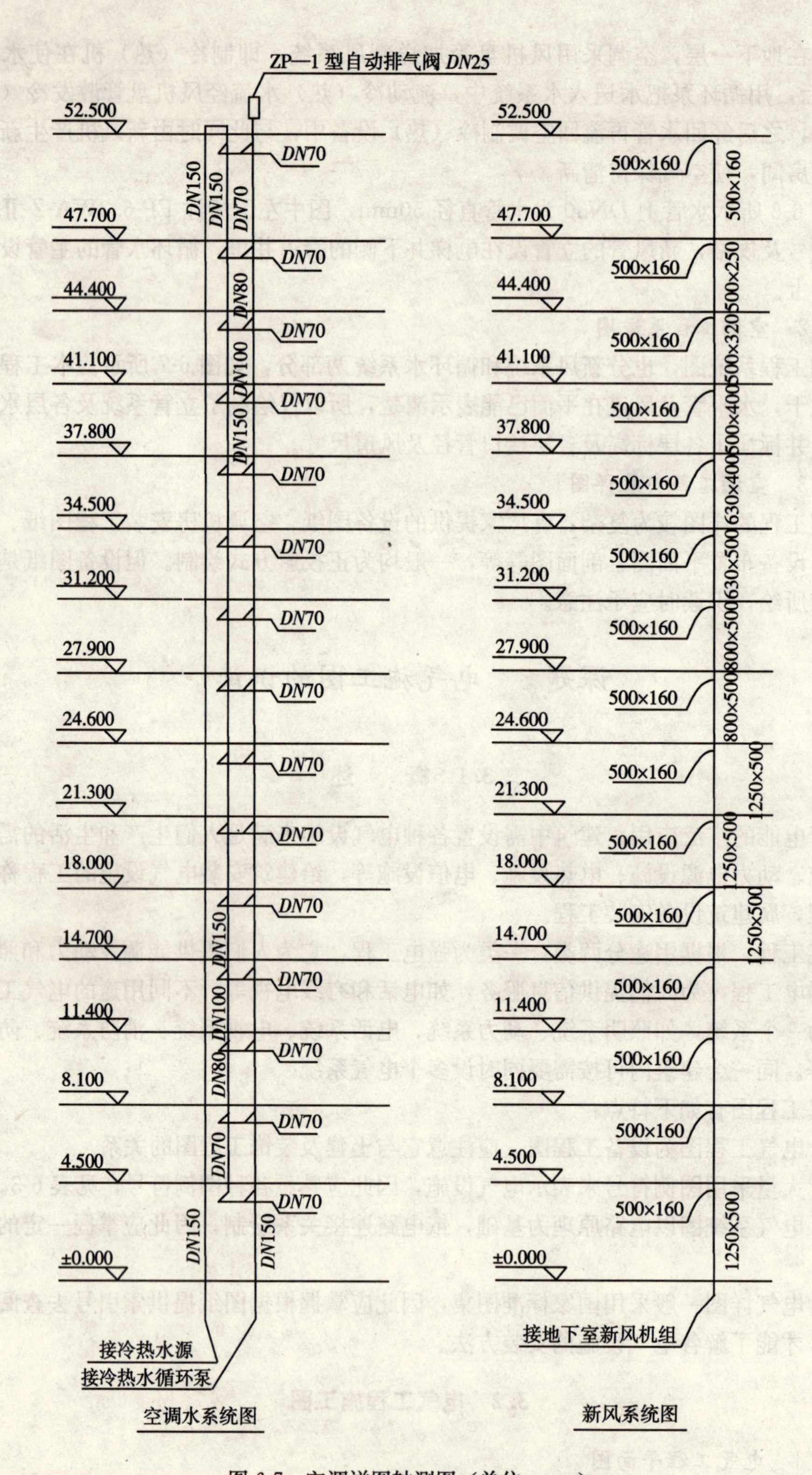

图 6-7 空调详图轴测图（单位：mm）

电气工程施工图图例　　　　表 6-3

名　称	图　例	名　称	图　例
电力配电箱（板）		交流配电线路（四根导线）	
照明配电箱（板）		壁灯	
母线和干线		吸顶灯	
接地装置（有接地极）		灯具一般符号	
接地重复接地		单管日光灯	
交流配电线路（三根导线）		明装单相两线插座	
暗装单相两线插座		双联控制开关	
暗装声光双控开关		三联控制开关	
暗装单极开关（单线两线）		门铃	
管线引线符号		门铃按钮	
镜前灯		电视天线盒	T
插座		电话插孔	H
漏电开关	LD	融断器	

(1) 配电线路的方向、相互连接关系。

电源进户线处虚线上画有接地符号，表示进户线处零线，应做重复接地，且接地电阻不应大于 10Ω。

(2) 线路编号、敷设方式、规格型号等。

(3) 各种电器的位置、安装方式。

(4) 进线口、配电箱及接地保护点等。

图 6-8 为某住宅电气平面图和系统图。

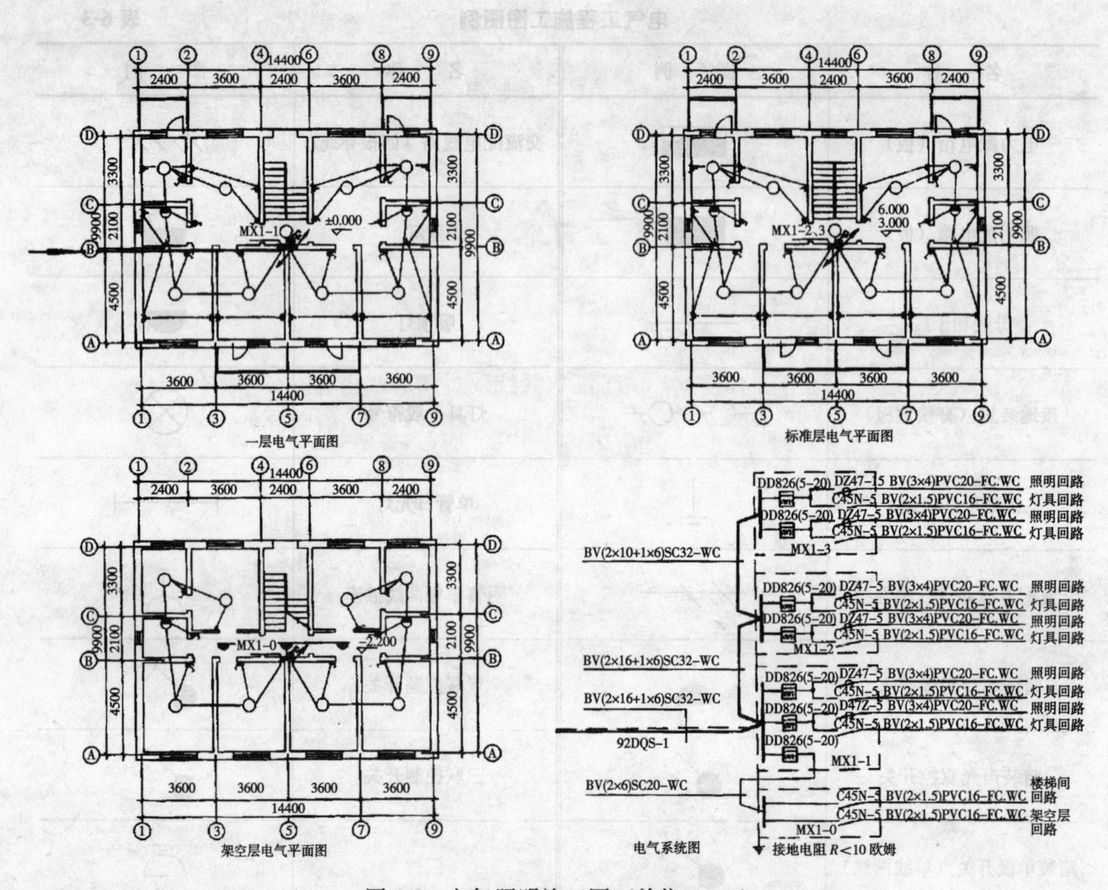

图 6-8　电气照明施工图（单位：mm）

电源由一层左侧山墙引入至楼梯间电表箱，在楼梯间内由电表箱分两个回路供各户用电。在电表箱处干线引上至各层电表箱。

室内电气有灯具和插座两部分，位置一般按标准图或常规施工，不做标注，图上仅画出大致位置。高度一般用文字予以说明，如插座可在说明中写上其型号规格，如 2 孔加 3 孔暗插座，容量为 380V/10A 距地 0.3m 等。本工程照明与插座的管线分别敷设，灯具有吸顶灯、壁灯、吊灯三种，平面图上画出图例表示（其中“○”符号为吊灯），图上灯具开关有两种，房间内采用板式暗开关，楼梯间采用声光双控开关（“●⌒\”）。架空层仅有照明，不设插座。

3.2.2　电气工程系统图

图 6-9 中的某住宅电气系统图，电源引入做法见国标 92DQ5-1 标准图，采用架空引入做法，引入至一层配电箱 M×1-1，进户线标注 BV（2×16＋1×6）SC32-WC 表示导线选 BV-500 型塑料绝缘铜导线，2 根 $16mm^2$ 加 1 根 $6mm^2$ 穿直径 32mm 钢管，沿一层顶面暗敷设导线进入一层表箱后向上沿墙引至二、三层电表箱内，线路见标注。

进入表箱后，电路分两路供两户电表，在电表后面把每户电路又分两个回路分别用两个开关控制，一个为照明回路无接地保护，另一个为插座回路有接地保护线，户内线路规格在线路上均有标注，电表采用 DD826（5-20）型电度表，记录每户用电，插座回路采用

DZ47-15 型开关控制并起短路过流保护作用，照明采用 C45N-5 型开关控制。楼梯间与架空层共用一只公用电表，设在一层，由该电表引出的回路引下至架空层的配电箱 M×1-0，箱内分两个回路，一个为架空层各房间照明回路，另一个为楼梯间及架空层走道照明回路，该回路灯具均采用声光双控开关控制，以利于节电，并延长楼梯灯寿命。

思考题与习题

1. 室内给水排水施工图由哪些图纸组成？各反映哪些内容？识读步骤如何？
2. 室内给水排水施工图有哪些特点？
3. 采暖及空调施工图有哪些特点？采暖工程系统图反映哪些内容？
4. 电气工程分哪两类？室内电气工程施工图由哪些图纸组成？有哪些特点？

参 考 文 献

[1] 高远主编. 建筑构造与识图. 北京：中国建筑工业出版社，2004.
[2] 吴润华，高远主编. 建筑识图与制图. 建筑制图与识图习题集（第2版）. 武汉：武汉工业大学出版社，2005.
[3] 武峰，尤逸南主编. CAD室内设计施工图常用图块1. 北京：中国建筑工业出版社，2002.
[4] 颜金桥主编. 工程制图（修订版）. 北京：高等教育出版社，2000.
[5] 张绮曼，郑曙旸主编. 室内设计资料集. 北京：中国建筑工业出版社，1996.
[6] 高远主编. 建筑装饰制图与识图. 建筑装饰制图与识图习题集. 北京：机械工业出版社，2004.
[7] 许松照主编. 画法几何与阴影透视（下册）（第3版）. 北京：中国建筑工业出版社，2004.
[8] 谭伟建主编. 建筑制图与阴影透视. 北京：中国建筑工业出版社，1998.
[9] 史春珊，陈惠明主编. 室内设计基本知识. 沈阳：辽宁科技出版社，1996.